Technische Mechanik . Erster Band

Lehrbuch der Technischen Mechanik

Sigurd Falk

Erster Band

Die Mechanik des Punktes

Mit 66 Aufgaben

Springer-Verlag

Berlin / Heidelberg / New York

1967

Dr.-Ing. Sigurd Falk
o. Professor an der Technischen Hochschule
Braunschweig

ISBN 978-3-540-03789-7   ISBN 978-3-642-87330-0 (eBook)
DOI 10.1007/978-3-642-87330-0

Titel Nr. 1421

Meinem unvergessenen Freunde

Rudolf Zurmühl

gewidmet

Dr.-Ing. Rudolf Zurmühl, zuletzt Ordinarius für Theoretischen Maschinenbau an der Technischen Universität Berlin, starb am 27. Oktober 1966 im Alter von 62 Jahren. Als Forscher und Lehrer leistete er Bedeutendes auf dem Gebiete der Angewandten Mathematik, insbesondere bei der Nutzbarmachung digitaler Rechenautomaten für die numerischen Probleme der Technischen Mechanik und der Elektrodynamik. Seine mit großem pädagogischen Geschick und in einprägsamer, lebendiger Sprache geschriebenen Lehrbücher „Praktische Mathematik" und „Matrizen" machten ihn in Fachkreisen weltbekannt

Vorwort

Beim Schreiben des vorliegenden dreibändigen Lehrbuches habe ich mich von zwei Gesichtspunkten leiten lassen. Erstens sollte mit einem Minimum an mathematischem Aufwand ein Maximum an Mechanik betrieben werden, und zweitens habe ich mich bemüht, die Schwerpunkte innerhalb der Mechanik richtig zu verteilen. Daher nimmt die Kinetik als deren Kernstück mehr als die Hälfte des Buches ein; der Rest ist der Statik und der Kinematik gewidmet. Diese wird als selbständiges Lehrgebiet vorangestellt und erscheint nicht etwa als Anhängsel der Kinetik.

An Vorkenntnissen wird wenig vorausgesetzt. Aus der Physik sollte man wissen, daß es Begriffe wie Raum und Zeit gibt und daß man Längen, Kräfte und Zeiten in cm, kp und sec messen kann. Aus der Mathematik werden benötigt: Elementare Algebra und Analytische Geometrie, gewöhnliches Differenzieren und Integrieren und als wichtigstes die Vektoralgebra, die in gedrängter Form in einem Anhang zusammengestellt wird; auf die dortigen Formeln wird durch Ziffern im Text verwiesen. Nicht benutzt werden in den beiden ersten Bänden komplexe Zahlen, partielles Differenzieren, Matrizen und Tensoren; von diesen Disziplinen wird erst am Ende des dritten Bandes schonend Gebrauch gemacht.

Der wichtigste Teil des Buches besteht aus den mehr als zweihundert vollständig vorgerechneten Aufgaben, deren selbständige Lösung dem Leser dringend empfohlen wird. Die Aufgaben stehen am Schluß eines jeden Bandes und sind mit einer besonderen Einführung versehen.

Meinen Assistenten, den Herren Dipl.-Ing. Jürgen Drube, Dr.-Ing. Reinhold Ritter und Dipl.-Ing. Heinz-Wilhelm Wagner bin ich zu großem Dank verpflichtet für die zuverlässige Mitarbeit beim Entwerfen der Abbildungen, für das Lesen der Korrekturen und für viele wertvolle Vorschläge und Anregungen beim Schreiben des Text- und Aufgabenteiles. Das Manuskript für alle drei Bände schrieb mit großer Sorgfalt und Gewissenhaftigkeit meine Sekretärin, Frau Elfriede Stosnach.

Dem Springer-Verlag danke ich für die kollegiale Zusammenarbeit, für das Eingehen auf alle meine Wünsche und für die musterhaft gute Ausstattung des Buches.

Braunschweig, im Juni 1967

Sigurd Falk

Was ist Mechanik?

Die Mechanik ist die Lehre von den Kräften und Bewegungen. Die Lehre von den Bewegungen heißt Kinematik, die Lehre von den Kräften Dynamik. Die Dynamik läßt sich ihrerseits unterteilen in die Statik (die Kräfte sind im Gleichgewicht) und die Kinetik (die Kräfte sind nicht im Gleichgewicht). Kinematik und Statik sind zwei völlig getrennte Disziplinen der Mechanik; erst durch die Kinetik werden sie miteinander verknüpft: Kräftesysteme, die nicht im Gleichgewicht sind, verursachen beschleunigte Bewegungen. Diese Dreiteilung der Mechanik in Kinematik, Statik und Kinetik gilt für den Massenpunkt ebenso wie für jedes raumerfüllende Objekt, einerlei ob dieses starr, elastisch, plastisch, flüssig, gasförmig oder sonstwie verformbar ist.

Der vorliegende erste Band enthält die Mechanik des Punktes. Er kann entweder in der natürlichen Reihenfolge gelesen werden oder auch so: zuerst die Statik (§§ 3—5), dann die Kinematik (§§ 1—2) und anschließend als Synthese beider die Kinetik (§§ 6—9). Die nebenstehende Übersicht soll das Zurechtfinden beim Lernen erleichtern.

Technische Mechanik — treffender wäre Angewandte Mechanik — soll heißen, daß die Mechanik für die Ansprüche des berechnenden und konstruierenden Ingenieurs zugeschnitten wird. Da die Mechanik mit abstrakten Begriffen wie „Massenpunkt", „Einzelkraft", „starrer Körper" usw. operiert, die als solche gar nicht existieren, ist der Ingenieur fast immer genötigt, sein Problem so weit zu idealisieren, bis die Gesetze der Mechanik auf das so gewonnene Modell der Wirklichkeit anwendbar sind; ein Prozeß, der viel Können und Erfahrung voraussetzt und eigentlich nicht mehr zum Lehrgebiet der Mechanik selbst gehört. Dieser Umstand läßt eine Reihe der beigefügten Aufgaben manchmal als hergesucht und „theoretisch" erscheinen; oft sind sie das tatsächlich, weil nur an solchen, von allem Beiwerk befreiten Problemen die Sätze der Mechanik rein demonstriert werden können, meist aber handelt es sich um Teilaufgaben größerer Projekte, etwa einer Maschine oder einer Brücke, was der Anfänger natürlich nicht immer sogleich erkennt.

Im letzten Jahrzehnt hat die numerische Seite der Technischen Mechanik durch das Vordringen der digitalen Rechenautomaten einen vorher nicht geahnten Aufschwung genommen. Früher unangreifbare Probleme sind heute mit Hilfe der leicht erlernbaren internationalen Maschinensprache ALGOL für den konstruierenden und berechnenden Ingenieur der Praxis programmierbar geworden. Vieles ist daher auch in diesem Lehrbuch in programmähnlicher Form so dargestellt, daß es unmittelbar als Strukturdiagramm für digitale Rechenautomaten dienen kann.

Mechanik der Punkte und starren Körper

		Kinematik	Statik	Kinetik	Drehgeschwindigkeit, Drehimpuls und Drehkraft (Moment)
Band I	Punkt	§ 1 Die skalare Kinematik des Punktes § 2 Die Vektorkinematik des Punktes	§ 3 Die Kraft		kommen nicht vor oder sind entbehrlich
			§ 4 Die Statik des einzelnen Punktes	§ 6 Grundlagen der Kinetik § 7 Die freie Bewegung des Massenpunktes § 8 Die geführte Bewegung des Massenpunktes	
			§ 5 Die Statik des Punkteverbandes	§ 9 Die Kinetik des Massenpunkthaufens	
Band II	Starre Scheibe	§ 10 Das ebene Geschwindigkeitsfeld § 11 Das ebene Beschleunigungsfeld	§ 12 Ebene Kräftegeometrie § 13 Die Auflagerreaktionen der ebenen Statik § 14 Die Schnittgrößen der ebenen Statik	§ 15 Ebene Massengeometrie § 16 Die Bewegungsgleichungen der starren Scheibe § 17 Die Schnittgrößen der starren Scheibe	sind Skalare
	Starrer Körper	§ 18 Das räumliche Geschwindigkeitsfeld § 19 Das räumliche Beschleunigungsfeld	§ 20 Räumliche Kräftegeometrie § 21 Die Auflagerreaktionen der räumlichen Statik § 22 Die Schnittgrößen der räumlichen Statik	§ 23 Räumliche Massengeometrie § 24 Die Bewegungsgleichungen des starren Körpers § 25 Die Schnittgrößen des starren Körpers	sind Vektoren

Inhaltsverzeichnis

IV. Die Kinetik des Punktes

Alphabete

Antiqua		Fraktur		Griechisch		
groß	klein	groß	klein	groß	klein	
A	a	𝔄	a	A	α	Alpha
B	b	𝔅	b	B	β	Beta
C	c	ℭ	c	Γ	γ	Gamma
D	d	𝔇	d	Δ	δ	Delta
E	e	𝔈	e	E	ε	Epsilon
F	f	𝔉	f	Z	ζ	Zeta
G	g	𝔊	g	H	η	Eta
H	h	ℌ	h	Θ	ϑ	Theta
I	i	ℑ	i	I	ι	Jota
J	j	𝔍	j	K	$\varkappa$	Kappa
K	k	𝔎	f	Λ	λ	Lambda
L	l	𝔏	l	M	μ	My
M	m	𝔐	m	N	ν	Ny
N	n	𝔑	n	Ξ	ξ	Xi
O	o	𝔒	o	O	o	Omikron
P	p	𝔓	p	Π	π	Pi
Q	q	𝔔	q	P	ϱ	Rho
R	r	𝔊	r	Σ	σ	Sigma
S	s	𝔊	ſ	T	τ	Tau
T	t	𝔗	t	Υ	υ	Ypsilon
U	u	𝔘	u	Φ	φ	Phi
V	v	𝔙	v	X	χ	Chi
W	ẅ	𝔚	w	Ψ	ψ	Psi
X	x	𝔛	ⅻ	Ω	ω	Omega
Y	y	𝔜	y			
Z	z	ℨ	z			

I. Die Kinematik des Punktes

§ 1. Die skalare Kinematik des Punktes

1.1 Die Geschwindigkeit eines Skalars. Die zeitliche Änderung einer skalaren Größe heißt deren Geschwindigkeit. So spricht man etwa von der Geschwindigkeit, mit der sich Temperatur und Volumen eines Stoffes während eines chemischen Prozesses ändern oder von der Verkaufsgeschwindigkeit eines neuen Markenartikels. Die Dimension der Geschwindigkeit ist immer gleich dem Quotienten aus der Einheit der skalaren Größe (Temperatur, Volumen, Stückzahl usw.) und einer geeigneten Zeiteinheit (Sekunde, Stunde, Jahr usw.). Die wichtigste und auch anschaulichste zeitlich veränderliche skalare Größe der Mechanik ist die Bogen- oder Weglänge einer Bahnkurve, auf der sich ein Punkt P bewegt. Diese Größe verwenden wir daher stellvertretend für die gesamte skalare Kinematik.

1.2 Bahnkurve und Bogenlänge. Erklären wir einen beliebigen Punkt A der Bahn zum Nullpunkt, so wird jeder andere Punkt eindeutig beschrieben durch die Bogenlänge s, die von A in der einen Richtung positiv, in der anderen negativ gezählt wird. Die Bogenlängendifferenz Δs zwischen zwei Punkten ist bei gekrümmten Kurven stets größer als die zugehörige geradlinige Entfernung und nicht mit dieser zu verwechseln. Jetzt bewege sich ein Punkt P auf der Kurve, und wir vermerken uns jene Stellen $B_1, B_2, B_3, \ldots, B_n$, an denen sich P nach Verstreichen gleicher Zeitabschnitte Δt befindet, etwa nach $1, 2, 3, \ldots, n$ sec. Man entnimmt dann dem Beispiel der Abb. 1.1, daß der Punkt P sich zunächst langsam, dann aber schneller fortbewegt, da die Weglängendiffe-

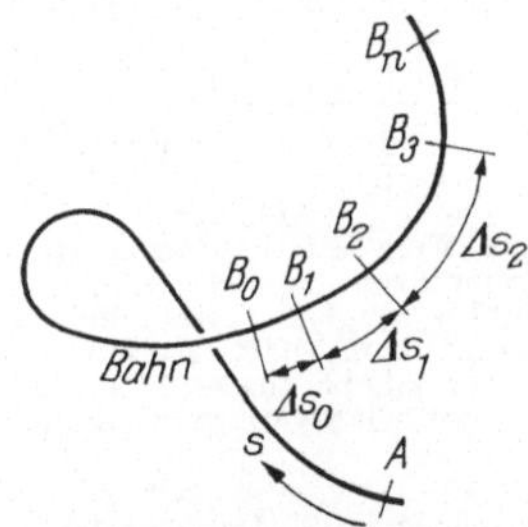

Abb. 1.1. Räumliche Bahnkurve eines bewegten Punktes P. Die Marken B_0, B_1, $B_2, \ldots, B_n$ sind die Orte von P zu den Zeitpunkten 0, Δt, $2\Delta t \ldots n\Delta t$.

renzen Δs zwischen den einzelnen Zeitmarken immer größer werden. Die pro Zeiteinheit zurückgelegten Wegdifferenzen Δs geben uns somit einen ersten, wenn auch nur groben Aufschluß über den Ablauf der Bewegung: große Δs bedeuten schnellere, kleinere Δs langsamere Bewegung.

1.3 Die Bahngeschwindigkeit. Der für die Bewegung kennzeichnende Quotient $\Delta s/\Delta t$ ist unabhängig von Gestalt und Lage der Bahnkurve; wir tragen deshalb die zu den einzelnen Punkten B_i gehörigen, von A aus gemessenen Bogenlängen in Abb. 1.2 über einer Zeitachse auf. Die Bewegung des Punktes P wird um so genauer beschrieben, je kleiner die Zeitintervalle Δt sind. Wir wählen deshalb diese Differenz so klein wie möglich, d. h., wir gehen zum Grenzwert über und bekommen damit als Differentialquotienten die Bogenlängen- oder

$$\text{Bahngeschwindigkeit} \quad \lim_{\Delta t \to 0} \frac{\Delta s}{\Delta t} = \frac{ds}{dt} = \dot{s} = v \quad \left[\frac{\text{cm}}{\text{sec}}\right]. \tag{1}$$

Der in der Mechanik übliche Buchstabe v (von velocitas) ist lediglich eine andere Bezeichnung für $\dot{s}$. Der Punkt über dem s bedeutet die einmalige Ableitung nach der Zeit; eine n-fache Ableitung wird dementsprechend durch n Punkte bezeichnet. Große Werte von v bedeuten schnelle, kleine Werte langsame Bewegung. Negatives v heißt, daß der Punkt sich entgegen der positiven s-Zählung bewegt.

Halten wir noch einmal ausdrücklich fest, daß das Weg-Zeit-Diagramm nichts über die Gestalt der Bahnkurve aussagen kann. Es ändert sich nicht einmal dann, wenn sich die Bahnkurve während der Bewegung des Punktes P ihrerseits bewegt oder dehnungslos in sich verbiegt, und dies gilt ebenso für alle übrigen noch abzuleitenden kinematischen Diagramme.

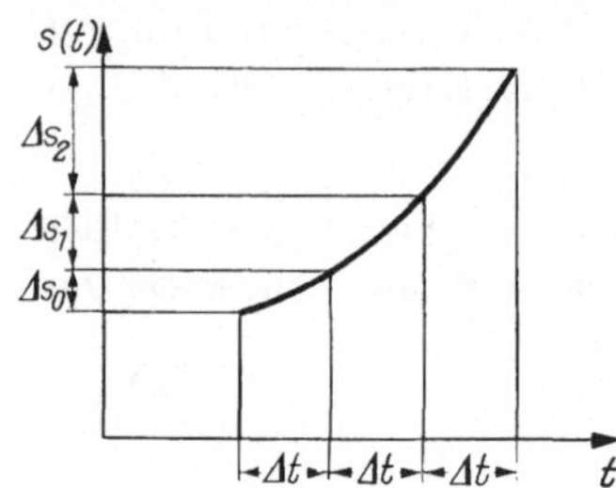

Abb. 1.2.
Das Weg-Zeit-Diagramm $s(t)$. Die Differenzen Δs_1, Δs_2,... für die Punkte B_1, B_2,... sind der Abb. 1.1 entnommen. Die Gestalt der Bahnkurve ist bei dieser Übertragung natürlich verlorengegangen.

Die durch (1) definierte Bahngeschwindigkeit $\dot{s} = v$ können wir nun ihrerseits sowohl über der Zeit t wie über der Bogenlänge s auftragen; das gibt die beiden kinematischen Diagramme b und c der Abb. 1.3. Da v die zeitliche Ableitung von s ist, wird die Bahngeschwindigkeit dort Null, wo die Weg-Zeit-Kurve eine horizontale Tangente hat. Andererseits ist $s(t)$ die Integralkurve zu $v(t)$; sind daher zu irgend zwei Zeitpunkten t_A und t_B die Bogenlängen einander gleich — der Punkt P ist dann auf seiner Wanderung umgekehrt — so ist der Flächeninhalt unter der Kurve $v(t)$ zwischen diesen Abszissen gleich Null; die Flächen beiderseits der Zeitachse sind also gleich groß (s. Abb. 1.3 b), wo diese Flächen schraffiert sind. Die Steigung der Kurve $v(s)$ ist

$$\tan\beta = \frac{dv}{ds} = \frac{dv}{dt}\frac{dt}{ds} = \frac{\dot{v}}{v} = \frac{\ddot{s}}{\dot{s}}. \tag{2}$$

Die Bahngeschwindigkeits-Weg-Kurve durchsetzt hiernach die s-Achse senkrecht, da im Schnittpunkt wegen $v = 0$ die Steigung $\tan\beta = \infty$

wird, falls nicht zufällig auch $\dot{v} = 0$, somit $\tan\beta = 0/0$ sein sollte; ein Sonderfall, der dann im einzelnen zu untersuchen wäre, wie z. B. beim Bewegungsgesetz des Abschnittes 1.7.

Aufgabe 1.1: Umrechnen von Maßeinheiten.

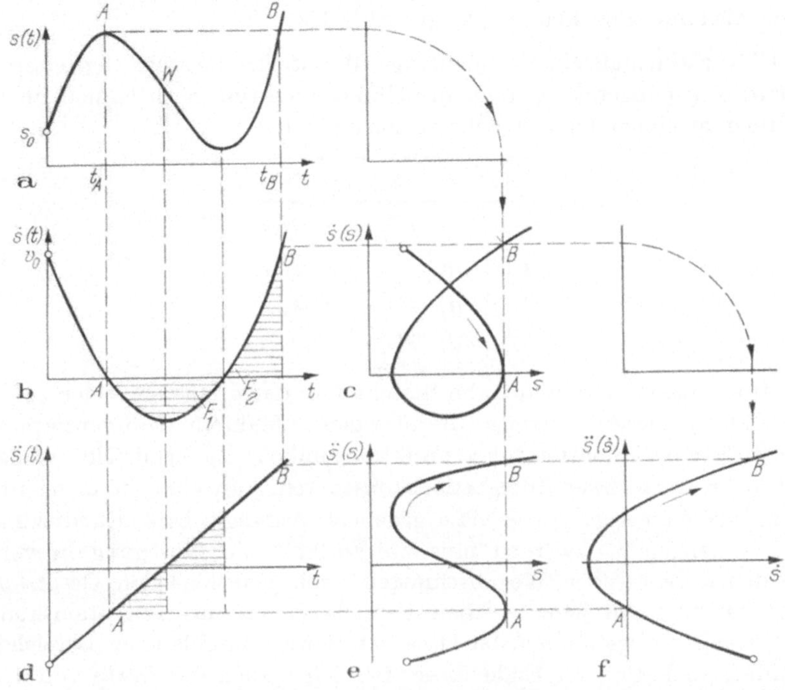

Abb. 1.3. Die sechs kinematischen Diagramme für die Funktion $s(t) = a + b\,t + c\,t^2 + d\,t^3$. Die Anordnung ist die gleiche, wie in Formel (1.4). Die Kreisbogenpfeile zeigen die Zuordnung zusammengehöriger Punkte.

1.4 Die Bahnbeschleunigung. Ebenso wie die Bogenlänge s wird sich im allgemeinen auch die Geschwindigkeit $v = \dot{s}$ mit der Zeit ändern; diese zeitliche Änderung heißt die

$$\text{Bahnbeschleunigung} \quad \lim_{\Delta t \to 0} \frac{\Delta v}{\Delta t} = \frac{dv}{dt} = \dot{v} = (\dot{s})^{\cdot} = \ddot{s} = w \quad \left[\frac{\text{cm}}{\text{sec}^2}\right]. \quad (3)$$

Die Dimension der Bahnbeschleunigung ist genaugenommen (cm/sec)/sec, wird aber im allgemeinen als cm/sec² angegeben. Eine große (kleine) Bahnbeschleunigung bedeutet, daß die Bahngeschwindigkeit v sich schnell (langsam) ändert. Negatives Beschleunigen, also Vermindern der Bahngeschwindigkeit, wird im täglichen Leben auch als Bremsen bezeichnet.

Nun tragen wir die Bahnbeschleunigung über der Zeit t, der Bogenlänge s und der Bahngeschwindigkeit $\dot{s}$ auf und gewinnen damit die drei kinematischen Diagramme d, e, f der Abb. 1.3. Da sich $\ddot s$ zu $\dot s$ ebenso verhält wie $\dot s$ zu s, können wir für die Diagramme d und f die Sätze über die Flächengleichheit und das senkrechte Durchsetzen der Abszisse aus dem Abschnitt 1.3 direkt übernehmen. Außerdem gilt: Dort wo $\ddot s(t) = 0$ ist, hat die Kurve $\dot s(t)$ eine waagerechte Tangente und $s(t)$ einen Wende- oder Flachpunkt (s. Abb. 1.3a, b, d).

1.5 Die kinematische Grundaufgabe. Wir stellen die sechs abgeleiteten Funktionen (eingerahmt) und ihre Umkehrfunktion noch einmal übersichtlich in einem kleinen Schema zusammen:

$$
\begin{array}{c|cccc}
 & t & s & \dot s & \ddot s \\
\hline
t & - & t(s) & t(\dot s) & t(\ddot s) \\
s & s(t) & - & s(\dot s) & s(\ddot s) \\
\dot s & \dot s(t) & \dot s(s) & - & \dot s(\ddot s) \\
\ddot s & \ddot s(t) & \ddot s(s) & \ddot s(\dot s) & -
\end{array}
\tag{4}
$$

Die kinematische Grundaufgabe besteht nun darin, aus einer der zwölf Funktionen dieses Schemas die übrigen elf durch Differentiation, Integration, Elimination und Funktionsumkehr zu ermitteln, wobei eine oder auch zwei Integrationskonstanten auftreten können, die dann, wie man sagt, an gewisse gegebene Anfangs- bzw. Randbedingungen „angepaßt" werden müssen. Verläuft die Bewegung in verschiedenen Zeit- oder Wegabschnitten nach verschiedenen Gesetzen, dann hat man an jeder solchen Bereichsgrenze die Integrationskonstanten neu zu bestimmen. Ist etwa der Bewegungsablauf im Bereich I bekannt, so liegen am Ende dieses Bereiches auch die Werte von $s, \dot s$ und t fest; diese sind dann die Anfangswerte für den Bereich II, usf.

Der einfachste Fall liegt offenbar dann vor, wenn das Weg-Zeit-Diagramm $s(t)$ gegeben ist. Dann folgen die Diagramme $\dot s(t)$ und $\ddot s(t)$ durch Differentiation und die übrigen durch Elimination bzw. Funktionsumkehr. Weitaus schwieriger ist es, aus einem der Diagramme c, e, f der Abb. 1.3 die übrigen herzuleiten; eine Aufgabe, die uns besonders in der Kinetik des öfteren begegnen wird.

Wir bemerken noch, daß die drei Funktionen über der Zeit t stets eindeutig sein müssen, da ein bewegter Punkt sich nicht zur gleichen Zeit an mehreren Orten befinden, auch nicht verschiedene Bahngeschwindigkeiten oder -beschleunigungen haben kann. Die drei übrigen Funktionen dagegen brauchen nicht eindeutig zu sein; denn der Punkt P kann auf seiner Wanderung beliebig oft umkehren und damit am gleichen Ort seiner Bahn — wenn auch nicht zur gleichen Zeit — durchaus verschiedene Werte $\dot s$ und $\ddot s$ annehmen, und dasselbe gilt auch für das $\ddot s$-$\dot s$-Diagramm, siehe Abb. 1.3.

Für die drei wichtigsten Bewegungsgesetze der Kinematik werden wir nun die sechs kinematischen Diagramme in den folgenden drei Abschnitten ausführlich zusammenstellen; mit dieser Grundausrüstung lassen sich dann etwa neun Zehntel aller Ingenieuraufgaben, soweit sie überhaupt exakt lösbar sind, erledigen.

Aufgabe 1.2: Anpassen an Anfangs- und Randbedingungen.

1.6 Die Bahnbeschleunigung ist konstant. Das wichtigste und zugleich einfachste Bewegungsgesetz der Mechanik ist das mit konstanter Bahnbeschleunigung

$$\ddot{s} = w = \text{const}. \tag{5}$$

Zur Zeit $t = 0$ seien die Werte $s = s_0$ und $v = v_0$ vorgeschrieben. Die Integration der Gl. (5) ist einfach und ergibt

$$v(t) = \dot{s}(t) = w\,t + A\,; \tag{6}$$

$$s(t) = \frac{w\,t^2}{2} + A\,t + B \tag{7}$$

mit zwei willkürlichen Integrationskonstanten A und B. Setzen wir in (6) und (7) $t = 0$ und $s(0) = s_0$, $\dot{s}(0) = v_0$ ein, so entstehen die beiden Gln. (8) und (9), aus denen wir A und B berechnen und in (6) und (7) einsetzen können:

$$\dot{s}(0) = w\,0 + A = v_0 \to A = v_0, \tag{8}$$

$$s(0) = \frac{w \cdot 0^2}{2} + A \cdot 0 + B = s_0 \to B = s_0, \tag{9}$$

$$v(t) = v_0 + w\,t \tag{10}$$

$$s(t) = s_0 + v_0\,t + \frac{w}{2}\,t^2. \tag{11}$$

Damit sind die drei Funktionen über der Zeit ermittelt. Es sind dies zwei Geraden und eine Parabel nach Abb. 1.4. Die Gerade der Abb. 1.4 d ist horizontal; bei positivem (negativem) w ist die Gerade der Abb. 1.4 b steigend (fallend) und die Parabel nach oben (unten) geöffnet.

Auch die Diagramme e und f sind durch (5) bereits gegeben, denn eine Konstante bleibt konstant, gleichviel über welcher Abszisse wir sie auftragen. Es fehlt also lediglich das Bahngeschwindigkeits-Weg-Diagramm, das wir durch Elimination der Zeit aus den Diagrammen a und b, d. h. aus den Formeln (11) und (10) gewinnen, indem wir aus (10) die Zeit $t = (v - v_0)/w$ berechnen und in (11) einsetzen. Das gibt nach leichter Rechnung

$$s(v) = s_0 + \frac{v_0}{w}\,(v - v_0) + \frac{1}{2w}\,(v - v_0)^2, \tag{12}$$

und dies stellt die Parabel der Abb. 1.4 c dar, die die s-Achse senkrecht durchsetzt; man vergleiche auch Gl. (2), wo $\tan\beta = \dot{v}/v = w/v = \infty$, d. h. $\beta = \pm 90°$ für $v = 0$ wird.

6

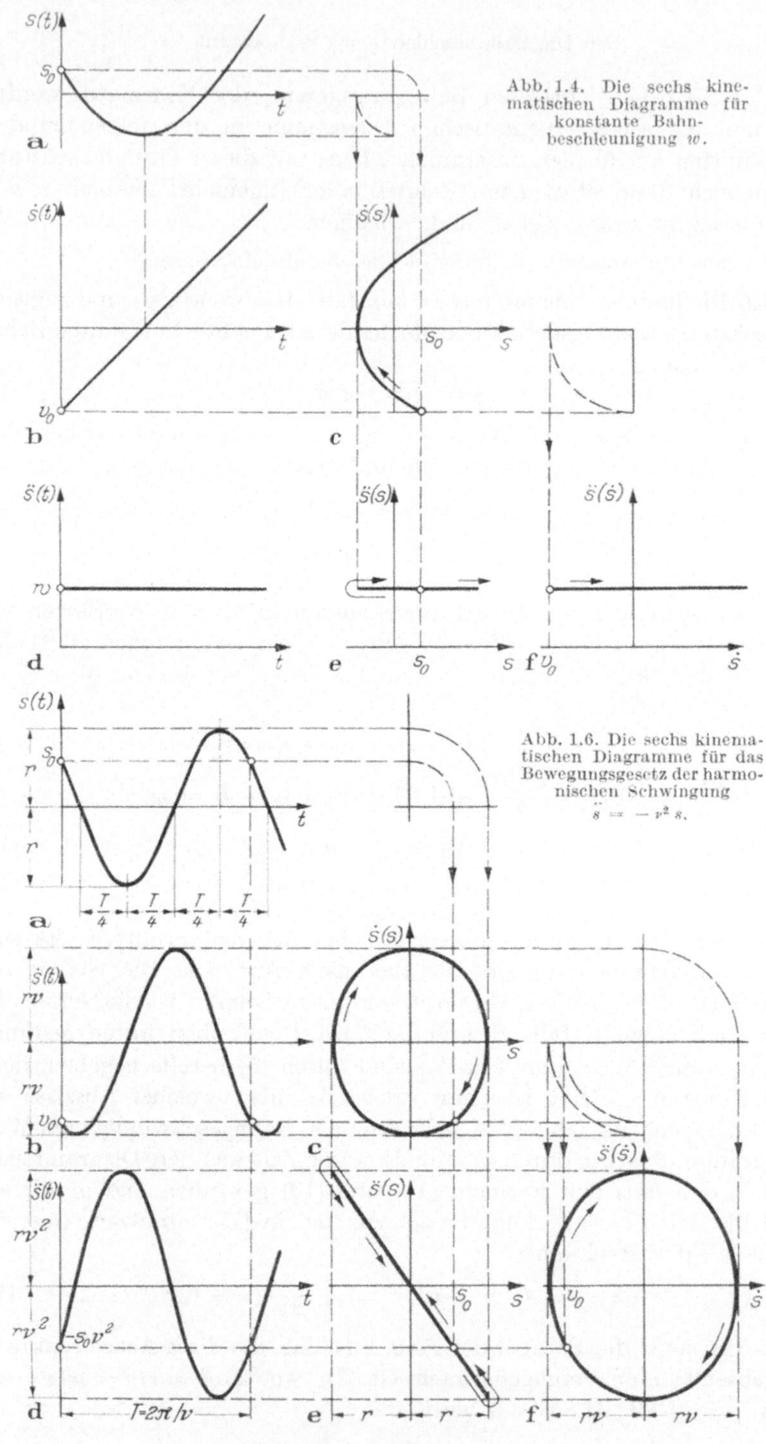

Abb. 1.4. Die sechs kinematischen Diagramme für konstante Bahnbeschleunigung w.

Abb. 1.6. Die sechs kinematischen Diagramme für das Bewegungsgesetz der harmonischen Schwingung
$$\ddot{s} = -\nu^2 s.$$

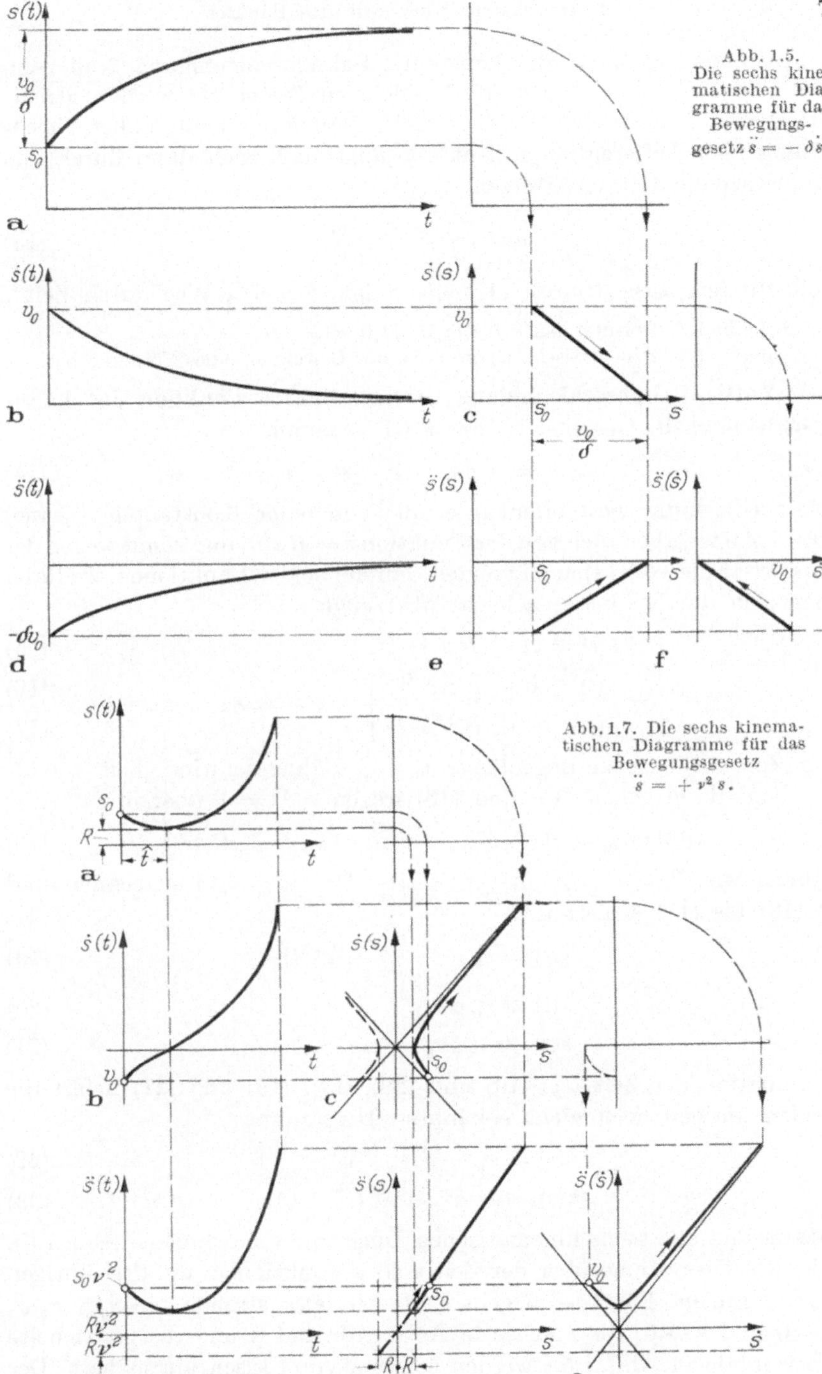

Abb. 1.5. Die sechs kinematischen Diagramme für das Bewegungsgesetz $\ddot{s} = -\delta\dot{s}$.

Abb. 1.7. Die sechs kinematischen Diagramme für das Bewegungsgesetz $\ddot{s} = +\nu^2 s$.

Insbesondere kann die konstante Bahnbeschleunigung Null sein, dann ist $\dot{s} = v = v_0$ konstant. In gleichen Zeiten Δt werden gleiche Strecken Δs zurückgelegt; eine solche Bewegung heißt daher gleichförmig. Der Differentialquotient $v = ds/dt$ läßt sich dann durch den Differenzenquotienten ersetzen

$$v = \frac{ds}{dt} = \frac{s_2 - s_1}{t_2 - t_1}, \tag{13}$$

volkstümlich ausgedrückt: „Geschwindigkeit gleich Weg durch Zeit".

Aufgabe 1.3: Sprinter läuft 100 m in 11,0 sec.

Aufgabe 1.4: Kinematische Diagramme der Bewegung eines Förderkorbes.

1.7 Die Bahnbeschleunigung ist eine lineare Funktion der Bahngeschwindigkeit. Gegeben ist das $\ddot{s}$-$\dot{s}$-Diagramm

$$\ddot{s} = -\delta \dot{s}; \quad \delta \ [\text{sec}^{-1}]. \tag{14}$$

Diese Gleichung wird offenbar erfüllt von jeder Konstanten A, weil $0 = -\delta\, 0$ ist, aber auch von der Funktion $s = B\, e^{-\delta t}$ und somit wegen der Linearität der Gl. (14) auch von der Summe beider Funktionen, wodurch man sich durch Einsetzen leicht überzeugt:

$$s(t) = A + B\, e^{-\delta t} \tag{15}$$

$$\left. \begin{aligned} \dot{s}(t) &= 0 - B\, \delta e^{-\delta t} \\ \ddot{s}(t) &= + B\, \delta^2 e^{-\delta t} \end{aligned} \right\} \to \ddot{s} = -\delta \dot{s} \tag{16}\tag{17}$$

Zur Zeit $t = 0$ seien Bogenlänge s_0 und Bahngeschwindigkeit v_0 vorgegeben; dann gehen (15) und (16) wegen $e^{-\delta 0} = 1$ über in

$$s(0) = s_0 = A + B\, 1, \quad \dot{s}(0) = v_0 = -B\, \delta \cdot 1, \tag{18}$$

woraus wir $B = -v_0/\delta$ und $A = s_0 - B = s_0 + v_0/\delta$ berechnen und in (15) bis (17) einsetzen:

$$s(t) = s_0 + \frac{v_0}{\delta}\, (1 - e^{-\delta t}), \tag{19}$$

$$\dot{s}(t) = v_0\, e^{-\delta t}, \tag{20}$$

$$\ddot{s}(t) = -\delta v_0\, e^{-\delta t}. \tag{21}$$

Elimination der Zeit aus (19) und (20) bzw. (19) und (21) liefert die beiden übrigen noch nicht bekannten Diagramme:

$$\dot{s}(s) = v_0 - \delta(s - s_0), \tag{22}$$

$$\ddot{s}(s) = -\delta v_0 + \delta^2(s - s_0). \tag{23}$$

Damit sind alle sechs kinematischen Diagramme bekannt (s. Abb. 1.5). Die drei Diagramme über der Zeit sind e-Funktionen, die drei übrigen gerade Linien. Für $t \to \infty$ geht $e^{-\delta t} \to 0$, also streben $s \to s_0 + v_0/\delta$, $\dot{s} \to 0$ und $\ddot{s} \to 0$; die t-Achse in Abb. 1.5b und d und die gestrichelte Horizontale in Abb. 1.5a werden somit asymptotisch angenähert. Der

Punkt P vollführt auf seiner Bahn eine sog. Kriechbewegung: Seine Geschwindigkeit wird immer kleiner, ohne jemals ganz Null zu werden, und dem Punkte mit der Bogenlänge $s_0 + v_0/\delta$ kommt er immer näher, ohne ihn jedoch in endlicher Zeit zu erreichen.

Die Geschwindigkeits-Weg-Kurve schneidet die s-Achse *nicht* senkrecht; denn es ist wegen (14) $\ddot{s}/\dot{s} = -\delta = \tan\beta$ nach (2) für jeden Wert von $\dot{s}$, also auch für $\dot{s} = 0$, von ∞ verschieden, und eine ähnliche Überlegung gilt für das Bahnbeschleunigungs-Geschwindigkeits-Diagramm.

Aufgabe 1.5: Berechnung der Halbwertszeit beim Kriechen.

1.8 Die Bahnbeschleunigung ist eine lineare Funktion der Bogenlänge. Gegeben ist die Gleichung

$$\ddot{s}(s) = -v^2 s \quad \text{bzw.} \quad \ddot{s}(s) = +v^2 s \tag{24}$$

mit einer positiven Konstanten v^2 der Dimension $\sec^{-2}$. Gesucht wird also eine Funktion $s(t)$, deren zweite zeitliche Ableitung $\ddot{s}$ der Bogenlänge s mit dem Faktor $-v^2$ bzw. $+v^2$ proportional ist. Diese Bedingung erfüllen offenbar die Kreisfunktionen $\cos v\,t$ und $\sin v\,t$ bzw. die Hyperbelfunktionen $\cosh v\,t$ und $\sinh v\,t$, aber auch die Linearkombinationen $s(t) = A\cos v\,t + B\sin v\,t$ bzw. $s(t) = A\cosh v\,t + B\sinh v\,t$, wovon man sich durch Einsetzen leicht überzeugt. Verlangt man, daß zur Zeit $t = 0$ die Bogenlänge $s(0) = s_0$ und die Bahngeschwindigkeit $\dot{s}(0) = v_0$ sein soll, so sind dadurch die Integrationskonstanten $A = s_0$ und $B = v_0/v$ festgelegt. Die drei Funktionen über der Zeit sind somit:

$$s(t) = s_0 \cos v\,t + \frac{v_0}{v}\sin v\,t, \qquad s(t) = s_0 \cosh v\,t + \frac{v_0}{v}\sinh v\,t \tag{25}$$

$$\dot{s}(t) = -v\,s_0 \sin v\,t + v_0 \cos v\,t, \quad \text{bzw.} \quad \dot{s}(t) = v\,s_0 \sinh v\,t + v_0 \cosh v\,t \tag{26}$$

$$\ddot{s}(t) = -v^2 s_0 \cos v\,t - v\,v_0 \sin v\,t \qquad \ddot{s}(t) = v^2 s_0 \cosh v\,t + v\,v_0 \sinh v\,t$$

$$= -v^2 s(t) \qquad\qquad = +v^2 s(t). \tag{27}$$

Hier bestätigt man noch einmal unmittelbar, daß die Ausgangsgleichung (24) und wegen $\sin v\,0 = \sinh v\,0 = 0$ und $\cos v\,0 = \cosh v\,0 = 1$ auch die gegebenen Anfangsbedingungen $s(0) = s_0$ und $\dot{s}(0) = v_0$ erfüllt sind.

Nun quadrieren wir die Gl. (25) und die durch v dividierte Gl. (26) und addieren bzw. subtrahieren; dann fällt wegen $\cos^2 v\,t + \sin^2 v\,t = 1$ bzw. $\cosh^2 v\,t - \sinh^2 v\,t = 1$ die Zeit t heraus, und es verbleibt

$$s^2 + \frac{\dot{s}^2}{v^2} = s_0^2 + \frac{v_0^2}{v^2} = r^2 \quad \text{bzw.} \quad s^2 - \frac{\dot{s}^2}{v^2} = s_0^2 - \frac{v_0^2}{v^2} = R^2. \tag{28}$$

Hier setzen wir $\dot{s}^2 = \ddot{s}^2/v^4$ aus (24) ein und bekommen nach Multiplikation mit v^2:

$$\frac{\ddot{s}^2}{v^2} + \dot{s}^2 = s_0\,v^2 + v_0^2 = r^2 v^2 \quad \text{bzw.} \quad -\frac{\ddot{s}^2}{v^2} + \dot{s}^2 = -s_0\,v^2 + v_0^2 = -R^2\,v^2. \tag{29}$$

Damit sind alle sechs Diagramme gewonnen (s. Abb. 1.6 bzw. 1.7). Obwohl sich die durch (24) gegebenen $\ddot{s}$-s-Diagramme nur durch das Vorzeichen der Steigung unterscheiden, haben die zugehörigen Bewegungsabläufe kaum ein gemeinsames Kennzeichen: bei positiver Steigung kehrt der Punkt P nach Abb. 1.7a auf seiner Bahn höchstens einmal um bis $s = R$ und wandert dann ins Unendliche, während bei negativer Steigung eine sog. harmonische Schwingung mit der Periode 2π entsteht. Ersetzen wir in den Kreisfunktionen $\cos \nu t$ und $\sin \nu t$ das Argument νt durch $\nu t + 2\pi = \nu t + \nu T$, so nehmen s, $\dot{s}$ und $\ddot{s}$ die gleichen Werte an wie zur Zeit t. Durch $2\pi = \nu T$ ist somit die sog.

$$\text{Schwingungsdauer} \quad T = \frac{2\pi}{\nu} \quad [\text{sec}] \tag{30}$$

festgelegt. Die von der Zeit freien Diagramme c, e und f sind Ellipsen bzw. Hyperbeln, und das gilt auch für die Ausgangsfunktion (24), die ebenfalls eine Ellipse bzw. Hyperbel darstellt, deren eine Halbachse zu Null zusammengeschrumpft ist (s. Abb. 1.6e bzw. 1.7e). Die Pfeile geben an, in welchem Sinn die Diagramme mit wachsender Zeit t durchlaufen werden.

Aus den Ellipsen der harmonischen Schwingung entnehmen wir noch, daß r, $r\nu$ und $r\nu^2$ die maximalen Werte sind, die s, $\dot{s}$ und $\ddot{s}$ überhaupt annehmen können. Die maximale Auslenkung r heißt die Amplitude der harmonischen Schwingung, sie ist nach (28) durch den Parameter ν^2 und die Anfangswerte s_0 und v_0 festgelegt:

$$\text{Amplitude} \quad r^2 = s_0^2 + \frac{v_0^2}{\nu^2} \tag{31}$$

$$|s|_{\max} = r; \quad |\dot{s}|_{\max} = r\nu; \quad |\ddot{s}|_{\max} = r\nu^2. \tag{32}$$

Zum Schluß wollen wir noch eine einfache Koordinatenverschiebung durchführen, indem wir s durch $s - \tilde{s}$ ersetzen, wo $\tilde{s} = \text{const.}$, somit $\dot{\tilde{s}} = 0$ und $\ddot{\tilde{s}} = 0$ ist. Aus (24), (25), (26) und (31), (32) wird dann der Reihe nach:

$$(24) \rightarrow \ddot{s}(s) = -\nu^2(s - \tilde{s}) = a - \nu^2 s, \quad \text{wo} \quad a = \nu^2 \tilde{s}, \tag{33}$$

$$(25) \rightarrow s(t) = \tilde{s} + (s_0 - \tilde{s}) \cos \nu t + \frac{v_0}{\nu} \sin \nu t, \tag{34}$$

$$(26) \rightarrow \dot{s}(t) = -\nu(s_0 - \tilde{s}) \sin \nu t + v_0 \cos \nu t, \tag{35}$$

$$(31) \rightarrow \text{Amplitude} \quad r^2 = (s_0 - \tilde{s})^2 + \frac{v_0^2}{\nu^2}, \tag{36}$$

$$(32) \rightarrow |s - \tilde{s}|_{\max} = r; \quad |\dot{s}|_{\max} = r\nu; \quad |\ddot{s}|_{\max} = r\nu^2. \tag{37}$$

In der Kinetik ist das Bahnbeschleunigungs-Weg-Diagramm meistens in der Form (33) gegeben (s. Abb. 1.8). Der Punkt mit der Abszisse

$\tilde{s} = a/\nu^2$ heißt das Zentrum oder die Mittellage der Schwingung. Schwingungsdauer und Zentrum der harmonischen Schwingung sind durch die physikalischen Konstanten a und ν^2 gegeben, die Amplitude r und damit nach (32) die maximale Geschwindigkeit und Bahnbeschleunigung hängen außerdem noch von den vorgegebenen Anfangswerten s_0 und v_0 ab.

Die harmonische Schwingung ist der einfachste Typ einer periodischen Bewegung. Solche periodischen Bewegungen sind dadurch gekennzeichnet, daß nach Verstreichen der Periodendauer T (manchmal auch Schwingungs- oder Umlaufdauer genannt), die Funktionen s, $\dot{s}$ und $\ddot{s}$ ihre alten Werte wieder annehmen; es ist also $s(t + T) = s(t)$, $\dot{s}(t + T) = \dot{s}(t)$ und $\ddot{s}(t + T) = \ddot{s}(t)$ für beliebige Werte von t. Daraus folgt dann offenbar, daß die drei übrigen Diagramme geschlossene Kurven sind (im Sonderfall der harmonischen Schwingung Ellipsen), die in einem bestimmten Richtungssinn durchlaufen werden.

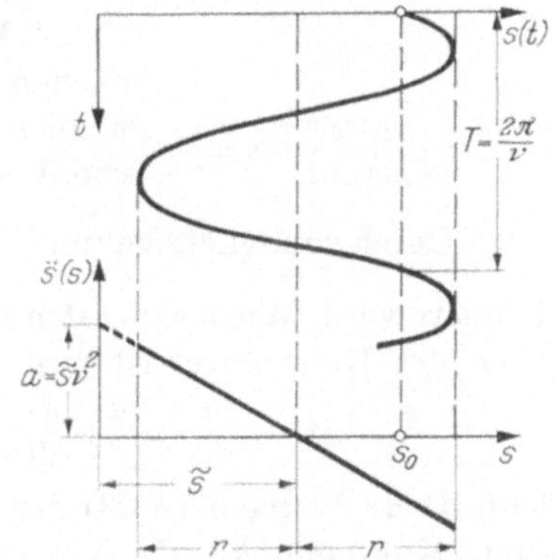

Abb. 1.8. Die Diagramme $s(t)$ und $\ddot{s}(s)$ für die harmonische Schwingung mit dem Zentrum $\tilde{s}$, der Amplitude r und der Schwingungsdauer T.

Aufgabe 1.6: Start eines Autos.

§ 2. Die Vektorkinematik des Punktes

2.1 Die Geschwindigkeit eines Vektors. Auch die zeitliche Änderung eines Vektors heißt dessen Geschwindigkeit; doch ist die Geschwindigkeit eines Vektors sehr viel schwieriger zu verstehen als die eines Skalars, da ja ein Vektor nicht nur seinen Betrag, sondern auch seine Richtung ändern kann. Ebenso wie uns die zeitliche Änderung der Bogenlänge als Musterbeispiel der skalaren Kinematik diente, exerzieren wir jetzt die Vektorkinematik am speziellen Beispiel des Ortsvektors einer Bahnkurve; doch gilt sinngemäß alles Gesagte auch für andere Vektoren der Physik und Mechanik.

2.2 Bahnkurve und Ortsvektor. Wir haben bislang die Bewegung des Punktes auf seiner Bahnkurve verfolgt, ohne uns um deren Gestalt und Lage im Raume zu kümmern. Dies holen wir jetzt nach, indem wir von einem festen Punkt O aus den sog. Fahrstrahl oder Ortsvektor $\mathfrak{r} = \overrightarrow{OP}$ ziehen, der den Punkt P auf seiner Wanderung verfolgt und somit die Bahnkurve eindeutig beschreibt, sobald er als Funktion der Bogenlänge oder eines anderen geeigneten Parameters gegeben ist (s. Abb. 2.1).

An Stelle der früher betrachteten Bogenlängendifferenzen Δs betrachten wir jetzt die Differenzen $\Delta \mathfrak{x}$ zweier benachbarter Ortsvektoren. Auch jetzt bedeuten große Differenzen $\Delta \mathfrak{x}$ schnellere, kleine Differenzen $\Delta \mathfrak{x}$ langsamere Bewegung, doch wird darüber hinaus auch etwas über die Richtung der Bewegung ausgesagt; das ist sehr viel mehr als bei der skalaren Betrachtungsweise, und tatsächlich werden uns die Ableitungen $\dot{\mathfrak{x}}$ und $\ddot{\mathfrak{x}}$ des Ortsvektors viel tiefere Einblicke in das Wesen der Bewegung gewähren als die entsprechenden Ableitungen $\dot{s}$ und $\ddot{s}$ der Bogenlänge allein.

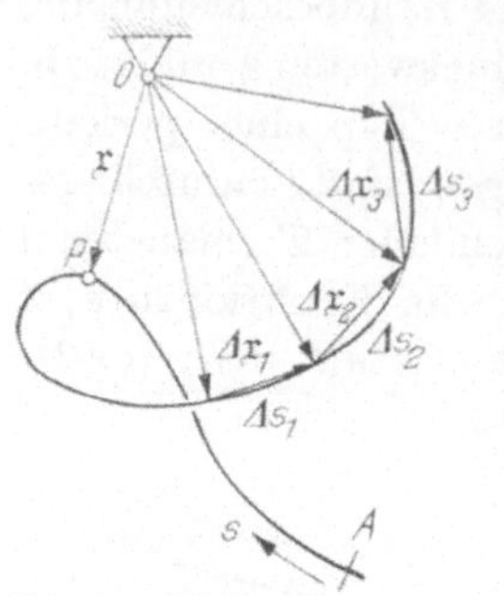

Abb. 2.1. Bahnkurve und Ortsvektor. Man vergleiche die Abb. 1.1.

2.3 Der Geschwindigkeitsvektor. Auch jetzt machen wir die Zeitintervalle Δt so klein wie möglich und gehen schließlich zur Grenze über, womit analog zu (1.1) der

$$\text{Geschwindigkeitsvektor} \quad \lim_{\Delta t \to 0} \frac{\Delta \mathfrak{x}}{\Delta t} = \frac{d\mathfrak{x}}{dt} = \dot{\mathfrak{x}} = \mathfrak{v} \quad \left[\frac{\text{cm}}{\text{sec}} \right] \quad (1)$$

definiert wird. Wiederum ist $\mathfrak{v}$ lediglich eine andere Bezeichnung für $\dot{\mathfrak{x}}$. Nach der Kettenregel ist nun

$$\dot{\mathfrak{x}} = \frac{d\mathfrak{x}}{dt} = \frac{d\mathfrak{x}}{ds} \frac{ds}{dt} = \frac{d\mathfrak{x}}{ds} \dot{s} = \dot{s}\, \mathfrak{t}; \qquad \frac{d\mathfrak{x}}{ds} = \mathfrak{t}, \quad (2)$$

denn $d\mathfrak{x}/ds$ ist nach (A 33) der Tangenteneinheitsvektor $\mathfrak{t}$ im betrachteten Kurvenpunkt P. Wir sehen: Der Geschwindigkeitsvektor hat

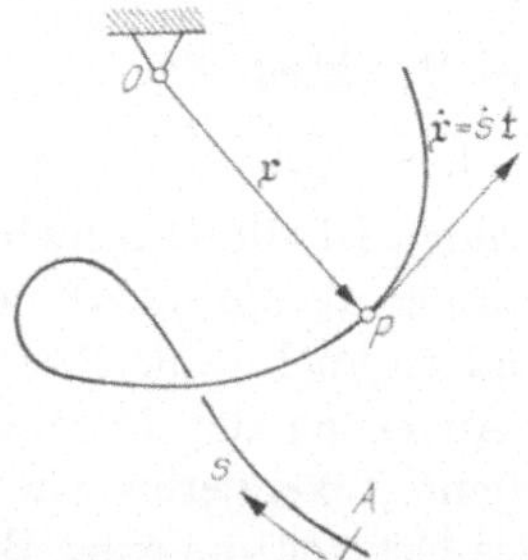

Abb. 2.2. Der Geschwindigkeitsvektor $\dot{\mathfrak{x}} = \dot{s}\,\mathfrak{t}$ hat stets die Richtung der Tangente.

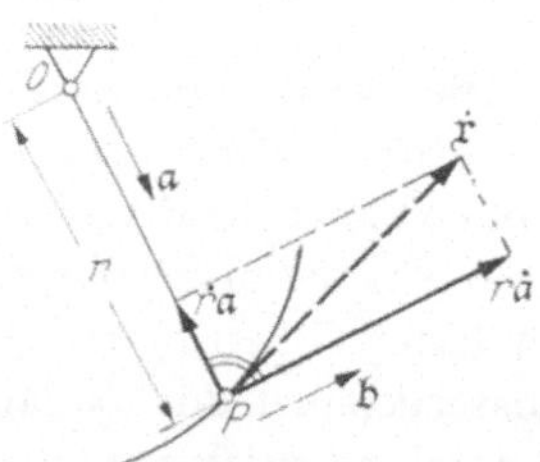

Abb. 2.3. Zerlegung des Geschwindigkeitsvektors $\dot{\mathfrak{x}} = \dot{s}\,\mathfrak{t}$ in die Komponenten $\dot{r}\,\mathfrak{a}$ und $r\,\dot{\mathfrak{a}}$.

die Richtung der Bahntangente, sein Betrag ist gleich der Bahngeschwindigkeit $v = \dot{s}$. Nur diese läßt sich auf einem Tachometer ablesen, nicht aber die Richtung des Geschwindigkeitsvektors; erst Tachometer und Kompaßnadel zusammen stellen somit einen wirklichen Geschwindigkeitsmesser im Sinne der Mechanik dar.

Wir schreiben jetzt den Ortsvektor nach (A 30) in der Form $\mathfrak{x} = r\,\mathfrak{a}$, wo r die Länge und $\mathfrak{a}$ die Richtung von $\mathfrak{x}$ ist. Der Geschwindigkeitsvektor wird dann nach der Produktregel

$$\mathfrak{v} = \dot{\mathfrak{r}} = (r\,\mathfrak{a})^{\boldsymbol{\cdot}} = \dot{r}\,\mathfrak{a} + r\,\dot{\mathfrak{a}}. \tag{3}$$

Diese beiden Anteile des Geschwindigkeitsvektors stehen nach (A 30)ff. aufeinander senkrecht, da $\mathfrak{a}$ ein Einheitsvektor ist, und heißen

$$\text{Betragsgeschwindigkeit} \qquad \mathfrak{v}_B = \dot{r}\,\mathfrak{a}, \tag{4}$$

$$\text{Richtungsgeschwindigkeit} \quad \mathfrak{v}_R = r\,\dot{\mathfrak{a}}. \tag{5}$$

Da diese Zerlegung abhängig ist von der an sich beliebigen Wahl des Koordinatennullpunktes 0, kommt ihr physikalische Bedeutung nur dann zu, wenn 0 vor anderen Punkten des Raumes ausgezeichnet ist, wie z. B. bei den Zentralkräften, s. Abschnitt 6.6.

Man gewinnt ein anschauliches Bild der Bewegung, wenn man den Geschwindigkeitsvektor in jedem Punkte der Bahnkurve nach Größe und Richtung in geeignetem Maßstab oder auch in einer besonderen Skizze von einem willkürlich wählbaren Punkte O_1 aus anträgt, wobei eine geeignete Bezifferung für die eindeutige Zuordnung der Orts- und Geschwindigkeitsvektoren sorgt wie in Abb. 2.4. Auch die Spitzen der

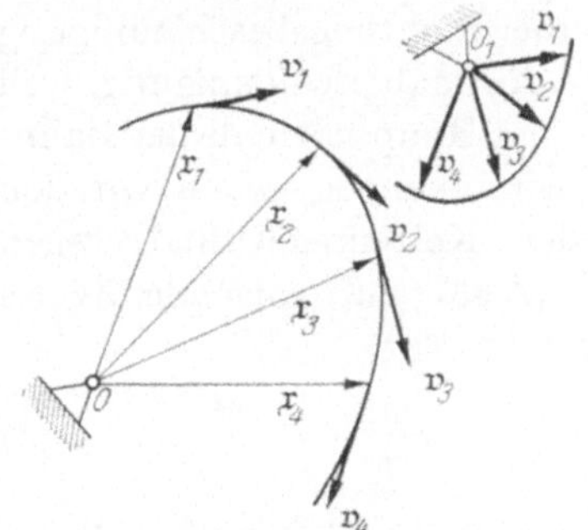
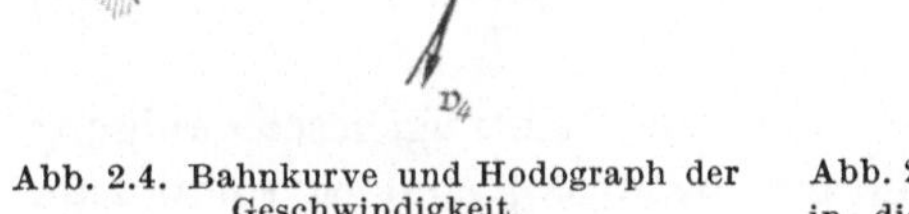
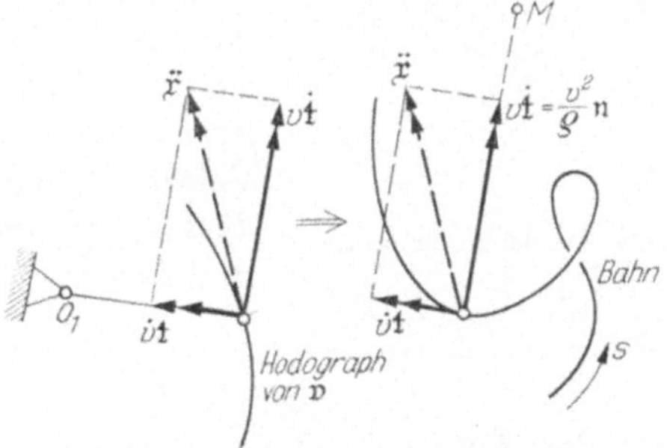

<table>
<tr><td>Abb. 2.4. Bahnkurve und Hodograph der
Geschwindigkeit.</td><td>Abb. 2.5. Zerlegung des Beschleunigungsvektors
in die beiden Komponenten $\dot{v}\,\mathfrak{t}$ und $v\,\dot{\mathfrak{t}}$ (vgl.
Abb. 2.3).</td></tr>
</table>

Geschwindigkeitsvektoren $\mathfrak{v}_i$ beschreiben jetzt eine Kurve, die der Hodograph der Geschwindigkeit heißt. Der Hodograph des Ortsvektors ist in dieser Bezeichnungsweise offenbar die Bahnkurve selbst.

2.4 Der Beschleunigungsvektor. Analog zu (1.3) definieren wir nun die zeitliche Ableitung des Geschwindigkeitsvektors als

$$\text{Beschleunigungsvektor} \quad \lim_{\Delta t \to 0} \frac{\Delta \mathfrak{v}}{\Delta t} = \frac{d\mathfrak{v}}{dt} = \dot{\mathfrak{v}} = (\dot{\mathfrak{r}})^{\boldsymbol{\cdot}} = \ddot{\mathfrak{r}} \quad \left[\frac{\text{cm}}{\text{sec}^2}\right] \tag{6}$$

und versehen ihn mit einem Doppelpfeil, um ihn vom Geschwindigkeitsvektor zu unterscheiden.

Der Beschleunigungsvektor ist die Geschwindigkeit des Geschwindigkeitsvektors, und fällt als solche in die Tangentenrichtung des

Geschwindigkeitshodographen. Überträgt man dagegen die Beschleunigungsvektoren nach Abb. 2.7 zurück an die Bahnkurve, so sieht man, daß sie keineswegs mit deren Tangenten zusammenfallen, sondern ins Innere der Kurve gerichtet sind. Ihre genaue Lage bekommen wir, wenn wir den Geschwindigkeitsvektor $\mathfrak{v} = v\,\mathfrak{t}$ nach der Produktregel differenzieren; dann wird ganz ähnlich wie in (3):

$$\mathfrak{w} = \ddot{\mathfrak{r}} = \dot{\mathfrak{v}} = (v\,\mathfrak{t})^{\boldsymbol{\cdot}} = \dot{v}\,\mathfrak{t} + v\,\dot{\mathfrak{t}}, \tag{7}$$

(s. Abb. 2.5, die der Abb. 2.3 analog ist). Wieder stehen die beiden Komponenten aufeinander senkrecht. Die erste Komponente $\dot{v}\,\mathfrak{t} = \ddot{s}\,\mathfrak{t}$ ist eine Folge der Betragsänderung des Geschwindigkeitsvektors — sie ist Null, wenn $v = \mathrm{const}$ ist — und heißt daher die Betragsbeschleunigung oder Tangentialbeschleunigung, weil sie die Richtung der Bahntangente hat. Ihr Betrag $\dot{v} = \ddot{s}$ ist von der Bahnkurve selbst unabhängig. Die zweite Komponente $v\,\dot{\mathfrak{t}}$ dagegen ist eine Folge der Richtungsänderung des Geschwindigkeitsvektors — sie wird Null, wenn $\mathfrak{t} = \mathrm{const}$ ist — und heißt daher die Richtungsbeschleunigung oder auch (Haupt-) Normalbeschleunigung, weil sie in die Richtung der Hauptnormale der Bahnkurve fällt, was wir erkennen, wenn wir den Vektor $\dot{\mathfrak{t}}$ nach der Kettenregel und wegen $d\mathfrak{t}/ds = \mathfrak{n}/\varrho$ nach (A 35) auf folgende Weise umformen:

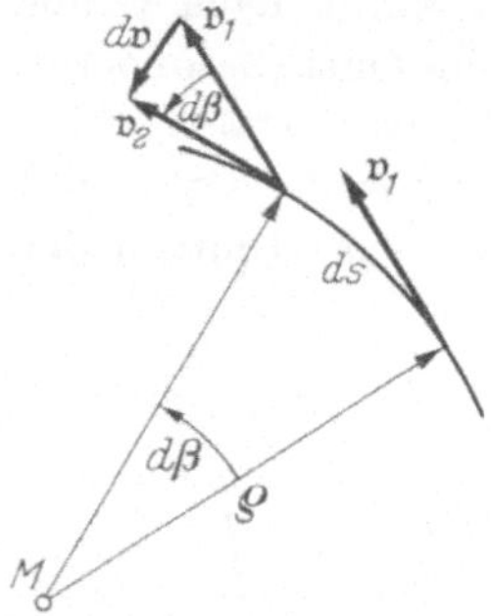

Abb. 2.6. Bei gleichförmiger Bewegung zeigt der Differenzvektor $d\mathfrak{v}$ und damit auch der Beschleunigungsvektor $\ddot{\mathfrak{r}}$ zum Krümmungsmittelpunkt M.

$$v\,\dot{\mathfrak{t}} = v\,\frac{d\mathfrak{t}}{ds}\,\frac{ds}{dt} = v\,\frac{d\mathfrak{t}}{ds}\,v = \frac{v^2}{\varrho}\,\mathfrak{n}. \tag{8}$$

Da der Ausdruck v^2/ϱ positiv ist, hat die Richtungsbeschleunigung dieselbe Richtung wie der Hauptnormalenvektor $\mathfrak{n}$ und ist somit zum Krümmungsmittelpunkt M der Bahn hin gerichtet, zeigt also ins Innere der Bahn. Der Betrag v^2/ϱ der Richtungsbeschleunigung ist offenbar nicht nur von der Bahngeschwindigkeit v, sondern auch von der Gestalt der Bahnkurve abhängig. Er wird um so größer, je kleiner der Krümmungs-

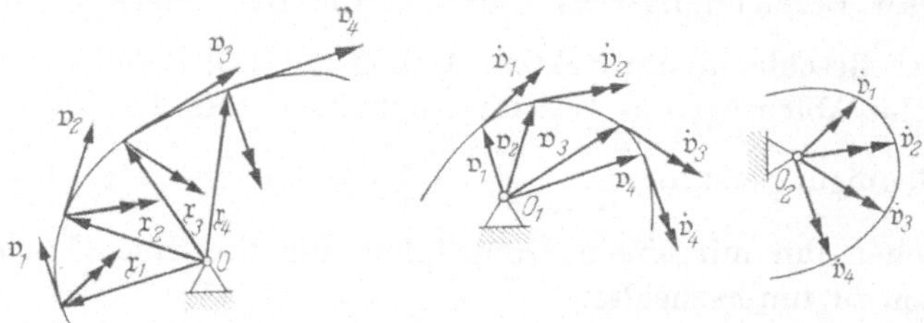

Abb. 2.7. Die Hodographen des Ortsvektors (das ist die Bahnkurve), des Geschwindigkeitsvektors und des Beschleunigungsvektors.

radius ϱ ist; ein durchaus anschauliches Ergebnis, denn die Richtung des Geschwindigkeitsvektors muß beim Durchlaufen einer Kurve um so schneller geändert werden, je größer die Krümmung ist. Auch aus Abb. 2.6 erkennt man übrigens, daß die Differenz $\Delta \mathfrak{v} = \mathfrak{v}_2 - \mathfrak{v}_1$, somit auch $d\mathfrak{v}$ und damit die Beschleunigung ins Innere der Bahn zeigt.

Nun setzen wir (8) in (7) ein und haben damit als endgültige Form des Beschleunigungsvektors:

$$\text{Tangentialbeschleunigung} \quad \ddot{\mathfrak{r}}_T = \ddot{s}\,\mathfrak{t}, \tag{9}$$
(Betragsbeschleunigung)

$$\text{Normalbeschleunigung} \quad \ddot{\mathfrak{r}}_N = \frac{\dot{s}^2}{\varrho}\,\mathfrak{n}, \tag{10}$$
(Richtungsbeschleunigung)

$$\text{Gesamtbeschleunigung} \quad \ddot{\mathfrak{r}} = \ddot{\mathfrak{r}}_T + \ddot{\mathfrak{r}}_N = \ddot{s}\,\mathfrak{t} + \frac{\dot{s}^2}{\varrho}\,\mathfrak{n}. \tag{11}$$

Der Beschleunigungsvektor $\ddot{\mathfrak{r}}$ als Summe von Tangential- und Normalbeschleunigung liegt in der von den beiden Vektoren $\mathfrak{t}$ und $\mathfrak{n}$ aufgespannten sog. Schmiegebene der Bahn. Bei ebenen Kurven ist die Schmiegebene die Ebene der Bahnkurve selbst und somit zeitlich unveränderlich. Auch der Geschwindigkeits- und der Beschleunigungshodograph liegen dann ganz in dieser Ebene.

Auch im täglichen Leben wird das Wort Beschleunigung gebraucht, bezeichnet dort aber im allgemeinen lediglich die Bahnbeschleunigung $\ddot{s}$, hat also mit dem durch (6) definierten und nach (11) zerlegten Beschleunigungsvektor kaum mehr als den Namen gemeinsam, woran wir uns stets erinnern wollen. Selbst wenn die Bahnkurve mit konstanter Bahngeschwindigkeit $v = \dot{s}$ durchlaufen wird, ist die Bewegung beschleunigt, da ja die Richtung des Geschwindigkeitsvektors geändert werden muß. ,,Mit konstanter Geschwindigkeit durch eine Kurve fahren'' ist somit im Sinne der Mechanik ein Widerspruch in sich selbst, denn eine konstante Geschwindigkeit (als Vektor, wie hier definiert) führt immer geradeaus ins Gebüsch, nicht aber durch eine Kurve, die ja eine Richtungsänderung des Geschwindigkeitsvektors erfordert. Wir prägen uns also ein: Jede Bewegung auf gekrümmter Bahn ist — gegebenenfalls bis auf einzelne Ausnahmepunkte — unter allen Umständen beschleunigt. Und weiter: Der Beschleunigungsvektor zeigt stets in die hohle Seite der Bahn, also nach ,,innen'' oder allenfalls in die Tangentenrichtung, wenn $v^2/\varrho = 0$ ist.

Je nachdem, ob die Bahn gerade oder gekrümmt und die Bewegung gleichförmig oder ungleichförmig ist, lassen sich die vier Bewegungstypen der nachfolgenden kleinen Tabelle unterscheiden, die nochmals alles über den Beschleunigungsvektor Gesagte zusammenfaßt.
Die zugehörigen Geschwindigkeitshodographen sehen so aus: Im allgemeinen Fall ist der Geschwindigkeitshodograph eine beliebige Raum-

	Bahn geradlinig $\mathfrak{t}=$const$,\ \dot{\mathfrak{t}}=0$	Bahn gekrümmt $\mathfrak{t}\neq$const$,\ \dot{\mathfrak{t}}\neq0$
gleichförmig $v=$const $\dot v=\ddot s=0$	$\ddot{\mathfrak{x}}=0$	$\ddot{\mathfrak{x}}=\ddot{\mathfrak{x}}_N=\dfrac{\dot s^2}{\varrho}\,\mathfrak{n}$
ungleichförmig $v\neq$const $\dot v=\ddot s\neq0$	$\ddot{\mathfrak{x}}=\ddot{\mathfrak{x}}_T=\ddot s\cdot\mathfrak{t}$	$\ddot{\mathfrak{x}}=\ddot{\mathfrak{x}}_T+\ddot{\mathfrak{x}}_N=\ddot s\,\mathfrak{t}+\dfrac{\dot s^2}{\varrho}\,\mathfrak{n}$

$$(12)$$

kurve wie in Abb. 2.4. Bei gleichförmiger Bewegung verläuft diese Raumkurve auf einer Kugel mit dem Radius v. Bei geradliniger Bahn ist auch der Geschwindigkeitshodograph eine Gerade. Ist die Bewegung schließlich geradlinig und gleichförmig zugleich, so schrumpft der Hodograph auf einen einzigen Punkt zusammen; der Vektor $\mathfrak{v}$ ist konstant.

Aufgabe 2.1: Unter welchen Bedingungen kann ein Punkt P auf gekrümmter Bahn wenigstens zeitweise unbeschleunigt sein?

Aufgabe 2.2: Auto auf Rennbahn.

2.5 Die kinematische Grundaufgabe. Dem Schema (1.4) entspricht jetzt das analoge Schema

	t	$\mathfrak{x}$	$\dot{\mathfrak{x}}$	$\ddot{\mathfrak{x}}$
t	—	$t(\mathfrak{x})$	$t(\dot{\mathfrak{x}})$	$t(\ddot{\mathfrak{x}})$
$\mathfrak{x}$	$\mathfrak{x}(t)$	—	$\mathfrak{x}(\dot{\mathfrak{x}})$	$\mathfrak{x}(\ddot{\mathfrak{x}})$
$\dot{\mathfrak{x}}$	$\dot{\mathfrak{x}}(t)$	$\dot{\mathfrak{x}}(\mathfrak{x})$	—	$\dot{\mathfrak{x}}(\ddot{\mathfrak{x}})$
$\ddot{\mathfrak{x}}$	$\ddot{\mathfrak{x}}(t)$	$\ddot{\mathfrak{x}}(\mathfrak{x})$	$\ddot{\mathfrak{x}}(\dot{\mathfrak{x}})$	—

$$(13)$$

und wieder besteht die kinematische Grundaufgabe darin, aus einer der gegebenen Funktionen die übrigen herzuleiten. Wenn der Ortsvektor als Funktion der Zeit gegeben ist, $\mathfrak{x}(t)$, so folgen $\dot{\mathfrak{x}}$ und $\ddot{\mathfrak{x}}$ einfach durch Differenzieren. Umgekehrt läßt sich die Funktion $\dot{\mathfrak{x}}(t)$ integrieren

$$\mathfrak{x}(t) = \mathfrak{x}_0 + \int_0^t \dot{\mathfrak{x}}(t)\,dt, \qquad (14)$$

wobei der willkürliche Anfangsvektor $\mathfrak{x}_0 = \mathfrak{x}(0)$ auftritt. Näherungsweise kann man das Integral durch eine Summe ersetzen

$$\mathfrak{x}(t) \approx \mathfrak{x}_0 + \sum \dot{\mathfrak{x}}_i\,\Delta t \qquad (15)$$

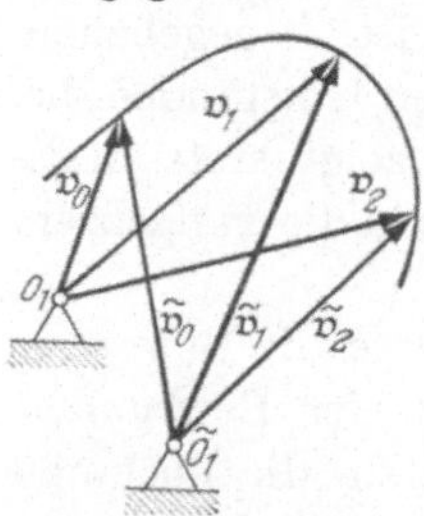

Abb. 2.8. Die Wahl des Punktes O_1 bestimmt die Länge und Richtung der Geschwindigkeitsvektoren im Hodographen.

und bekommt damit einen Polygonzug, der die wahre Bahnkurve um
so besser annähert, je kleiner man die Intervalle Δt wählt. Ist nun der
Beschleunigungsvektor als Funktion der Zeit gegeben, so ergibt eine
erste Integration ähnlich wie in (14)

$$\dot{\mathfrak{x}}(t) = \dot{\mathfrak{x}}_0 + \int_0^t \ddot{\mathfrak{x}}(t)\, dt, \tag{16}$$

und wieder tritt ein willkürlich wählbarer Vektor $\dot{\mathfrak{x}}_0 = \mathfrak{v}_0$ auf. Von diesem
hängen nun aber Länge und Richtung der Geschwindigkeitsvektoren
ab, und da diese tangential zur Bahnkurve liegen, ist auch deren
Gestalt noch vom willkürlich wählbaren Vektor $\mathfrak{v}_0$ abhängig. Mit
anderen Worten: Der Beschleunigungsvektor $\ddot{\mathfrak{x}}$ allein legt die Bahnkurve keineswegs fest, sondern erst mit ihm gemeinsam die willkürlichen
Anfangsvektoren $\mathfrak{v}_0$ und $\mathfrak{x}_0$. Der Beschleunigungsvektor scheidet lediglich aus der Fülle der denkbaren Bahnkurven eine ganz bestimmte
Klasse aus. So gehört z. B. zu $\ddot{\mathfrak{x}} = $ const eine gewisse Klasse von Parabeln,
zum Beschleunigungsvektor $\ddot{\mathfrak{x}} = \pm v^2\, \mathfrak{x}$ gehören Ellipsen bzw. Hyperbeln,
usf. Da in der Kinetik der freien Punktbewegung der Beschleunigungs-
vektor im allgemeinen gegeben ist, spielt diese Klassifizierung von
Bahnkurven eine bedeutende Rolle.

Aus einem der zeitfreien Diagramme $\dot{\mathfrak{x}}(\mathfrak{x})$, $\ddot{\mathfrak{x}}(\mathfrak{x})$, $\ddot{\mathfrak{x}}(\dot{\mathfrak{x}})$ die übrigen
fünf herzuleiten, ist jetzt natürlich noch sehr viel schwieriger als in
der skalaren Kinematik. Immerhin gelingt dies für die drei Musterfälle
der Abschnitte 1.6 bis 1.8, die wir jetzt in fast wörtlicher Übersetzung
der dort abgeleiteten Formeln der Reihe nach vornehmen wollen. Dabei
haben wir lediglich die skalaren Größen s, $\dot{s}$, $\ddot{s}$ durch die Vektoren $\mathfrak{x}$,
$\dot{\mathfrak{x}}$, $\ddot{\mathfrak{x}}$ zu ersetzen und das Ergebnis neu zu interpretieren.

Aufgabe 2.3: Näherungsweise Konstruktion von Bahnkurven aus einem gegebenen Geschwindigkeitshodographen.

2.6 Der Beschleunigungsvektor ist konstant. Es sei $\ddot{\mathfrak{x}} = \mathfrak{w} = $ const.
Die Integration liefert ähnlich wie im Abschnitt 1.6 — man hat nur s, v
und w durch $\mathfrak{x}$, $\mathfrak{v}$ und $\mathfrak{w}$ zu ersetzen —:

$$(1.10) \to \dot{\mathfrak{x}}(t) = \mathfrak{v}_0 + \mathfrak{w}\, t, \tag{17}$$

$$(1.11) \to \mathfrak{x}(t) = \mathfrak{x}_0 + \mathfrak{v}_0\, t + \mathfrak{w}\, \frac{t^2}{2}. \tag{18}$$

Der Geschwindigkeitshodograph (17) stellt eine Gerade mit noch be-
liebigem Anfangsvektor $\mathfrak{v}_0 = \dot{\mathfrak{x}}_0 = \overrightarrow{O_1 A}$ dar. Die Bahnkurve (18) liegt
ganz in der von den Vektoren $\dot{\mathfrak{x}}_0$ und $\mathfrak{w}$ aufgespannten Ebene, und zwar
ist es eine Parabel, da der Vektor $\dot{\mathfrak{x}}_0\, t$ linear und der Vektor $\mathfrak{w}\, t^2/2$
quadratisch mit der Zeit t anwächst. Die Parabel ist nach Abb. 2.9 um
so weiter geöffnet, je größer der senkrechte Abstand a der Geraden vom
Punkte O_1 ist. Für $a = 0$ entartet die Bahnkurve in eine gerade Linie.

Wenn die Beschleunigung $\mathfrak{w} = 0$ ist, wird aus (17) $\dot{\mathfrak{x}}(t) = \mathfrak{v}_0 + 0$ = const; die Bewegung ist dann geradlinig-gleichförmig, weil der Geschwindigkeitsvektor konstant ist.

2.7 Der Beschleunigungsvektor ist eine lineare Funktion des Geschwindigkeitsvektors. Ebenso wie in 1.7 sei jetzt

$$\ddot{\mathfrak{x}} = -\delta\,\dot{\mathfrak{x}}, \quad \delta \ [\mathrm{sec}^{-1}], \tag{19}$$

eine Gleichung, die besagt, daß der Beschleunigungsvektor $\ddot{\mathfrak{x}}$ in die Richtung des Geschwindigkeitsvektors $\dot{\mathfrak{x}}$ fällt, somit wie dieser die Tangentenrichtung hat. Die Normalbeschleunigung ist daher gleich Null, also ist die Bahn eine gerade Linie. Dies erkennen wir auch, wenn wir die Gln. (1.19) und (1.20) übernehmen:

$$\mathfrak{x}(t) = \mathfrak{x}_0 + \frac{\mathfrak{v}_0}{\delta}\,(1 - e^{-\delta t}); \quad \dot{\mathfrak{x}}(t) = \mathfrak{v}_0\,e^{-\delta t}. \tag{20}$$

Auch hier sehen wir, daß der Geschwindigkeitsvektor die konstante Richtung von $\mathfrak{v}_0$ hat; sein Betrag nimmt mit der Zeit allmählich ab (siehe die kinematischen Diagramme der Abb. 1.5).

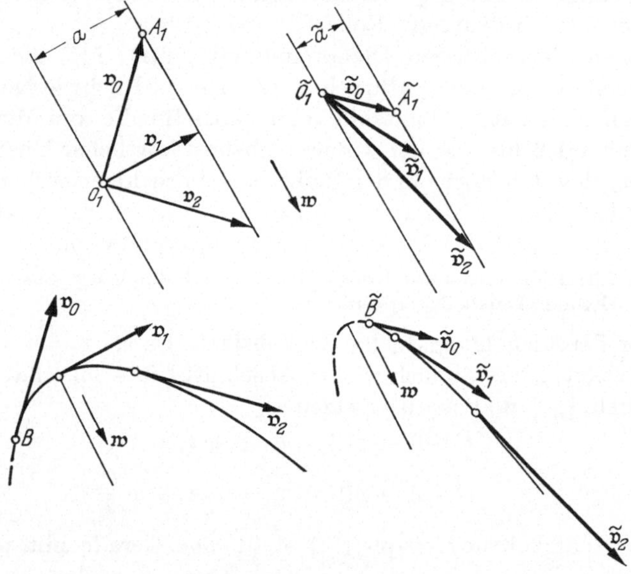

Abb. 2.9. Zum konstanten Beschleunigungsvektor $\mathfrak{w}$ gehört als Bahnkurve eine Parabel, deren Gestalt von der Anfangsgeschwindigkeit $\mathfrak{v}_0$ abhängt.

2.8 Der Beschleunigungsvektor ist eine lineare Funktion des Ortsvektors. Jetzt ist ähnlich wie in (1.24):

$$\ddot{\mathfrak{x}} = -v^2\,\mathfrak{x} \quad \text{bzw.} \quad \ddot{\mathfrak{x}} = +v^2\,\mathfrak{x}, \tag{21}$$

und hieraus folgt genau wie dort die Gleichung für Orts- und Geschwindigkeitsvektor nach (1.25) und (1.26):

$$\mathfrak{r}(t) = \mathfrak{r}_0 \cos \nu\, t + \frac{\mathfrak{v}_0}{\nu} \sin \nu\, t \quad \text{bzw.} \quad \mathfrak{r}(t) = \mathfrak{r}_0 \cosh \nu\, t + \frac{\mathfrak{v}_0}{\nu} \sinh \nu\, t, \quad (22)$$

$$\dot{\mathfrak{r}}(t) = -\nu\, \mathfrak{r}_0 \sin \nu\, t + \mathfrak{v}_0 \cos \nu\, t \quad \text{bzw.} \quad \dot{\mathfrak{r}}(t) = \nu\, \mathfrak{r}_0 \sinh \nu\, t + \mathfrak{v}_0 \cosh \nu\, t. \quad (23)$$

Die Bahnkurven verlaufen ganz in der von den beiden Vektoren $\mathfrak{r}_0$ und $\mathfrak{v}_0$ aufgespannten Ebene, da der Ortsvektor $\mathfrak{r}$ für jeden Wert von t

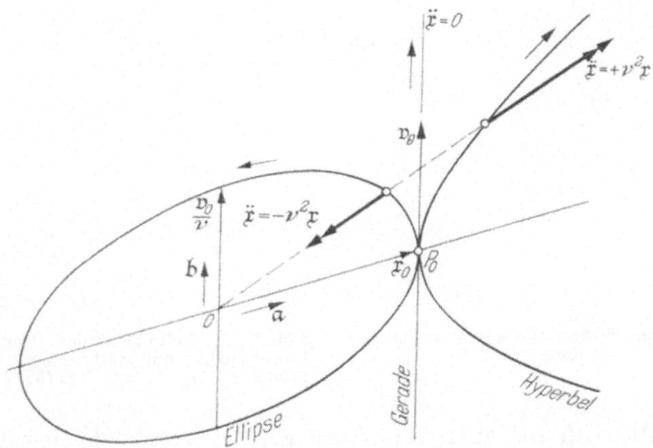

Abb. 2.10. Zum Bewegungsgesetz $\ddot{\mathfrak{r}} = \pm\, \nu^2 \mathfrak{r}$ gehören als Bahnkurven Ellipse, Gerade oder Hyperbel je nachdem, ob der Faktor bei $\mathfrak{r}$ negativ, Null oder positiv ist.

eine Linearkombination dieser beiden Vektoren darstellt, und zwar sind es nach (A 40) bis (A 45) Ellipsen bzw. Hyperbeln mit den konjugierten Halbmessern $\mathfrak{r}_0$ und $\mathfrak{v}_0/\nu$ und dem Mittelpunkt O. Für den Sonderfall $\nu^2 = 0$ wird $\ddot{\mathfrak{r}} = 0$, die Bahn ist eine gerade Linie, die mit der konstanten Geschwindigkeit $\mathfrak{v}_0$ gleichförmig durchlaufen wird (s. Abb. 2.10).

Wenn die beiden Vektoren $\mathfrak{v}_0/\nu$ und $\mathfrak{r}_0$ aufeinander senkrecht stehen, gehen die konjugierten Durchmesser in Hauptachsen über. Sind sie außerdem von gleicher Länge $|\mathfrak{r}_0| = |\mathfrak{v}_0|/\nu$, so ist die Bahnkurve ein Kreis bzw. eine gleichseitige Hyperbel.

Für die elliptische Bewegung untersuchen wir noch den allgemeineren Fall

$$(1.33) \rightarrow \ddot{\mathfrak{r}}(\mathfrak{r}) = -\nu^2(\mathfrak{r} - \tilde{\mathfrak{r}}) \qquad (24)$$

mit der Lösung

$$(1.34) \rightarrow \mathfrak{r}(t) = \tilde{\mathfrak{r}} + (\mathfrak{r}_0 - \tilde{\mathfrak{r}}) \cos \nu\, t + \frac{\mathfrak{v}_0}{\nu} \sin \nu\, t. \qquad (25)$$

2*

Führen wir hier den neuen Ortsvektor $\mathfrak{y} = \mathfrak{x} - \tilde{\mathfrak{x}}$ ein, so geht diese Gleichung wegen $\dot{\tilde{\mathfrak{x}}}_0 = \dot{\mathfrak{y}}_0 = \mathfrak{v}_0$ über in

$$\mathfrak{y}(t) = \mathfrak{y}_0 \cos \nu\, t + \frac{\mathfrak{v}_0}{\nu} \sin \nu\, t. \tag{26}$$

Der Vektor $\mathfrak{y} = \overrightarrow{ZP}$ in Abb. 2.11 vollführt daher die gleiche Bewegung wie der Vektor $\overrightarrow{OP}$ in Abb. 2.10. Der Vektor $\tilde{\mathfrak{x}}$ in Gl. (24) bewirkt somit lediglich eine Verschiebung des Ellipsenmittelpunktes von O

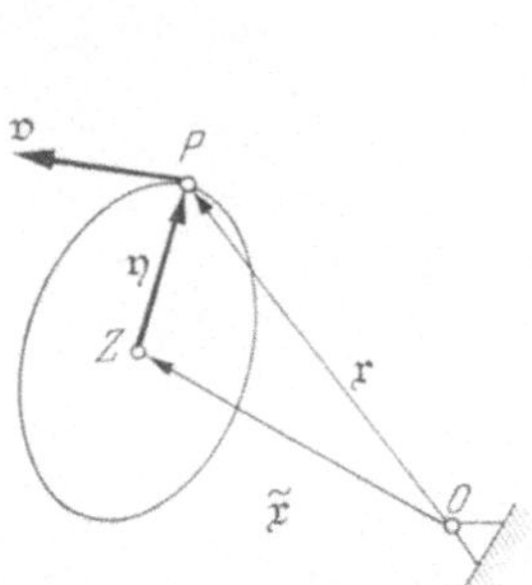

Abb. 2.11. Elliptische Bahn mit Z als Mittelpunkt.

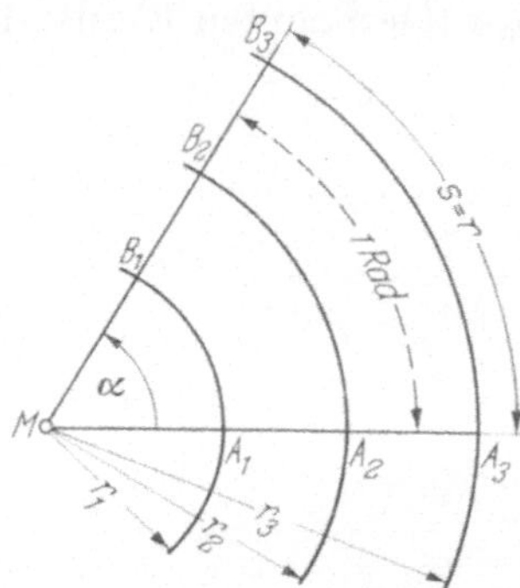

Abb. 2.12. Definition des Einheitswinkels. Unabhängig vom Halbmesser r liegen die n Punkte B_1, B_2 usw. auf einer Geraden durch M.

nach Z; die Umlaufdauer $T = 2\pi/\nu$ wird davon nicht berührt; man vergleiche die analogen Überlegungen am Ende des Abschnitt 1.8.

2.9 Die Bewegung auf dem Kreis. Bei der Kreisbewegung ist es zweckmäßig, die Bogenlänge s durch den Mittelpunktswinkel α auszudrücken, dann wird

$$s = r\,\alpha; \quad \dot{s} = r\,\dot{\alpha}; \quad \ddot{s} = r\,\ddot{\alpha}. \tag{27}$$

Der Winkel α ist das dimensionslose Verhältnis von Bogenlänge $\overparen{AB}$ zum Halbmesser r irgendeines Kreises um M nach Abb. 2.12. Sind Kreisbogenlänge s und Halbmesser r von gleicher Länge, so hat dieses Verhältnis den Wert 1; der zugehörige Winkel heißt die Bogeneinheit oder ein Radiant. Da sich der Halbmesser eines Kreises 2π mal auf dem Umfang abwickeln läßt, hat der Vollwinkel von vier Rechten das Bogenmaß 2π Radiant, d. h., es ist

$$360° = 400^g = 2\pi \text{ Rad}; \quad 57{,}3° = 63{,}9^g = 1 \text{ Rad}. \tag{28}$$

Die Größen $\dot{\alpha}$ und $\ddot{\alpha}$ heißen Winkel- oder Drehgeschwindigkeit bzw. Winkel- oder Drehbeschleunigung, manchmal auch mit ω bzw. $\dot{\omega}$ oder ε bezeichnet:

$$\dot{\alpha} = \omega = \frac{\dot{s}}{r} \quad \left[\frac{\text{Rad}}{\text{sec}}\right]; \quad \ddot{\alpha} = \dot{\omega} = \varepsilon = \frac{\ddot{s}}{r} \quad \left[\frac{\text{Rad}}{\text{sec}^2}\right]. \tag{29}$$

Die Drehgeschwindigkeit ω gibt die in der Sekunde zurückgelegten Bogeneinheiten an. Da die Bogeneinheit weniger anschaulich ist als ein rechter Winkel oder ein voller Umlauf, sind in der Technik noch die sekundliche Drehzahl oder Frequenz und die minutliche Drehzahl n mit den Dimensionen U/sec bzw. U/min als Maßgrößen üblich. Da $1\,\mathrm{U} = 2\pi$ Rad ist, bestehen zwischen den drei Größen ω, f und n die folgenden einfachen Zusammenhänge

$$\text{Drehgeschwindigkeit} \quad \omega = 2\pi f = \frac{\pi n}{30} \quad \left[\frac{\mathrm{Rad}}{\mathrm{sec}}\right] \tag{30}$$

$$\text{Frequenz} \quad f = \frac{\omega}{2\pi} = \frac{n}{60} \quad \left[\frac{\mathrm{U}}{\mathrm{sec}}\right] \tag{31}$$

$$\text{Drehzahl} \quad n = \frac{30\,\omega}{\pi} = 60 f \quad \left[\frac{\mathrm{U}}{\mathrm{min}}\right] \tag{32}$$

Setzen wir nun die Beziehungen (27) und außerdem $\varrho = r$ in die allgemein gültigen Formeln für Geschwindigkeits- und Beschleunigungsvektor ein, so wird speziell für die Kreisbewegung

$$\text{Geschwindigkeitsvektor} \quad \dot{\mathfrak{r}} = \dot{s}\,\mathfrak{t} = r\,\dot{\alpha}\,\mathfrak{t}, \tag{33}$$

$$\text{Beschleunigungsvektor} \quad \ddot{\mathfrak{r}} = \ddot{s}\,\mathfrak{t} + \frac{\dot{s}^2}{\varrho}\,\mathfrak{n} = r\,\ddot{\alpha}\,\mathfrak{t} + r\,\dot{\alpha}^2\,\mathfrak{n}. \tag{34}$$

Die Normalkomponente des Beschleunigungsvektors ist zum festen Krümmungsmittelpunkt M hin gerichtet (s. Abb. 2.13). Bei der gleichförmigen Kreisbewegung verschwindet die Bahnbeschleunigung $\ddot{s}$ und damit auch die Drehbeschleunigung $\ddot{\alpha}$; es verbleibt somit:

$$\ddot{\mathfrak{r}} = r\,\omega^2\,\mathfrak{n} = -\omega^2\,\mathfrak{r}; \quad \omega = \dot{\alpha} = \text{const.} \tag{35}$$

Geschwindigkeits- und Beschleunigungsvektor haben konstante Länge und stehen senkrecht aufeinander, $\ddot{\mathfrak{r}}$ ist $\mathfrak{r}$ proportional mit dem Faktor $-\omega^2$, gehorcht somit dem Gesetz (21), wo lediglich ν an Stelle von ω steht, und in der Tat gehört auch die gleichförmige Kreisbewegung zur Bewegungsklasse des Abschnittes 2.8, wie wir uns dort bereits klargemacht hatten.

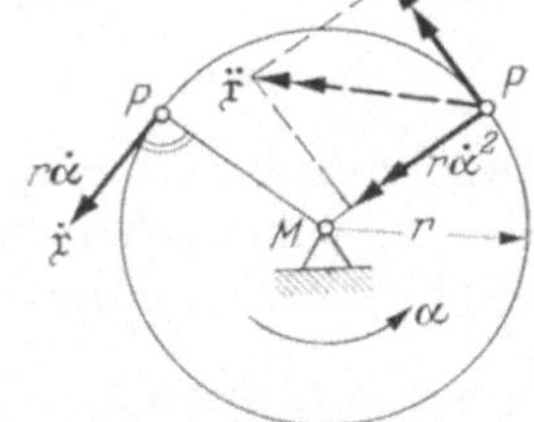

Abb. 2.13
Geschwindigkeits- und Beschleunigungsvektor bei der Kreisbewegung.

In gleichen Zeiten $\varDelta t$ werden gleiche Winkel $\varDelta\alpha$ überstrichen. Zugleich mit der Bahngeschwindigkeit $v = \dot{s}$ sind auch ω, f und n konstante Größen; die Umlaufdauer T ist

$$T = \frac{1}{f} = \frac{2\pi}{\omega} = \frac{60}{n} \quad [\text{sec}]. \tag{36}$$

Aufgabe 2.4: Drehbeschleunigung eines Rades.
Aufgabe 2.5: Gleichförmige Kreisbewegung des Beschleunigungsvektors.

2.10 Vektorkinematik in cartesischen und Zylinderkoordinaten. Bislang haben wir die Vektoren $\mathfrak{r}$, $\dot{\mathfrak{r}}$ und $\ddot{\mathfrak{r}}$ immer nur auf sozusagen natürliche Weise zerlegt; entweder in Betrag und Richtung, oder aber in Komponenten, die durch das begleitende Dreibein $\mathfrak{t}$, $\mathfrak{n}$, $\mathfrak{b}$ der Bahnkurve selbst festgelegt wurden. Jetzt wählen wir zwei feste, von der Bahnkurve unabhängige Koordinatensysteme, und zwar einmal cartesische und ein andermal Zylinderkoordinaten. Beides sind Orthogonalsysteme, d.h., die benutzten Basisvektoren stehen paarweise aufeinander senkrecht, was natürlich gegenüber schiefwinkligen Systemen große praktische Vorteile hat.

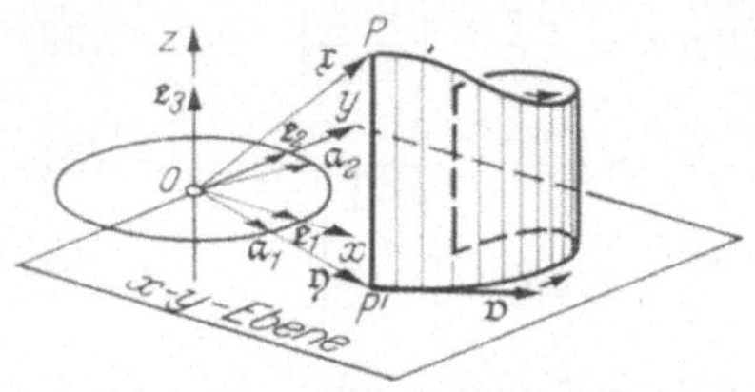

Abb. 2.14. Projektion der räumlichen Bahnkurve in die x-y-Ebene.

Zunächst projizieren wir den Ortsvektor $\mathfrak{r} = \overrightarrow{OP}$ durch zur z-Achse paralleles Licht auf die x-y-Ebene, in der der Schattenpunkt P' mit dem Ortsvektor $\mathfrak{y} = \overrightarrow{OP'}$ eine ebene Bahn beschreibt (s. Abb. 2.14). Während der Bewegung gilt also dauernd

$$\mathfrak{r} = \mathfrak{y} + z\,\mathfrak{e}_3; \quad \dot{\mathfrak{r}} = \dot{\mathfrak{y}} + \dot{z}\,\mathfrak{e}_3; \quad \ddot{\mathfrak{r}} = \ddot{\mathfrak{y}} + \ddot{z}\,\mathfrak{e}_3. \tag{37}$$

Den Vektor $\mathfrak{y}$ zerlegen wir nun entweder in Komponenten bezüglich der festen Einheitsvektoren $\mathfrak{e}_1$ und $\mathfrak{e}_2$:

$$\mathfrak{y} = x\,\mathfrak{e}_1 + y\,\mathfrak{e}_2; \quad \dot{\mathfrak{y}} = \dot{x}\,\mathfrak{e}_1 + \dot{y}\,\mathfrak{e}_2; \quad \ddot{\mathfrak{y}} = \ddot{x}\,\mathfrak{e}_1 + \ddot{y}\,\mathfrak{e}_2, \tag{38}$$

oder aber wie im Abschnitt 2.3 in Betrag r und Richtung $\mathfrak{a}_1$:

$$\mathfrak{y} = r\,\mathfrak{a}_1; \quad \dot{\mathfrak{y}} = \dot{r}\,\mathfrak{a}_1 + r\,\dot{\mathfrak{a}}_1; \quad \ddot{\mathfrak{y}} = \ddot{r}\,\mathfrak{a}_1 + 2\dot{r}\,\dot{\mathfrak{a}}_1 + r\,\ddot{\mathfrak{a}}_1. \tag{39}$$

Der Einheitsvektor $\mathfrak{a}_1$ bewegt sich auf einem Kreise mit dem Radius $r_e = 1$, somit gehen (33) und (34) wegen $\mathfrak{t}_e = \mathfrak{a}_2$ und $\mathfrak{n}_e = -\mathfrak{a}_1$ über in (40) wobei der Index e auf den Einheitskreis hinweist:

$$\dot{\mathfrak{a}}_1 = r_e\,\dot{\alpha}\,\mathfrak{t}_e = 1\dot{\alpha}\,\mathfrak{a}_2; \quad \ddot{\mathfrak{a}}_1 = r_e\,\ddot{\alpha}\,\mathfrak{t}_e + r_e\,\dot{\alpha}^2\,\mathfrak{n}_e = 1\ddot{\alpha}\,\mathfrak{a}_2 - 1\dot{\alpha}^2\,\mathfrak{a}_1. \tag{40}$$

Dies setzen wir in (39) ein und bekommen

$$\mathfrak{y} = r\,\mathfrak{a}_1; \quad \dot{\mathfrak{y}} = \dot{r}\,\mathfrak{a}_1 + r\,\dot{\alpha}\,\mathfrak{a}_2; \quad \ddot{\mathfrak{y}} = \ddot{r}\,\mathfrak{a}_1 + 2\dot{r}\,\dot{\alpha}\,\mathfrak{a}_2 + r(\ddot{\alpha}\,\mathfrak{a}_2 - \dot{\alpha}^2\,\mathfrak{a}_1) \tag{41}$$

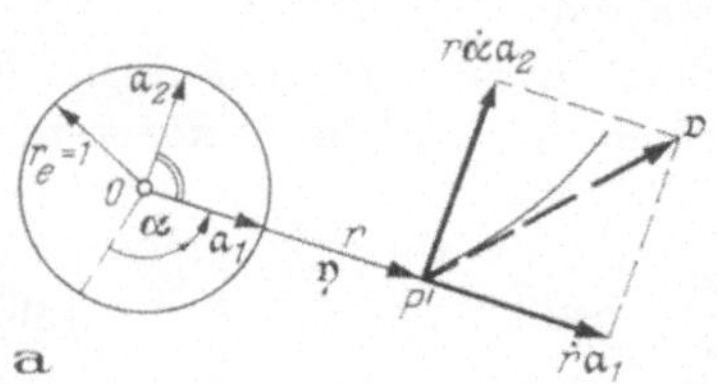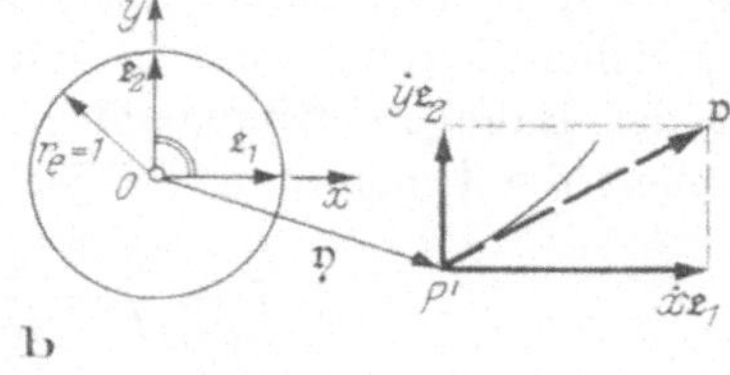

Abb. 2.15. Zerlegung des Geschwindigkeitsvektors in Polarkoordinaten und cartesische Koordinaten. Man vergleiche auch Abb. 2.14.

Verläuft die Bewegung ganz in der x-y-Ebene, so stellen (38) und (41) bereits die gesuchten Komponentenzerlegungen in cartesischen bzw. Polarkoordinaten dar; bei allgemeiner räumlicher Bewegung haben wir nach (37) lediglich die Komponente $z\,\mathfrak{e}_3$ und ihre Ableitungen zu addieren, womit sich die Größen der Tab. 42 ergeben, die nochmals alles übersichtlich zusammenfaßt:

Basisvektoren	Ortsvektor	Geschwindig-keitsvektor	Beschleuni-gungsvektor	
$\mathfrak{t}$; $\mathfrak{n}$; $\mathfrak{b}$	$(\mathfrak{r}\cdot\mathfrak{t})\cdot\mathfrak{t}$	$\dot{s}\,\mathfrak{t}$	$\ddot{s}\,\mathfrak{t}$	
	$(\mathfrak{r}\cdot\mathfrak{n})\cdot\mathfrak{n}$	0	$\dfrac{\dot{s}^2}{\varrho}\,\mathfrak{n}$	
Natürliche Koordinaten	$(\mathfrak{r}\cdot\mathfrak{b})\cdot\mathfrak{b}$	0	0	
$\mathfrak{e}_1$; $\mathfrak{e}_2$; $\mathfrak{e}_3$	$x\,\mathfrak{e}_1$	$\dot{x}\,\mathfrak{e}_1$	$\ddot{x}\,\mathfrak{e}_1$	(42)
	$y\,\mathfrak{e}_2$	$\dot{y}\,\mathfrak{e}_2$	$\ddot{y}\,\mathfrak{e}_2$	
Cartesische Koordinaten	$z\,\mathfrak{e}_3$	$\dot{z}\,\mathfrak{e}_3$	$\ddot{z}\,\mathfrak{e}_3$	
$\mathfrak{a}_1$; $\mathfrak{a}_2$; $\mathfrak{e}_3$	$r\,\mathfrak{a}_1$	$\dot{r}\,\mathfrak{a}_1$	$(\ddot{r}-r\,\dot{\alpha}^2)\,\mathfrak{a}_1$	
	0	$r\,\dot{\alpha}\,\mathfrak{a}_2$	$(r\,\ddot{\alpha}+2\dot{r}\,\dot{\alpha})\,\mathfrak{a}_2$	
Zylinder-koordinaten	$z\,\mathfrak{e}_3$	$\dot{z}\,\mathfrak{e}_3$	$\ddot{z}\,\mathfrak{e}_3$	

Da alle drei Systeme Orthogonalsysteme sind, lassen sich auch die Beträge der Vektoren nach dem Satz des PYTHAGORAS leicht angeben:

$$\mathfrak{r}^2 = x^2 + y^2 + z^2 = r^2 + z^2, \tag{43}$$

$$\dot{\mathfrak{r}}^2 = \dot{x}^2 + \dot{y}^2 + \dot{z}^2 = \dot{r}^2 + r^2\,\dot{\alpha}^2 + \dot{z}^2 = \dot{s}^2, \tag{44}$$

$$\ddot{\mathfrak{r}}^2 = \ddot{x}^2 + \ddot{y}^2 + \ddot{z}^2 = (\ddot{r}-r\,\dot{\alpha}^2)^2 + (r\,\ddot{\alpha}+2\dot{r}\,\dot{\alpha})^2 + \ddot{z}^2 = \ddot{s}^2 + \left(\frac{\dot{s}^2}{\varrho}\right)^2. \tag{45}$$

2.11 Die Trennung von Bahnkurve und Bogenlänge. Wir haben die skalare Kinematik von der Vektorkinematik sorgfältig geschieden nicht nur aus didaktischen Gründen, sondern weil diese Trennung bei vielen technischen Problemen tatsächlich sachgemäß ist. Oft nämlich ist die Bahnkurve von vornherein konstruktiv gegeben (sog. Zwanglauf), dann erledigt man vorweg den skalaren Teil der Kinematik, und kann dann, falls von Interesse, anschließend auch die Vektoren

$$\dot{\mathfrak{r}} = \dot{s}\,\mathfrak{t}; \qquad \ddot{\mathfrak{r}} = \ddot{s}\,\mathfrak{t} + \frac{\dot{s}^2}{\varrho}\,\mathfrak{n} \tag{46}$$

berechnen, da ja mit der Bahnkurve auch $\mathfrak{t}$ und $\mathfrak{n}$ sowie der Krümmungsradius ϱ gegeben sind.

Sind andererseits die Vektoren $\mathfrak{x}$, $\dot{\mathfrak{x}}$, $\ddot{\mathfrak{x}}$ gegeben oder durch Lösen der kinematischen Grundaufgabe ermittelt, so lassen sich daraus umgekehrt die skalaren Größen s, $\dot{s}$, $\ddot{s}$ und ϱ berechnen. Da $\dot{\mathfrak{x}}$ die Richtung der Bahntangente hat, zerlegen wir zunächst den Beschleunigungsvektor nach (A 14) und bekommen damit die Tangentialbeschleunigung

$$\ddot{\mathfrak{x}}_T = \frac{(\ddot{\mathfrak{x}}\,\dot{\mathfrak{x}})}{\dot{\mathfrak{x}}^2}\,\dot{\mathfrak{x}} = \ddot{s}\,\mathfrak{t}; \quad |\ddot{\mathfrak{x}}_T| = \ddot{s}, \tag{47}$$

und hieraus die Normalbeschleunigung als Differenz

$$\ddot{\mathfrak{x}}_N = \ddot{\mathfrak{x}} - \ddot{\mathfrak{x}}_T = \frac{v^2}{\varrho}\,\mathfrak{n}; \quad |\ddot{\mathfrak{x}}_N| = \frac{\dot{\mathfrak{x}}^2}{\varrho} = \frac{v^2}{\varrho}, \tag{48}$$

woraus sich auch der Krümmungsradius berechnen läßt:

$$\varrho = \frac{\dot{\mathfrak{x}}^2}{|\ddot{\mathfrak{x}}_N|} = \frac{v^2}{|\mathfrak{w}_N|}. \tag{49}$$

Aufgabe 2.6: Harmonische Schwingung auf gekrümmter Bahn.
Aufgabe 2.7: Berechnung der Krümmung einer Bahnkurve.

II. Die Kraft

§ 3. Die wichtigsten Kraftgesetze der Mechanik

3.1 Die Kraft als Vektor. Die Kraft ist eine physikalische Größe, die uns im täglichen Leben in ihrer sinnfälligsten Form beim Halten und Tragen schwerer Lasten oder beim Spannen einer Feder begegnet. Dabei erfahren wir zweierlei. Erstens: Die Kraft hat nicht allein eine bestimmte Größe — „dieser Gegenstand ist schwerer als jener" —, sondern auch eine bestimmte Richtung. So wirkt z. B. das Gewicht einer Kugel immer senkrecht nach unten, was ein straff gespannter Faden als sog. Wirkungslinie der Kraft direkt sichtbar macht. Wir sagen daher: Die Kraft ist ein Vektor mit dem Betrage K und der Richtung e also:

$$\mathfrak{K} = K\,e \quad [\text{kp}]. \tag{1}$$

Zweitens: Eine Kraft $\mathfrak{K}$ tritt niemals allein, sondern immer zugleich mit ihrer Gegenkraft $-\mathfrak{K}$ auf, was wir besonders deutlich beim Spannen einer Feder bemerken: ein Vorgang, der stets beide Arme gleichzeitig und im gleichen Maße belastet, und nicht etwa nur einen Arm allein. NEWTON nennt dies die Gleichheit von Wirkung und Wechselwirkung, oder „Aktion gleich Reaktion". Da zwei solcher Kräfte $\mathfrak{K}$ und $-\mathfrak{K}$, auf einen starren Körper die Wirkung Null ausüben, nennen wir sie ein Nullpaar. NEWTONS Wechselwirkungsgesetz läßt sich dann kurz so ausdrücken: Im Bereich der Mechanik treten Kräfte nur in Form von Nullpaaren auf.

Gebräuchliche Maßeinheiten für den Betrag der Kraft sind Kilopond und Megapond, und zwar ist 1 kp = 1/1000 Mp. (Früher, und im täglichen Leben auch heute noch, mit Kilogramm und Tonne bezeichnet.)

Die wichtigsten mechanischen Kräfte sind die Gravitationskraft mit dem Spezialfall der Schwerkraft, ferner die Federkraft, die Reibkraft und schließlich zeitabhängige, insbesondere periodische Kräfte. Mehr kommt im Rahmen der technischen Mechanik nicht vor.

3.2 Gravitation und Schwerkraft. Alle materiellen Körper sind mit einer gewissen Eigenschaft ausgestattet, die wir ihre schwere Masse nennen. Diese bewirkt, daß sie sich gegenseitig anziehen (s. Abb. 3.1).

Der Betrag K dieser Anziehungs- oder Gravitationskraft ist um so größer, je größer die beiden Massen m_1 und m_2 und je kleiner der gegenseitige Abstand r ihrer — noch näher zu definierenden — Mittelpunkte ist, und zwar gilt das sog. NEWTONsche Gravitationsgesetz

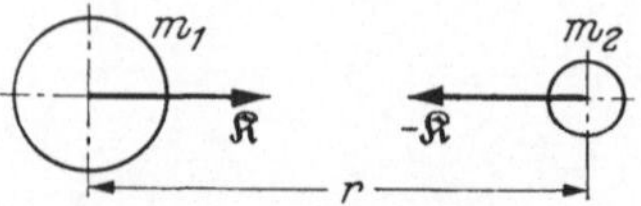

Abb. 3.1. Anziehungskräfte $\Re$ und $-\Re$ zwischen zwei Körpern mit den Massen m_1 und m_2 und der gegenseitigen Entfernung r.

$$K = \frac{m_1\, m_2}{r^2}\, \Gamma; \quad \Gamma = 0{,}065\,25\, \frac{\mathrm{cm}^4}{\mathrm{kp} \cdot \mathrm{sec}^4} \quad (2)$$

mit der universellen Gravitationskonstanten Γ. Im allgemeinen sind die Anziehungskräfte zwischen zwei Körpern unmerklich klein; sie werden erst beachtlich, wenn wenigstens eine der beiden Massen sehr groß ist. Ist insbesondere $m_1 = M^e$ die Masse der Erdkugel und $m_2 = m$ die Masse eines Gegenstandes außerhalb der Erdkugel, so geht die Gl. (2) über in:

$$K = \frac{m\, \gamma^e}{r^2}, \qquad \gamma^e = M^e\, \Gamma = 398{,}6 \cdot 10^3\, \frac{\mathrm{km}^3}{\mathrm{sec}^2}\,, \qquad (3)$$

wo γ^e eine für die Erde typische Größe ist, was der Index e andeutet. Den Quotienten γ^e/r^2 bezeichnet man als Erdbeschleunigung, die Anziehungskraft als Schwerkraft oder (irdisches) Gewicht des Gegenstandes mit der Masse m:

$$\text{Gewicht } K = \tilde{G} = m\, \tilde{g}; \quad \tilde{g} = \frac{\gamma^e}{r^2}. \qquad (4)$$

Infolge der Abplattung und der Rotation der Erde (Näheres im Abschnitt 26.3) variiert die Größe $\tilde{g}$ zwischen 978 cm/sec² am Äquator und 983 cm/sec² an den Polen. Für den mittleren Erdradius R mißt man die

$$\text{mittlere Erdbeschleunigung } g = 981\, \frac{\mathrm{cm}}{\mathrm{sec}^2}\,; \quad R = 6371\,\mathrm{km}, \qquad (5)$$

und dies ist für technische Berechnungen der verbindliche Wert. Die dazugehörige Schwerkraft heißt

$$\text{mittleres Gewicht } G = m\, g. \qquad (6)$$

Um Erdbeschleunigung und Gewicht als Funktion der Entfernung r mit Hilfe ihrer Mittelwerte darzustellen, erweitern wir die Gl. (4) mit R^2 und bekommen

$$\tilde{g} = g\, \frac{R^2}{r^2}\,; \quad \tilde{G} = G\, \frac{R^2}{r^2}. \qquad (7)$$

Das Gewicht eines Körpers nimmt ebenso wie die Erdbeschleunigung mit der Entfernung vom Erdmittelpunkt Z rasch ab (s. Abb. 3.2).

Da die Schwerkraft zum Erdmittelpunkt hin gerichtet ist, sind genaugenommen keine zwei Schwerkräfte und damit auch keine zwei Lote auf der Erdoberfläche einander parallel; doch pflegt man in kleineren Bereichen — wobei einige zehn Kilometer keine Rolle spielen — die Schwerkraft nach Richtung und Größe als konstant anzusehen: Sie wirkt senkrecht nach „unten" und hat den Betrag $G = m\,g$.

Aufgabe 3.1: Gewicht in großer Höhe.

Aufgabe 3.2: Anziehungskraft zweier Lokomotiven.

3.3 Die Federkraft. Drückt oder zieht man eine Schraubenfeder der Länge a, so wird sie gestaucht oder gedehnt, und es stellen sich zwei Kräfte $\mathfrak{F}$ und $-\mathfrak{F}$ ein, die bestrebt sind, die Feder in ihre entspannte Lage zurückzubringen (s. Abb. 3.3). Die Federkräfte $\mathfrak{F}$ und $-\mathfrak{F}$ wirken in der Verbindungslinie der beiden Federendpunkte A und B; der Betrag F der Federkraft hängt vom gegenseitigen Abstand r der beiden Federendpunkte sowie vom Material und von den sonstigen Eigenschaften der Feder ab; den typischen Verlauf einer solchen Federkennlinie $F(r)$ zeigt die Abb. 3.4. Wenn $r = a$ ist, verschwindet die Federkraft, die Feder ist dann entspannt. Bei nur kleinen Auslenkungen w aus der entspannten Lage läßt sich die Kennlinie genügend genau durch ihre Tangente im Nullpunkt 0 ersetzen, eine Idealisierung, die für viele technische Zwecke genügt. Wir nennen den Gültigkeitsbereich dieser Ersatzgeraden den linearen oder HOOKEschen Bereich (s. Abb. 3.4). Aus der Symmetrie dieser Ersatzgeraden bezüglich des Nullpunktes 0 folgt dann insbesondere, daß zur gleichen Auslenkung w der gleiche Betrag F der Federkraft gehört, einerlei, ob die Feder gedrückt oder gezogen wird, was bei allgemeiner gekrümmter Kennlinie nicht immer so zu sein braucht.

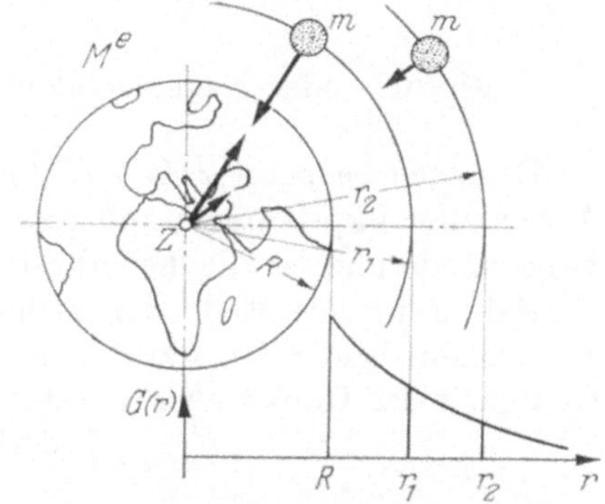

Abb. 3.2. Schematische Darstellung der Gravitationskraft. Die Gravitationskraft (Erdanziehungskraft) nimmt mit der Entfernung vom Erdmittelpunkt Z rasch ab.

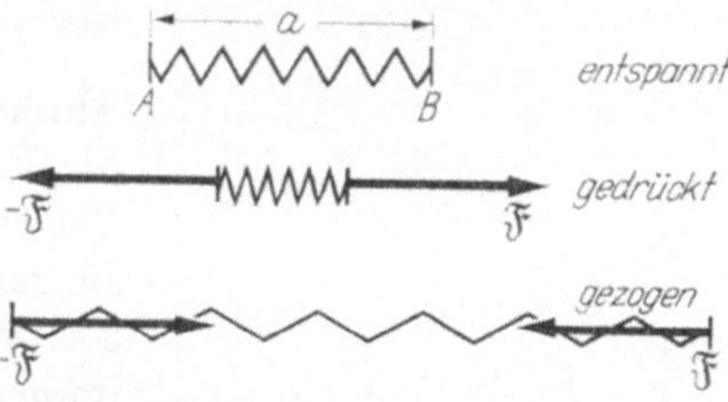

Abb. 3.3. Wird eine Feder gedrückt oder gezogen, so treten zwei Kräfte $\mathfrak{F}$ und $-\mathfrak{F}$ auf, die bestrebt sind, die Feder in ihre entspannte Lage zurückzubringen.

Je größer die Steigung der linearen Kennlinie ist, desto härter ist die zugehörige Feder. Für die Steigung $c = F/w$ und ihren Kehrwert sind die folgenden Bezeichnungen üblich, die natürlich nur bei Gültigkeit des HOOKEschen Gesetzes sinnvoll sind:

$$\text{Feder- oder Steifigkeitszahl} \qquad c = \frac{F}{w} = \frac{1}{\alpha} \quad \left[\frac{\text{kp}}{\text{cm}}\right], \qquad (8)$$

$$\text{Einfluß- oder Nachgiebigkeitszahl} \quad \alpha = \frac{w}{F} = \frac{1}{c} \quad \left[\frac{\text{cm}}{\text{kp}}\right]. \qquad (9)$$

Demnach bedeutet z. B. $c = 4\,\text{kp/cm}$, daß die Federkraft bei 1 cm Auslenkung 4 kp beträgt; andererseits heißt $\alpha = 3\,\text{cm/kp}$: Für je 3 cm Längenänderung ist die Federkraft 1 kp erforderlich.

Halten wir ein Ende der Feder im Punkte Z nach Abb. 3.5 fest, so wirken beide Federkräfte in Richtung der Geraden ZB. Bei Gültigkeit des HOOKEschen Gesetzes ist nach (8) der Betrag der beiden Federkräfte

$$F = c\,w = c\,(x - a). \qquad (10)$$

Die beiden Kräfte selbst sind daher

$$\text{Federkraft} + \mathfrak{F} = -c\,\mathfrak{w} = -c\,(\mathfrak{x} - \mathfrak{a}), \qquad (11)$$

$$\text{Gegenkraft} - \mathfrak{F} = +c\,\mathfrak{w} = +c\,(\mathfrak{x} - \mathfrak{a}). \qquad (12)$$

Ähnlich der Gravitationskraft hat auch die Federkraft für alle Punkte auf einer Kugel um das Zentrum Z den gleichen Betrag, man vergleiche die Abb. 3.2 und 3.4. Während aber die Gravitationskraft immer zum Zentrum hin weist, tut dies die Federkraft nur, solange $r > a$ ist, anderenfalls weist sie vom Zentrum fort, weil dann die Feder gedrückt ist.

Nicht immer wird es sich in den technischen Anwendungen um eine Schraubenfeder nach Abb. 3.3 handeln. Im allgemeinen hat man die dort benutzte Zickzacklinie lediglich als Symbol für eine elastische Anordnung aufzufassen, für welche die Gln. (8) bis (12) gelten, so z. B.

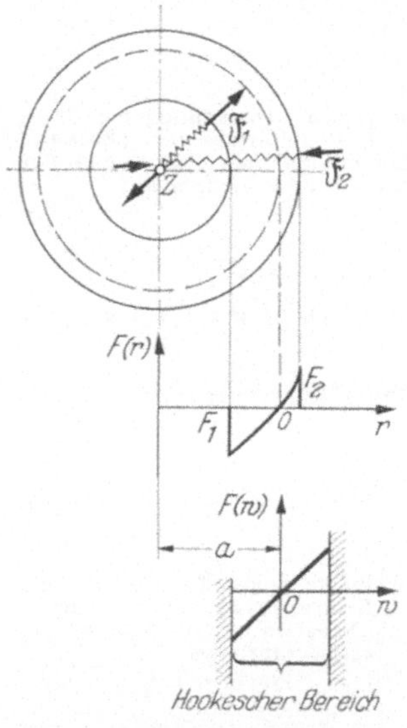

Abb. 3.4. Bei festgehaltenem Federendpunkt Z ist der Betrag F der Federkraft $\mathfrak{F}$ eine Funktion des Abstandes r; man vergleiche die Abbildung 3.2. In der Nähe des Punktes O läßt sich die Federkennlinie näherungsweise durch eine gerade Linie ersetzen, sog. HOOKEscher Bereich.

beim biegsamen Balken der Abb. 3.6, dessen Punkt A um den Vektor $\mathfrak{w}$ verschoben wird, wodurch die Federkraft $\mathfrak{F}$ wachgerufen wird. Das Verhältnis $c = F/w$ ist dann die Federzahl im Punkte A des Balkens, den man sich, wenn man will, durch eine Schraubenfeder in A ersetzen kann; eine Vorstellung, von der wir später noch ausgiebig Gebrauch machen werden. Die wirkliche Berechnung solcher Ersatzfedern ist eine Aufgabe der Elastostatik, die uns vorläufig nicht interessiert.

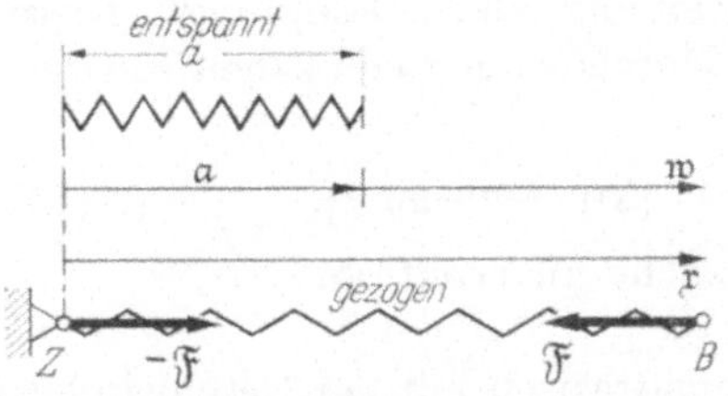

Abb. 3.5. Bei festgehaltenem Federendpunkt Z heißt $\mathfrak{F}$ die Federkraft und $-\mathfrak{F}$ die Gegenkraft.

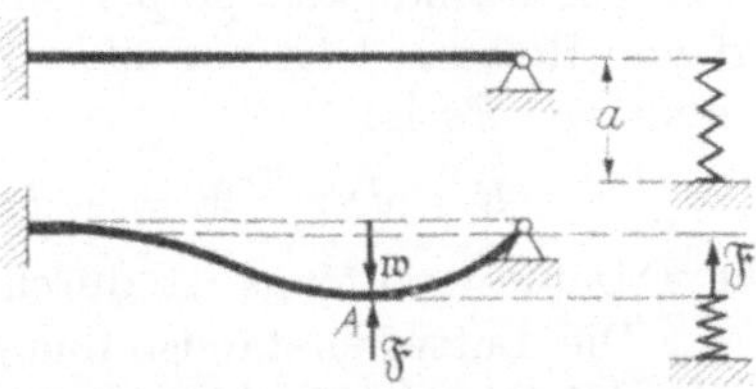

Abb. 3.6. Zur Definition der Ersatzfeder. Die Steifigkeit des Balkens gegenüber senkrechten Kräften ist gleich derjenigen einer (gedachten) Schraubenfeder in jedem beliebigen Punkte A.

3.4 Die Reibkraft. Jeder Bewegung eines Körpers werden natürliche Widerstände entgegengesetzt; entweder durch Trägheit und Zähigkeit des zu durchdringenden Mediums, wie Luft, Wasser, Schmieröl u. dgl., oder durch die Rauhigkeit der Unterlage oder anderer Körper, an denen sich der bewegte Körper reibt. Wie jede Kraft, tritt auch die Reibkraft $\mathfrak{R}$ zugleich mit ihrer Gegenkraft $-\mathfrak{R}$ auf. Die Kraft $\mathfrak{R}$ am

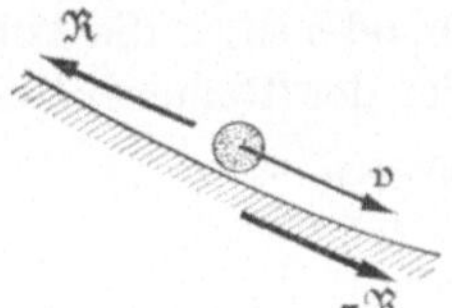

Abb. 3.7. Ein Körper bewegt sich längs einer rauhen Oberfläche. $\mathfrak{R}$ ist die Reibkraft, $-\mathfrak{R}$ die Gegenkraft.

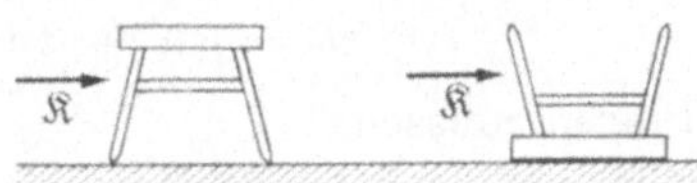

Abb. 3.8. Bei Gültigkeit des COULOMBschen Reibkraftgesetzes ist die Reibkraft zwischen Fußboden und Hocker unabhängig von der Größe der Berührungsfläche.

bewegten Körper hat stets die negative Richtung des Geschwindigkeitsvektors $\mathfrak{v}$, was wir mit Hilfe des Einheitsvektors $\mathfrak{v}^0$ in Richtung $\mathfrak{v}$ so ausdrücken können

$$\mathfrak{R} = -R\,\mathfrak{v}^\circ;\quad |\mathfrak{R}| = R. \tag{13}$$

Der Betrag R der Reibkraft hängt von den verschiedensten Umständen ab. Die einfachsten Reibkraftgesetze sind die folgenden drei.

a) Die COULOMBsche oder Gleitreibung. Wenn sich der Körper auf trockener Unterlage bewegt, so ist der Betrag der Reibkraft unabhängig von der Geschwindigkeit, und zwar gilt

$$R = f\,N;\quad \mathfrak{R} = -f\,N\,\mathfrak{v}^\circ, \tag{14}$$

wo N die auf den Körper wirkende Normalkraft senkrecht zur gemeinsamen Berührungsfläche und f ein dimensionsloser Faktor ist, der von der Beschaffenheit der Unterlage abhängt. Einige solcher Faktoren sind in der Tab. II im Anhang zusammengestellt. Die COULOMBsche Reibkraft ist unabhängig von der Größe der Berührungsfläche (s. Abb. 3.8).

b) Geschwindigkeitsproportionale Reibung oder „Dämpfung". Diese Art von Reibung tritt vor allem beim Durchdringen von zähen Flüssigkeiten auf. Es ist

$$R = dv; \qquad \mathfrak{R} = -d\mathfrak{v}; \qquad d \quad [\text{kp} \cdot \text{sec} \cdot \text{cm}^{-1}]. \tag{15}$$

Die Dämpfungsziffer d ist durch Versuche zu ermitteln.

c) Die Luftwiderstandsreibung.

Der Betrag der Reibkraft wächst quadratisch mit der Geschwindigkeit an:

$$R = \alpha\, v^2; \qquad \mathfrak{R} = -\alpha\, v^2\, \mathfrak{v}^\circ; \tag{16}$$

Der Wert α hängt ab von der Dichte ϱ des zu durchdringenden Mediums, ferner von der „Anstellfläche" F und einem gewissen Formbeiwert c_w:

$$\alpha = c_w\, F\, \varrho/2 \quad [\text{kp} \cdot \text{sec}^2 \cdot \text{cm}^{-2}]. \tag{17}$$

Geeignete Formgebung (Stromlinienform) drückt die Werte F und c_w und damit auch den Luftwiderstand selbst herab.

Nicht jede in der Praxis beobachtete Reibkraft kann durch eine dieser drei einfachen Annahmen hinreichend gut erfaßt werden; oft wird man alle drei Reibkraftgesetze kombinieren oder sogar die Abhängigkeit von höheren Potenzen von v in der Form der Reihenentwicklung

$$R = f\, N + dv + \alpha\, v^2 + \beta\, v^3 + \cdots \tag{18}$$

einführen müssen.

3.5 Zeitabhängige Kräfte. Zeitabhängige Kräfte treten in vielen Maschinen und Getrieben auf, meist infolge unvermeidlicher Unwuchten. Wenn solche Getriebe mit konstanter Drehzahl umlaufen, sind diese Kräfte periodisch: $\mathfrak{R}(t + T) = \mathfrak{R}(t)$, wo T die Umlauf- oder Periodendauer ist. Solche periodischen Kräfte lassen sich mit Hilfe einer „harmonischen Analyse" rechnerisch oder apparativ zerlegen in eine sog. FOURIER-Summe

$$\mathfrak{R}(t) = \sum (A_n \cos n\, \nu\, t + B_n \sin n\, \nu\, t); \quad \nu\, T = 2\pi; \quad n = 0, 1, 2, .. \tag{19}$$

Siehe auch Abschnitt 7.7.

III. Die Statik des Punktes

§ 4. Die Statik des einzelnen Punktes

4.1 Schnittprinzip und Gleichgewicht. Die Statik ist die Lehre vom
Gleichgewicht der Kräfte. Wie erkennen wir nun, ob zwei oder mehrere
Kräfte im Gleichgewicht sind oder nicht? Die Antwort hierauf enthält
das Newtonsche Grundgesetz der Mechanik als Sonderfall: Wenn
ein Körper eine gleichförmig-geradlinige Translation macht oder insbesondere in dauernder — nicht nur momentaner — Ruhe verharrt,
so ist das an diesem Körper angreifende Kräftesystem im Gleichgewicht.
Dies ist offenbar dann der Fall, wenn an einem Körper zwei Kräfte
angreifen, die zusammen ein Nullpaar bilden, wie jedem vom Tauziehen
her geläufig ist: Beide Kräfte haben den gleichen Betrag, aber den
entgegengesetzten Richtungssinn; das Tau bleibt daher in Ruhe. Nun
treten aber nach dem Wechselwirkungsprinzip Kräfte überhaupt nur
in Form von Nullpaaren auf; das Universum als Ganzes ist somit
auf Grund dieser Tatsache im Gleichgewicht. Wir erfahren deshalb erst

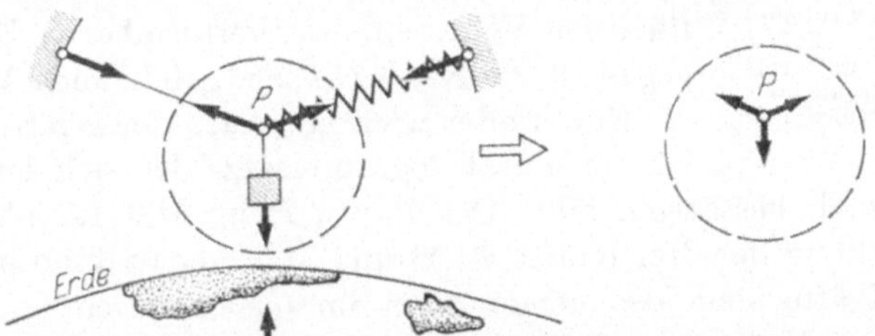

Abb. 4.1. Schematische Darstellung des Schnittprinzips. Links die intakten Nullpaare, rechts
die isolierten Kräfte nach dem Schnitt.

dann etwas über die Kräfte an einem Körper, wenn wir diesen aus
seiner Umgebung herausschneiden, derart, das wenigstens einige Nullpaare getrennt werden, wie in Abb. 4.1. Wir nennen dieses Vorgehen
das Schnittprinzip; es ist eines der wichtigsten Prinzipien der Mechanik
überhaupt.

4.2 Kräftegeometrie. Unabhängig von ihrer physikalischen Herkunft
gelten für alle Kräfte gewisse Sätze, deren Gesamtheit man als Kräftegeometrie bezeichnet. Der erste Satz der Kräftegeometrie ist eine Aus-

sage über den Vektorcharakter der Kraft selbst. Betrachten wir daraufhin zwei Nullpaare $\mathfrak{K}_1$; $- \mathfrak{K}_1$ und $\mathfrak{K}_2$; $- \mathfrak{K}_2$, die sich nur durch den gegenseitigen Abstand ihrer Angriffspunkte unterscheiden. Beide Null-

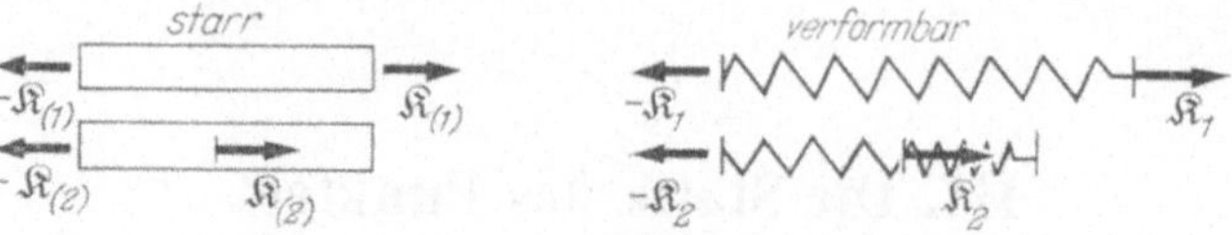

Abb. 4.2. Am starren Körper hat die Kraft keinen definierten Angriffspunkt und ist daher auf ihrer Wirkungslinie frei verschieblich (sogenannter linienflüchtiger Vektor). Am verformbaren Körper hängt die Deformation dagegen vom Angriffspunkt der Kräfte ab.

paare haben auf einen starren (unverformbaren) Körper die gleiche Wirkung, nicht aber auf einen elastischen Körper, wie z. B. auf die Schraubenfeder der Abb. 4.2. Diese dehnt sich vielmehr um so weiter aus, je größer der Abstand der beiden Angriffspunkte ist, eine je größere Strecke der Feder also, wie man sagt, von der Kraft durchflossen wird. Am verformbaren Körper müssen wir also sehr wohl die beiden Nullpaare

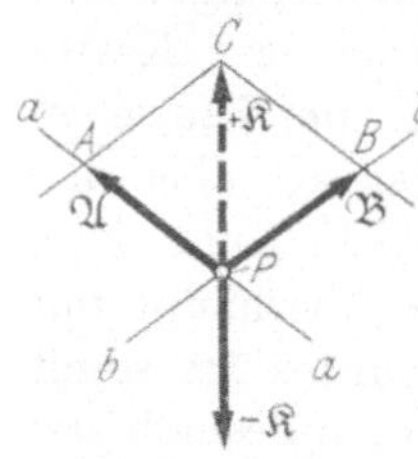

Abb. 4.3. Zusammensetzung zweier Kräfte zu ihrer Summenkraft nach der Parallelogrammkonstruktion.

voneinander unterscheiden, am starren Körper dagegen brauchen wir das — wenigstens vorläufig — nicht, was in Abb. 4.2 durch die eingeklammerten Indizes angedeutet ist. Wir drücken dies kurz so aus: Die Kraft am starren Körper hat keinen definierten Angriffspunkt, sie läßt sich vielmehr auf ihrer Wirkungslinie beliebig verschieben. Solche Vektoren nennt man in der Mathematik linienflüchtige Vektoren. Am verformbaren Körper dagegen ist die Kraft ein sog. gebundener Vektor.

Ein zweiter wichtiger Satz der Kräftegeometrie ist der Parallelogrammsatz, der sich leicht durch einen Versuch bestätigen läßt. Der Punkt P in Abb. 4.3 bleibt unter der Einwirkung der drei Kräfte $\mathfrak{A}$, $\mathfrak{B}$ und $- \mathfrak{K}$ genau dann in Ruhe — die drei Kräfte sind also genau dann im Gleichgewicht—, wenn die Beträge der Kräfte $\mathfrak{A}$, $\mathfrak{B}$ und $\mathfrak{K}$ sich genauso verhalten, wie die entsprechenden Längen PA, PB und PC des Parallelogramms, das durch die Wirkungslinien der drei Kräfte gebildet wird. Andererseits herrscht aber Gleichgewicht auch dann, wenn in P das Nullpaar $- \mathfrak{K}$; $\mathfrak{K}$ angreift; die beiden Kräfte $\mathfrak{A}$ und $\mathfrak{B}$ lassen sich somit durch die eine Kraft $\mathfrak{K}$ ersetzen; wir nennen $\mathfrak{K}$ geradezu die Summenkraft von $\mathfrak{A}$ und $\mathfrak{B}$ und schreiben, wie in der Vektorrechnung üblich:

$$\mathfrak{K} = \mathfrak{A} + \mathfrak{B}. \tag{1}$$

Greifen mehrere Kräfte an einem Punkt P an, so fassen wir nach Abb. 4.4 zunächst irgend zwei Kräfte, etwa $\mathfrak{K}_1$ und $\mathfrak{K}_2$, zu ihrer Kräftesumme $\Re_{12} = \Re_1 + \Re_2$ zusammen, darauf $\Re_{12}$ mit der dritten Kraft $\Re_3$ zu $\Re_{123} = \Re_{12} + \Re_3 = \Re_1 + \Re_2 + \Re_3$ usf., bis zum Schluß eine einzige Kraft, eben die Kräftesumme

$$\Re = \sum \Re_i = \Re_1 + \Re_2 + \Re_3 + \cdots + \Re_n \tag{2}$$

übrigbleibt, wobei die Reihenfolge der Zusammenfassung noch ganz beliebig ist. Es genügt sogar, an Stelle des vollständigen Parallelogramms zwei seiner Seiten zu zeichnen; das ergibt den Vektorzug der Abb. 4.4 rechts, das sogenannte Krafteck des gegebenen Kräftesystems.

Insbesondere kann der Endpunkt des Krafteckes mit dem Anfangspunkt zusammenfallen, dann heißt das Krafteck geschlossen, und die Kräftesumme $\Re$ verschwindet:

$$\Re = \sum \Re_i = 0. \tag{3}$$

Ein solches Kräftesystem hat die gleiche Wirkung wie ein Nullpaar und ist daher im Gleichgewicht.

Nachdem wir wissen, wie man Kräfte zusammensetzt, wenden wir uns nun der umgekehrten Aufgabe zu, der Zerlegung einer gegebenen Kraft in Komponenten mit vorgegebenen Richtungen. Zunächst zeigt Abb. 4.3, wie man eine Kraft in zwei Richtungen zerlegt: Man zieht durch den Endpunkt C der Kraft $\Re$ zwei Parallelen zu den gegebenen Geraden $a\,a$ und $b\,b$, die bereits die beiden gesuchten Komponenten $\mathfrak{A}$ und $\mathfrak{B}$ herausschneiden. Die Zerlegung in drei Komponenten auf drei

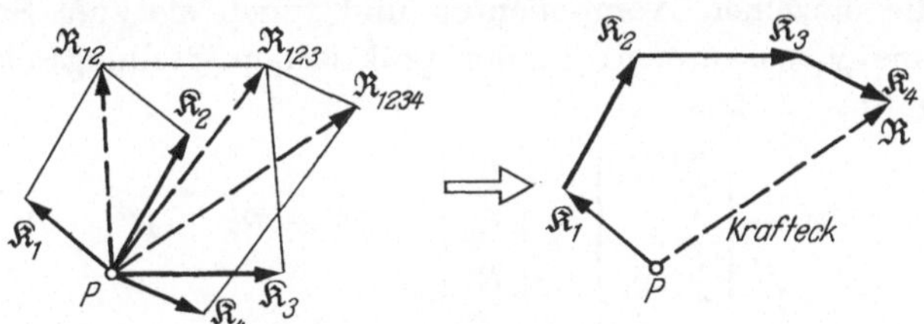

Abb. 4.4. Erweiterung der Parallelogrammkonstruktion zur Konstruktion eines Krafteckes bei mehr als zwei Kräften.

gegebenen Wirkungslinien $a\,a$, $b\,b$ und $c\,c$ geschieht so: Zunächst zerlegen wir $\Re$ in zwei Komponenten $\mathfrak{C}$ und $\Re'$, so daß $\Re'$ in die durch die Geraden $a\,a$ und $b\,b$ aufgespannte Ebene fällt und zerlegen anschließend $\Re'$ in $\mathfrak{A}$ und $\mathfrak{B}$, siehe Abb. 4.5 links.

Um diese Zerlegung auch formelmäßig auszudrücken, führen wir in den drei Geraden Einheitsvektoren $\mathfrak{a}$, $\mathfrak{b}$, $\mathfrak{c}$ ein; dann lassen sich die Komponenten in der Form $\mathfrak{A} = A\,\mathfrak{a}$, $\mathfrak{B} = B\,\mathfrak{b}$, $\mathfrak{C} = C\,\mathfrak{c}$ und die Kraft selbst somit als $\Re = A\,\mathfrak{a} + B\,\mathfrak{b} + C\,\mathfrak{c}$ schreiben. Beim cartesischen System nennen wir die Einheitsvektoren zweckmäßig $\mathfrak{e}_1$, $\mathfrak{e}_2$, $\mathfrak{e}_3$, beim natürlichen Koordinatensystem des begleitenden Dreibeins $\mathfrak{t}$, $\mathfrak{n}$, $\mathfrak{b}$.

Da beides Orthogonalsysteme sind, läßt sich der Betrag der Kraft nach dem Satz des Pythagoras besonders einfach berechnen:

$$\text{Cartesische Zerlegung:} \qquad \begin{aligned} \Re &= X\,\mathfrak{e}_1 + Y\,\mathfrak{e}_2 + Z\,\mathfrak{e}_3, \\ |\Re| &= \sqrt{X^2 + Y^2 + Z^2}. \end{aligned} \qquad (4)$$

$$\text{Natürliche Zerlegung:} \qquad \begin{aligned} \Re &= K_T\,\mathfrak{t} + K_N\,\mathfrak{n} + K_B\,\mathfrak{b}, \\ |\Re| &= \sqrt{K_T^2 + K_N^2 + K_B^2}. \end{aligned} \qquad (5)$$

Die Komponentenzerlegung nach (4) bzw. (5) oder in bezug auf irgendein anderes geeignetes Basissystem eröffnet nun auch einen Weg zur rechnerischen Ermittlung der Kräftesumme $\Re$. Wir zerlegen vorweg

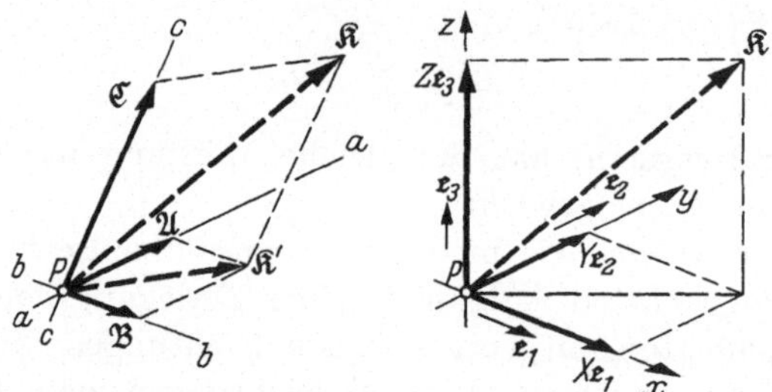

Abb. 4.5. Zerlegung einer Kraft im Raume. Links schiefwinklig, rechts rechtwinklig.

sämtliche Kräfte in ihre Komponenten bezüglich der gewählten Basis, addieren die einzelnen Komponenten und fügen sie zum Schluß zur Kräftesumme $\Re$ zusammen; in der praktischen Stellungsschreibweise (A 25) sieht das so aus:

$$\Re = \sum \Re_i = \begin{Bmatrix} \sum X_i \\ \sum Y_i \\ \sum Z_i \end{Bmatrix} = \begin{Bmatrix} R_x \\ R_y \\ R_z \end{Bmatrix}; \quad \Re^2 = R_x^2 + R_y^2 + R_z^2. \qquad (6)$$

Mit diesen wenigen Regeln und Sätzen ist die Kräftegeometrie im wesentlichen erschöpft, solange, wie vorausgesetzt, sämtliche Kräfte am gleichen Punkt P angreifen. Solche Systeme nennt man zentrale Kräftesysteme. Die Kräftegeometrie allgemeiner Systeme ist wesentlich komplizierter.

Aufgabe 4.1: Ebenes Krafteck.

4.3 Auflager und Gleichgewicht. Wir sind bislang davon ausgegangen, daß ein zentrales Kräftesystem gegeben sei und haben gesehen, wie man dessen Kräftesumme zeichnerisch oder rechnerisch ermitteln kann. Insbesondere kann diese Kräftesumme verschwinden, dann ist das zentrale Kräftesystem im Gleichgewicht. Nun verlangt man gerade von fast allen Tragwerken der Technik, daß sie unter ihrer Belastung in Ruhe verharren, daß also das System der an ihnen angreifenden Kräfte sich im Gleichgewicht befindet. Dies ist im allgemeinen aber nur dann möglich, wenn zu den von vornherein gegebenen, meist unvermeidbaren Kräften — wie Gewichte, Wind- und Wasserdruck — noch eine zweite Gruppe von Kräften hinzutritt: die Stützkräfte oder Reaktionen, die durch geeignete Vorrichtungen, wie Stäbe, Seile, Pfeiler, Sockel usw., die wir im folgenden summarisch als Auflager bezeichnen, von der festen Umgebung auf den zu stützenden Körper übertragen werden. Unsere Frage lautet daher nicht mehr wie bisher: herrscht in einem vorgegebenen Kräftesystem Gleichgewicht oder nicht, sondern umgekehrt: wie muß das aus eingeprägten Kräften und Reaktionen bestehende Gesamtsystem beschaffen sein, damit das Gleichgewicht gewährleistet ist und damit das Tragwerk seinen Zweck erfüllt?

4.4 Auflager und Wertigkeit. Das wesentliche Merkmal eines Auflagers ist nicht seine technische Ausführung, sondern die Anzahl der voneinander unabhängigen Kraftkomponenten, die es zu übertragen imstande ist; diese Anzahl heißt seine Wertigkeit. Wir unterscheiden daher einwertige, zweiwertige und dreiwertige Auflager, was wir kurz durch die Symbole K, KK und KKK kennzeichnen wollen. Wird ein Körper durch mehrere Auflager gestützt, so heißt die Summe der einzelnen Wertigkeiten die Gesamtwertigkeit des gestützten Körpers.

Das einfachste Auflager ist der Stab oder das Seil. Beide können nur eine Kraft ihrer eigenen Richtung übertragen, sind somit einwertig. Schließt man zwei bzw. drei Stäbe in einem Punkt Z gelenkig zusammen, so entsteht das sog. Zweibein bzw. Dreibein der Abb. 4.6. Aber nicht nur Stäbe und Seile, auch starre Flächen und Kurven können als Auflager dienen. Ist die Fläche ideal glatt, so überträgt sie lediglich Kräfte in Richtung ihrer Normalen, ist somit einwertig; eine glatte Kurve dagegen ist zweiwertig; sie kann zwei Komponenten und damit jede Kraft in der Normalebene der Kurve übertragen. Schließlich gibt es noch das dreiwertige feste Gelenk.

Die Auflager der ersten beiden Zeilen in Abb. 4.6 sind verwandter als man das auf den ersten Blick vermutet. Der Endpunkt Z des Stabes ist an eine Kugel um den Punkt A gebunden; diese Kugel wird im Bild darunter lediglich durch eine beliebige Fläche ersetzt. Der Gelenkpunkt Z des Zweibeins kann sich auf einem Kreise um die Gerade AB, der Punkt Z im Bilde darunter auf einer beliebigen Raumkurve bewegen. Das Dreibein und das Gelenk schließlich sind geradezu identisch: Beidemal ist der Punkt Z im Raum festgelegt.

Ein gewisser Unterschied zwischen den beiden Gruppen von Auflagern besteht indessen doch: während in der ersten Zeile die Zerlegung der angreifenden Kräftesumme $\mathfrak{R}$ durch die Stäbe eindeutig vorgeschrieben wird, ist dies in der zweiten Zeile nur bedingt der Fall;

in der Normalebene der Kurvenführung kann man die Auflagerkraft beliebig, etwa rechtwinklig, oder auch überhaupt nicht zerlegen, und das gilt erst recht für das feste Gelenk.

Nun ist aber die ideal glatte Fläche oder Kurve eine Abstraktion. In Wirklichkeit besitzt jede noch so gut polierte Fläche eine gewisse Rauhigkeit, die bewirkt, daß auch Kräfte tangential zur Fläche oder

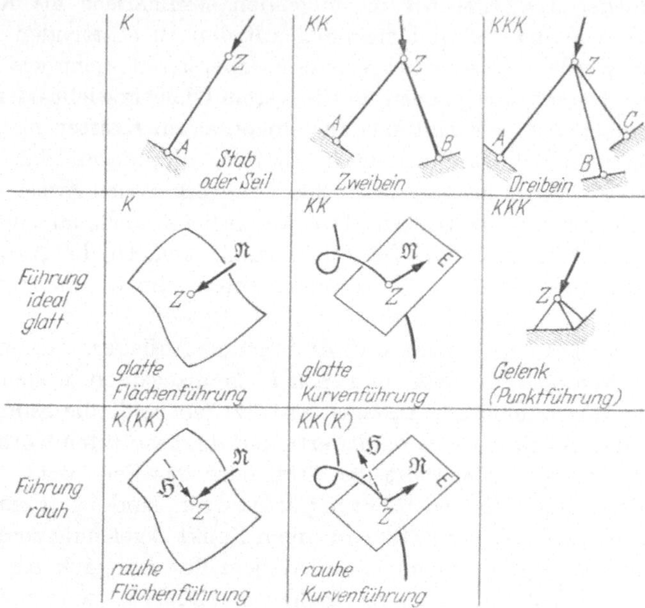

Abb. 4.6. Schematische Darstellung verschiedener Auflager.

Kurve übertragen werden können. Diese Reaktionen heißen Haftkräfte oder Haftkomponenten. Da sie nicht beliebig groß werden und unter Umständen ganz ausfallen können, setzen wir sie in Klammern, schreiben also $KK(K)$ bzw. $K(KK)$ und sprechen von Auflagern wechselnder Wertigkeit, siehe die dritte Zeile der Abb. 4.6.

Je rauher eine Fläche ist, desto größere Haftkomponenten kann sie übertragen. Deren maximalen Betrag K ermitteln wir nun mit Hilfe eines einfachen Versuches nach Abb. 4.7: Auf einen Holzklotz wirkt dessen Eigengewicht G und eine horizontale Fadenkraft K; die Gleichgewichtsbedingung am Klotz verlangt dann $H = K$ und $N = G$. Nun machen wir die Fadenkraft K gerade so groß, daß der Klotz noch eben im Gleichgewicht bleibt, also nach rechts zu rücken beginnt, sobald die Kraft K auch nur minimal erhöht wird. Diese Kraft $H = K$ ist dann das Äußerste, was die Rauhigkeit zwischen Klotz und Unterlage zu übertragen vermag. Jetzt verdoppeln wir das Gewicht des

Klotzes und ebenso die Fadenkraft und stellen fest, daß auch jetzt
das Gleichgewicht noch gerade möglich ist, daß aber der Klotz vom
Gewicht $2G$ sofort zu rutschen beginnt, sowie die Fadenkraft $2K$
auch nur um ein Geringes erhöht wird, und das gilt genauso, wenn
wir Gewicht G und Fadenkraft K gleichzeitig verdreifachen, ver-
vierfachen usw. Was bedeutet das? Es bedeutet, daß für den Über-

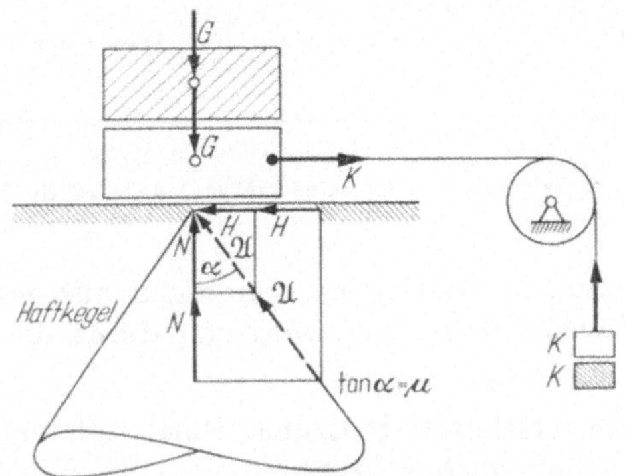

Abb. 4.7. Zur Definition des Haftkegels.

gang vom dreiwertigen zum einwertigen Auflager nicht etwa der Betrag H der Haftkraft selbst, sondern das Verhältnis H/N maßgebend
ist. Gleichgewicht ist nur möglich, solange $H \leqq \mu N$ bleibt, solange
also die Ungleichung

$$\frac{|\mathfrak{H}|}{|\mathfrak{N}|} = \frac{H}{N} \leqq \mu = \tan\alpha \qquad (7)$$

erfüllt ist. Definiert man einen Winkel α durch die Gleichung $\tan\alpha = \mu$,
so läßt sich derselbe Sachverhalt auch so ausdrücken: Liegt die Auf-
lagerkraft $\mathfrak{A}$ mit den Komponenten $\mathfrak{H}$ und $\mathfrak{N}$ innerhalb des sog. Haftkegels mit dem Öffnungswinkel α, so verhält sich der Berührungspunkt
wie ein dreiwertiges festes Gelenk. Liegt aber $\mathfrak{A}$ außerhalb, so ist der
Berührungspunkt einwertig, als wäre die Fläche ideal glatt. Die Haftziffern $\mu = \tan\alpha$ sind abhängig vom Material der beiden sich berührenden Körper. Sie schwanken etwa zwischen 0,05 (Stahl auf Eis) und
0,7 (Holz auf Stein) und lassen sich, falls erwünscht, durch geeignete
Schmiermittel noch um einiges herabsetzen, siehe Tab. II im Anhang.
    Wir müssen noch eine weitere Unterscheidung der Auflager treffen.
Ein Stab nimmt Kräfte in beiden Richtungen, ein Seil dagegen nur
Zug-, aber keine Druckkräfte auf. Das Seil ist, wie man sagt, nur ein
einseitiges Auflager. Ebenso die glatte Fläche: Man kann eine Blumen-
vase wohl auf den Tisch stellen, nicht aber frei unter die Decke hängen;
auch die Fläche stellt ein nur einseitiges Auflager dar. Die Haftkraft

wiederum ist zwar beidseitig, aber begrenzt, s. Abb. 4.8, die auch den grundlegenden Unterschied zwischen eingeprägten und Reaktionskräften zeigt. Die eingeprägte Kraft stellt in dieser Darstellung einen

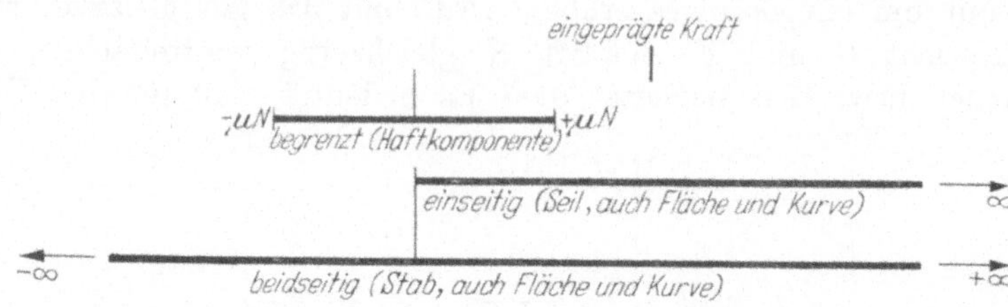

Abb. 4.8. Schematische Darstellung von Reaktionskräften. Linke Hälfte Druck, rechte Hälfte Zug.

isolierten Punkt dar; ihr Betrag ist von Natur aus gegeben. Der Betrag einer Reaktionskraft dagegen wird erst durch die Forderung des Gleichgewichtes festgelegt.

4.5 Die statisch bestimmte Stützung. Eine Stützung heißt statisch bestimmt — eigentlich statisch bestimmbar — wenn sich die Auflagerkräfte bei jeder beliebigen Belastung eindeutig aus den Gleichgewichtsbedingungen allein ermitteln lassen. Da alle Kräfte durch den Punkt Z gehen, hat man dort die eingeprägten Kräfte lediglich zu ihrer Summe $\Re$ zusammenzufassen und wieder geeignet zu zerlegen, was folgendermaßen geschieht:

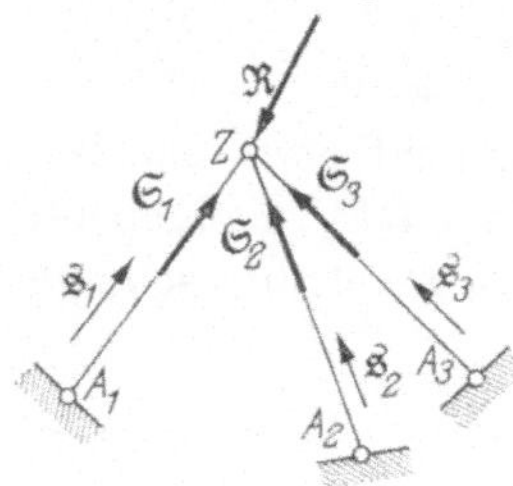

Abb. 4.9. Statisch bestimmtes Dreibein.

a) Stützungsfall KKK. Beim festen Gelenk ist einfach $\mathfrak{A} = -\Re$, womit die Aufgabe erledigt ist. Beim Dreibein schreiben wir die drei unbekannten Stabkräfte $\mathfrak{S}_1$, $\mathfrak{S}_2$ und $\mathfrak{S}_3$ in der Form

$$\mathfrak{S}_i = \tilde{S}_i\,\mathfrak{s}_i; \quad |\mathfrak{S}_i| = |\tilde{S}_i|\,|\mathfrak{s}_i|; \quad |\mathfrak{s}_i| = \sqrt{s_{xi}^2 + s_{yi}^2 + s_{zi}^2}, \tag{8}$$

wo $\mathfrak{s}_i$ ein Vektor in der Richtung des Stabes der Nummer i ist, am einfachsten etwa der Differenzenvektor von A_i nach Z, also $\mathfrak{s}_i = \overrightarrow{A_iZ}$ oder ein beliebiges Vielfaches davon (s. Abb. 4.9). Die Gleichgewichtsbedingung

$$\sum \Re_i = \Re + \mathfrak{S}_1 + \mathfrak{S}_2 + \mathfrak{S}_3 = 0 \tag{9}$$

stellt dann ein Gleichungssystem für die drei Unbekannten $\tilde{S}_1$, $\tilde{S}_2$, $\tilde{S}_3$ dar. Sind diese berechnet, so liegen nach (8) auch die Stabkräfte $\mathfrak{S}_i$ und damit deren Beträge $|\mathfrak{S}_i|$ vor. Negative (positive) Werte von $\tilde{S}_i$ bedeuten, daß man sich in der Annahme der Richtung der Stabkraft (nicht) geirrt hatte. Nimmt man wie in Abb. 4.9 sämtliche Stabkräfte zunächst als Druckkräfte an, so bedeuten somit positive Werte $\tilde{S}_i$ Druck-, negative Werte Zugkräfte.

Das Gleichungssystem (9) ist nur dann lösbar, wenn die drei Stabkräfte nicht in einer Ebene liegen, was sich bei der Rechnung durch

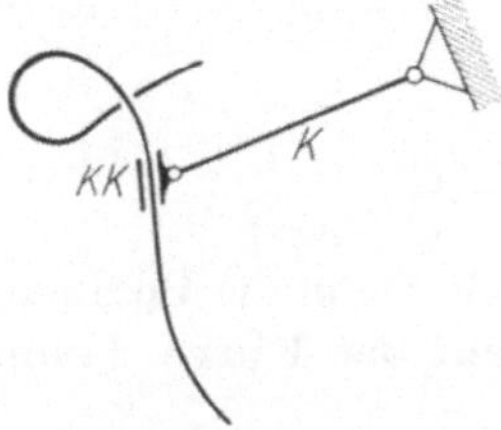

Abb. 4.10. Führungskurve und Stützstab ergeben zusammen das dreiwertige Auflager $KK + K$.

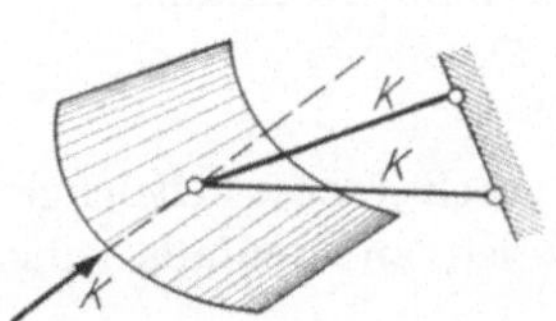

Abb. 4.11. Die einwertige Flächenführung und das Zweibein ergeben zusammen die dreiwertige Stützung $K + KK$.

das Verschwinden der Determinante des Systems von selbst bemerkbar macht. Die Stützung ist dann trotz ihrer Dreiwertigkeit nicht statisch bestimmt; man vergleiche die beiden folgenden Abschnitte.

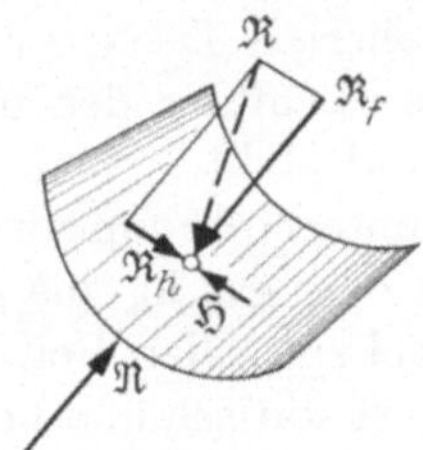

Abb. 4.12. Rauhe Fläche mit angreifenden Kräften.

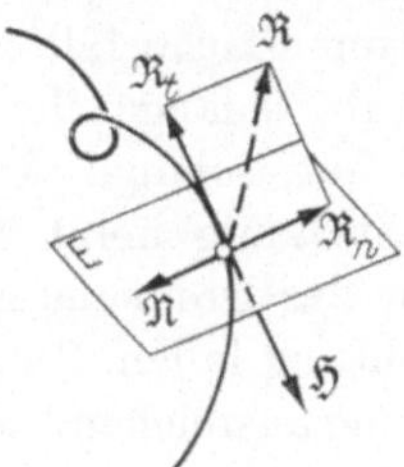

Abb. 4.13. Rauhe Kurve mit angreifenden Kräften.

Ähnlich wie beim Dreibein geht man vor, wenn die Stützung in der Form $KK + K$ bzw. $K + KK$ wie in Abb. 4.10 bzw. 4.11 gegeben ist.

b) Stützung $K(KK)$, (Abb. 4.12). Die Summe $\Re$ der eingeprägten Kräfte wird nach (A 14) zerlegt in Richtung der Flächennormalen $\mathfrak{f}$ und senkrecht dazu:

$$\Re_f = \frac{\Re\,\mathfrak{f}}{\mathfrak{f}^2}\,\mathfrak{f}; \qquad \Re_h = \Re - \Re_f.\tag{10}$$

Das Gleichgewicht verlangt dann

$$\Re = -\Re_f, \qquad \mathfrak{H} = -\Re_h,\tag{11}$$

und nun prüft man nach, ob die Ungleichung (7) erfüllt ist. Wenn ja, ist Gleichgewicht möglich, sonst nicht.

c) Stützung $KK(K)$, (Abb. 4.13). Ähnlich wie in (10) zerlegen wir die Summe $\Re$ der eingeprägten Kräfte in Richtung der Kurventangente und senkrecht dazu:

$$\Re_t = \frac{\Re\,t}{t^2}\,t; \quad \Re_n = \Re - \Re_t, \tag{12}$$

woraus ohne Rechnung

$$\Re = -\Re_n; \quad \mathfrak{H} = -\Re_t \tag{13}$$

folgt. Auch jetzt ist Gleichgewicht nur möglich, wenn die Bedingung (7) erfüllt ist, anderenfalls rutscht der Punkt auf der Kurve davon.

Aufgabe 4.2: Berechnung eines ebenen Zweibeins.
Aufgabe 4.3: Berechnung eines räumlichen Dreibeins.

4.6 Die statisch unterbestimmte Stützung. Wenn die Gesamtwertigkeit w kleiner als drei ist, heißt die Stützung statisch unterbestimmt. Eine solche Stützung genügt nur bei speziellen Belastungen und ist dann auch eindeutig, so z. B., wenn die angreifende Kräftesumme $\Re$ in die Stabebene eines Zweibeins oder in die Normalrichtung einer ideal glatten Fläche fällt: Gegenstände auf polierten Tischen rutschen nicht herab, solange ihr Gewicht genau die Richtung der Flächennormalen hat, solange also der Tisch horizontal steht.

Eine Stützung heißt auch dann statisch unterbestimmt, wenn die drei Stäbe des Dreibeins in einer Ebene liegen oder gar in eine gemeinsame Richtung fallen. Zwar kann auch jetzt bei speziellen Belastungen die Stützung ausreichend sein, ist dann aber sofort statisch überbestimmt und somit nicht mehr eindeutig, man vergleiche Abschnitt 4.7.

Meist lautet die Frage indessen anders. Die eingeprägten Kräfte sind gegeben, und gesucht werden solche Gleichgewichtslagen des Punktes, die auch bei nur zwei- oder einwertiger oder auch nullwertiger Stützung möglich sind; man spricht dann vom lokalen Gleichgewicht. Beispiele dazu sind das Gewicht an zwei Fäden nach Abb. 4.14 oder eine Stahlkugel im tiefsten Punkt einer glatten Schüssel, wo sie sich trotz einwertiger Stützung im lokalen Gleichgewicht hält. Berücksichtigt man auch die Rauhigkeit, so gibt es infolge der jetzt hinzutretenden Haftkomponente in der Nachbarschaft des lokalen Gleichgewichtspunktes einen gewissen Gleichgewichtsbereich, der um so größer ist, je rauher die beiden Berührungsflächen sind. Schließlich betrachten wir noch die nullwertige Lagerung der Abb. 4.15. Federkraft und Gewicht halten einander das Gleichgewicht, so daß sich eine Stützung erübrigt. Hier darf man nicht etwa die Federkraft als Reaktions- oder Auflagerkraft ansehen. Zwar „stützt" die Feder genau so gut wie ein starrer Stab den schweren Körper im Sinne dieses Wortes; im

Sinne der Mechanik aber handelt es sich um zwei grundverschiedene Dinge. Man vergleiche daraufhin nochmals die Abb. 4.8!

Die Ermittlung lokaler Gleichgewichtslagen geschieht wieder mit Hilfe der Gleichgewichtsbedingungen. Als Unbekannte führt man außer

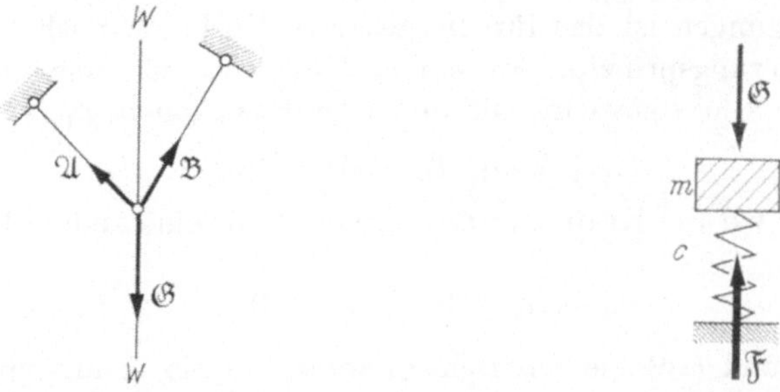

Abb. 4.14. Gleichgewichtslage bei statisch unterbestimmter Stützung.

Abb. 4.15. Gleichgewichtslage bei nullwertiger Stützung.

den Reaktionen noch $f = 3 - w$ Koordinaten ein, welche die Freiheitsgrade des Punktes eindeutig kennzeichnen; auf der Kugelfläche z. B. geographische Breite und Länge, bei der Kurvenführung zweckmäßig die Bogenlänge s dieser Kurve.

Eine Gleichgewichtslage existiert keineswegs immer. Eine Stahlkugel auf glatter schiefer Ebene ist in keiner Lage im Gleichgewicht. Solche Probleme gehören dann in den Bereich der Kinetik, von wo aus wir das lokale Gleichgewicht nochmals aus anderer Sicht beleuchten werden.

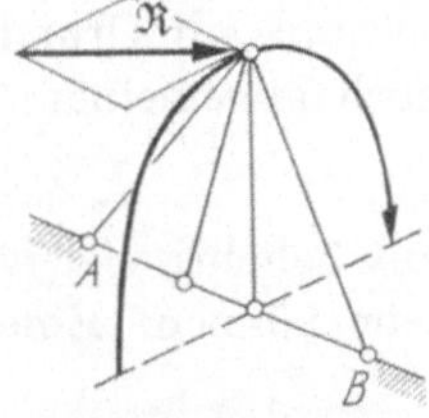

Abb. 4.16. Trotz vierwertiger Stützung kann sich der Endpunkt der vier Stäbe auf einem Kreis um die Gerade AB bewegen.

Aufgabe 4.4: Gegenstand in rauher Kugelschale.
Aufgabe 4.5: Gleichgewichtsbereich und lokales Gleichgewicht für ein Feder-Masse-System.

4.7 Die statisch überbestimmte (unbestimmte) Stützung. Ist die Wertigkeit w größer als drei (in der Ebene größer als zwei), so enthält die Gleichgewichtsbedingung

$$\sum \Re_i = \Re + \mathfrak{S}_1 + \mathfrak{S}_2 + \cdots + \mathfrak{S}_w = 0 \qquad (14)$$

w unbekannte Größen $\tilde{S}_1, \ldots, \tilde{S}_w$, die sich aus drei (in der Ebene zwei) skalaren Gleichungen natürlich nicht eindeutig berechnen lassen. Dies gelingt erst, wenn man $w - 3$ (in der Ebene $w - 2$) weitere Gleichungen heranzieht, was später in der Elastostatik geschieht. Andererseits gibt es Stützungsarten, die trotz beliebig hoher Wertigkeit w kein Gleichgewicht ermöglichen, wie im Beispiel der Abb. 4.16, wo sich trotz vierwertiger Stützung das Vierbein um die Gerade AB dreht kann. Nur wenn die Kräftesumme $\Re$ in die Ebene der vier Stäbe fällt, ist Gleichgewicht möglich, aber nicht eindeutig.

Manchmal lassen sich auch bei statisch überbestimmter Stützung wenigstens einige der Reaktionen eindeutig berechnen.

Aufgabe 4.6: Dreiwertige Stützung in der Ebene.

4.8 Das Überlagerungsprinzip. Eine Folge der Linearität der Gleichgewichtsbedingungen ist das für die gesamte Mechanik höchst bedeutsame Überlagerungsprinzip. An einem Tragwerk sei eine erste Belastung $\mathfrak{K}_1$ im Gleichgewicht mit den drei Reaktionen $\mathfrak{A}_1$, $\mathfrak{B}_1$, $\mathfrak{C}_1$:

$$\mathfrak{K}_1 + \mathfrak{A}_1 + \mathfrak{B}_1 + \mathfrak{C}_1 = 0. \tag{15}$$

Nun entfernen wir die Kraft $\mathfrak{K}_1$ und bringen dafür eine andere Kraft $\mathfrak{K}_2$ auf, dann gilt

$$\mathfrak{K}_2 + \mathfrak{A}_2 + \mathfrak{B}_2 + \mathfrak{C}_2 = 0. \tag{16}$$

Die Gln. (15) und (16) bleiben richtig, wenn wir sie je mit einem beliebigen Faktor λ_1 bzw. λ_2 multiplizieren, was nichts anderes besagt, als daß eine λ-fache eingeprägte Kraft $\mathfrak{K}_i$ auch die λ-fachen Reaktionen hervorruft. Aber auch die Gleichung

$$(\lambda_1 \mathfrak{K}_1 + \lambda_2 \mathfrak{K}_2) + (\lambda_1 \mathfrak{A}_1 + \lambda_2 \mathfrak{A}_2) + (\lambda_1 \mathfrak{B}_1 + \lambda_2 \mathfrak{B}_2) + (\lambda_1 \mathfrak{C}_1 + \lambda_2 \mathfrak{C}_2) = 0 \tag{17}$$

ist nun auf Grund des Bestehens der Gln. (15) und (16) erfüllt, oder noch allgemeiner

$$\sum \lambda_i \mathfrak{K}_i + \sum \lambda_i \mathfrak{A}_i + \sum \lambda_i \mathfrak{B}_i + \sum \lambda_i \mathfrak{C}_i = 0 \tag{18}$$

mit beliebig vielen Parametern λ_i, die sogar noch Funktionen der Zeit sein können. Eine solche Aufgliederung in einzelne „Lastfälle" ist

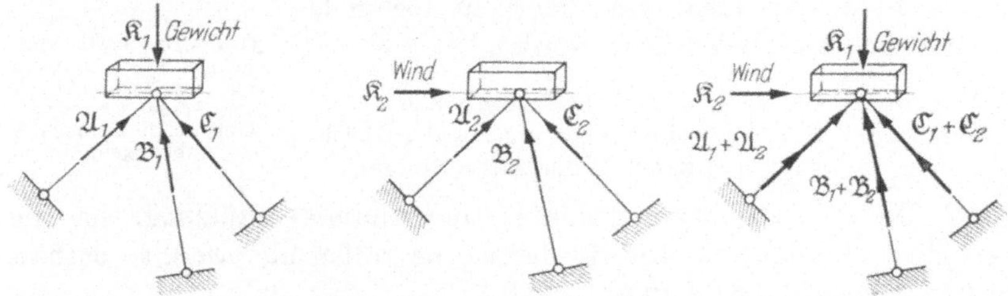

Abb. 4.17. Zum Überlagerungsprinzip.

besonders dann am Platz, wenn man es mit veränderlichen Lasten, wie Schneelasten, Winddrücken u. dgl. zu tun hat, deren Einflüsse man gern für sich allein bestimmt, siehe Abb. 4.17.

§ 5. Die Statik des Punkteverbandes

5.1 Schnittprinzip und Gleichgewicht. Die Abb. 5.1 zeigt n Punkte im Raume, die teils starr, teils elastisch miteinander verbunden sind. An den Punkten greifen äußere Kräfte $\mathfrak{K}_i$ an, wobei „äußere Kräfte" bedeuten soll, daß die Gegenkräfte $-\,\mathfrak{K}_i$, die sich mit jenen zu Nullpaaren ergänzen, nicht mit eingezeichnet sind, somit der gezeichnete Punkteverband aus seiner Umgebung herausgeschnitten zu denken ist, während die „inneren Kräfte" noch intakte Nullpaare darstellen. Äußere wie innere Kräfte können eingeprägte oder Reaktionen sein; wir haben daher in Zukunft die folgenden vier Kräftegruppen zu unterscheiden:

$$
\begin{array}{c|c}
\text{Äußere eingeprägte Kräfte} & \text{Äußere Reaktionen} \\
\hline
\text{Innere eingeprägte Kräfte} & \text{Innere Reaktionen}
\end{array}
\tag{1}
$$

Innere Reaktionen treten infolge der starren Bindungen im Beispiel der Abb. 5.1 zwischen den Punkten ② und ③, ② und ①, und ② und ④ auf, innere eingeprägte Kräfte zwischen ① und ③, nämlich die Federkräfte $\mathfrak{F}_{13}$ und $-\,\mathfrak{F}_{13}$, man vergleiche Abb. 3.3. Eine äußere Reaktion greift am Punkte ① an; die beiden Federkräfte am Punkte ④ sind äußere

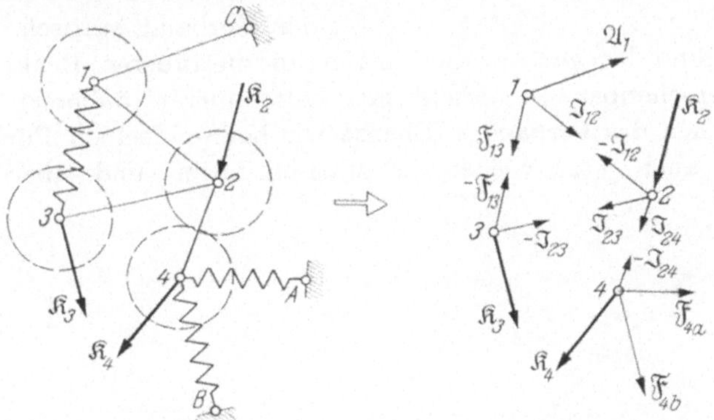

Abb. 5.1. Verband von $n = 4$ Punkten vor dem Schnitt ...

Abb. 5.2. ... und nach dem Schnitt, der alle inneren Kräfte (eingeprägte und Reaktionen) freilegt.

eingeprägte Kräfte. Im allgemeinen sind die äußeren und inneren eingeprägten Kräfte gegeben, und die äußeren und inneren Reaktionen werden gesucht.

Ein Punkteverband ist im Gleichgewicht, wenn jeder Punkt für sich im Gleichgewicht ist, wenn also die Gleichgewichtsbedingungen

$$
\mathfrak{R}_j = \sum_i \mathfrak{K}_{ij} = 0; \qquad j = 1, 2, 3, \ldots n
\tag{2}
$$

erfüllt sind, wobei über alle inneren und äußeren Reaktionen und eingeprägten Kräfte zu summieren ist, die am Punkte der Nummer j angreifen, z. B. sind das nach Abb. 5.2 für den Punkt der Nummer $j =$ ④ die Kräfte $-\mathfrak{F}_{24}$, $\mathfrak{K}_4$, $\mathfrak{F}_{4a}$ und $\mathfrak{F}_{4b}$. Addieren wir alle n Gln. (2), so heben sich in der Doppelsumme

$$\Re = \sum_j \Re_j = \sum_i \sum_j \Re_{ij} = 0 \tag{3}$$

die inneren Kräfte — Reaktionen sowohl wie eingeprägte — paarweise heraus; und d. h.: An einem Punkteverband verschwindet die Summe der inneren Kräfte ebenso wie die Summe der äußeren Kräfte je für sich allein. Dieser wichtige, aus dem Wechselwirkungsprinzip folgende Satz wird uns später unter anderem auch einen Zugang zur Mechanik des starren Körpers eröffnen.

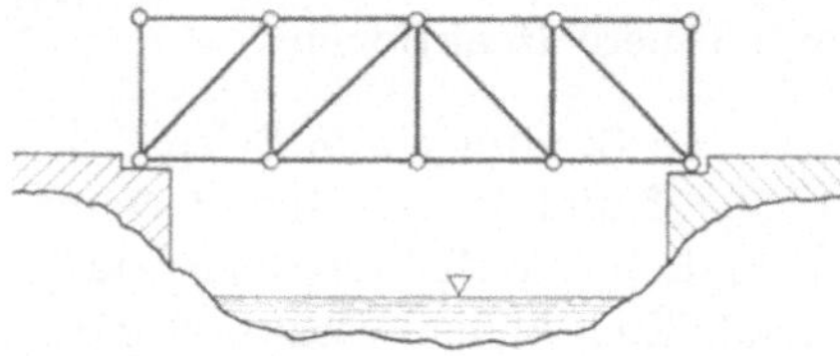

Abb. 5.3. Fachwerkbrücke, schematisch.

Nun stellen die n Gln. (2) ein System von $3n$ (in der Ebene $2n$) Gleichungen zur Ermittlung der unbekannten inneren und äußeren Reaktionen dar. Ist dieses Gleichungssystem für jede äußere Belastung eindeutig lösbar, so heißt der Verband statisch bestimmt gestützt. Sind dagegen nur die inneren (nur die äußeren) Reaktionen eindeutig berechenbar, so spricht man von innerer (äußerer) statischer Bestimmtheit des Verbandes. Ebenso wie beim einzelnen Punkt gibt es natürlich auch jetzt wieder die statisch unter- und überbestimmte

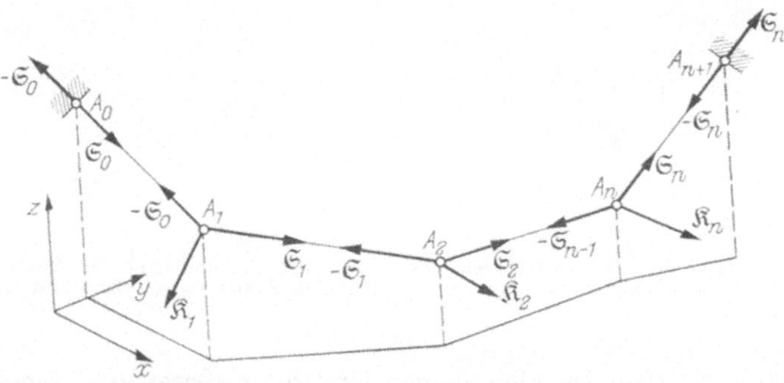

Abb. 5.4. Räumliche Gelenkkette mit $n = 3$ Knoten. Die inneren Stabkräfte $\mathfrak{S}_1, \mathfrak{S}_2, \ldots, \mathfrak{S}_{n-1}$ heben sich paarweise heraus; somit sind die äußeren Kräfte für sich im Gleichgewicht.

Stützungsart. Anstatt alle möglichen Fälle von Stützungen aufzuzählen, greifen wir nur die für die technische Praxis wichtigsten Punkteverbände, nämlich das Fachwerk, die Gelenkkette und den Federverband heraus.

5.2 Das Fachwerk. Wenn alle inneren Bindungen starr und damit alle gegenseitigen Abstände der Punkte unveränderlich sind, so heißt der Verband ein Fachwerk (s. Abb. 5.3). Obwohl wir nach Gl. (2) und mit Hilfe der im Abschnitt 4.5 entwickelten Methoden durchaus in der Lage wären, solche ebenen oder räumlichen Fachwerke zu berechnen, ist es dennoch tunlicher, das Fachwerk als einen einzigen starren Körper aufzufassen, weil dies gewisse Vorteile infolge der Trennbarkeit von innerem und äußerem Gleichgewicht mit sich bringt. Wir stellen daher die praktische Berechnung von Fachwerken bis zum § 14 bzw. § 22 zurück.

5.3 Die Gelenkkette (Das Seileck). Eine Kette von $n + 1$ starren Stäben, die gelenkig miteinander verbunden sind, heißt eine Gelenk- oder Stabkette (s. Abb. 5.4). Innere Reaktionen sind die Stabkräfte $\mathfrak{S}_1, \mathfrak{S}_2, \ldots, \mathfrak{S}_{n-1}$, äußere Reaktionen die beiden Kräfte $-\mathfrak{S}_0$ und $\mathfrak{S}_n$; die eingeprägten Kräfte $\mathfrak{K}_1, \mathfrak{K}_2, \ldots, \mathfrak{K}_n$ seien gegeben. Die Gleichgewichtsbedingungen für jeden Knoten lauten der Reihe nach:

$$
\left.
\begin{array}{llll}
\text{Knoten } A_1: & \mathfrak{K}_1 + \mathfrak{S}_1 - \mathfrak{S}_0 & = 0 \\
\text{Knoten } A_2: & \mathfrak{K}_2 + \mathfrak{S}_2 - \mathfrak{S}_1 & = 0 \\
\text{Knoten } A_3: & \mathfrak{K}_3 + \mathfrak{S}_3 - \mathfrak{S}_2 & = 0 \\
\hspace{1em}\cdot\hspace{2em}\cdot\hspace{2em}\cdot\hspace{2em}\cdot\hspace{2em}\cdot \\
\text{Knoten } A_n: & \mathfrak{K}_n + \mathfrak{S}_n - \mathfrak{S}_{n-1} & = 0
\end{array}
\right\} + \tag{4}
$$

$$
\sum \mathfrak{K}_i + \mathfrak{S}_n - \mathfrak{S}_0 = 0 \tag{5}
$$

oder auch

$$
\mathfrak{R} = \sum \mathfrak{K}_i = \mathfrak{S}_0 - \mathfrak{S}_n. \tag{6}
$$

Die inneren Kräfte heben sich bei der Summation heraus; die Gl. (5) sagt also nichts anderes, als daß die Summe der äußeren Kräfte für sich verschwindet, nämlich die n äußeren eingeprägten Kräfte $\mathfrak{K}_i$ und die beiden äußeren Reaktionen $-\mathfrak{S}_0$ und $\mathfrak{S}_n$. Zur Erfüllung der $3n$ (in der Ebene $2n$) Gleichungen (4) stehen aber nur $n + 1$ unbekannte innere Reaktionen (Stabkräfte) zur Verfügung; die Gelenkkette ist somit statisch unterbestimmt (außer für den trivialen Fall $n = 1$ in der Ebene); Gleichgewicht ist daher nur möglich entweder bei speziell

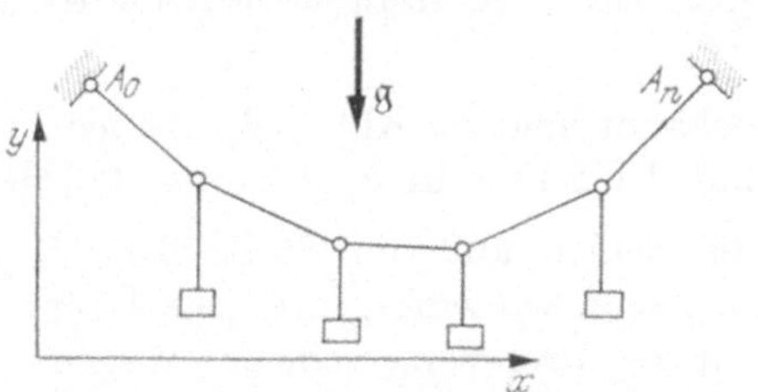

Abb. 5.5. Ebene Gelenkkette mit Gewichten als Sonderfall der Abb. 5.4 Es stellt sich eine eindeutige Gleichgewichtslage ein.

gewählten Kräften $\mathfrak{K}_i$ oder aber, wenn diese Kräfte beliebig sind, in einer ganz bestimmten Lage der Gelenkkette, wie im Beispiel der Abb. 5.5. Diese Gleichgewichtslage zu ermitteln, ist namentlich bei räumlichen Ketten nicht immer einfach. Wesentlich leichter dagegen löst man die umgekehrte Aufgabe: Gegeben sei der Anfangspunkt A_0 und die äußere Reaktion $-\mathfrak{S}_0$, und gesucht ist der Endpunkt A_n der Kette. Dann legt die Kraft $\mathfrak{K}_1$ am Knoten A_1 auf Grund der ersten

Gl. (4) die Stabkraft $\mathfrak{S}_1$ und damit die Richtung des Stabes 1 fest usf., bis auch die Richtung des n-ten Stabes und damit der Endpunkt A_n gefunden ist. In der Ebene ergibt das folgende einfache zeichnerische Konstruktion: Wir beginnen am Knoten A_1 mit den Kräften $-\mathfrak{S}_0 = \overrightarrow{PB_0}$ und $\mathfrak{K}_1$ und erfüllen die erste Gl. (4), indem wir das Krafteck schließen. Damit ist die Kraft $+\mathfrak{S}_1 = \overrightarrow{B_1P}$ festgelegt. Nun verfahren wir genauso mit der Kraft $-\mathfrak{S}_1 = \overrightarrow{PB_1}$ und $\mathfrak{K}_2$; das gibt ein zweites geschlossenes Dreieck, dessen dritte Seite $\overrightarrow{B_2P} = +\mathfrak{S}_2$ ist usf., bis alle Stabkräfte

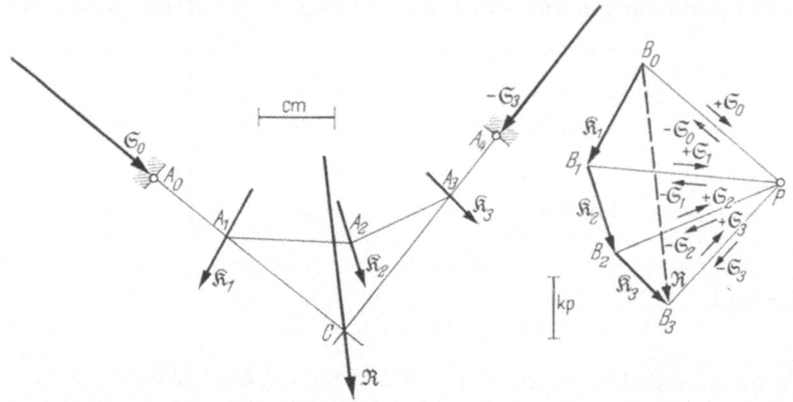

Abb. 5.7. Seileck zum Krafteck der Abb. 5.6. Die Kräftesumme $\mathfrak{R} = \Sigma\,\mathfrak{K}_i = \mathfrak{S}_0 - \mathfrak{S}_3$ muß durch den Schnittpunkt C des ersten und letzten Stabes gehen.

Abb. 5.6. Konstruktion eines Kraftecks für $n = 3$. Merke: Hin zum Pol: $+\mathfrak{S}_i$; fort vom Pol $-\mathfrak{S}_i$.

bekannt sind (s. Abb. 5.6). Zu jedem Knotenpunkt gehört ein Dreieck mit der Spitze in P, dem sog. Pol des Kraftecks. Fügen wir nun noch die beiden äußeren Stabkräfte $\mathfrak{S}_0 = \overrightarrow{B_0P}$ und $-\mathfrak{S}_n = \overrightarrow{PB_n}$ hinzu, so haben wir eine graphische Übersetzung der Gl. (6), die besagt, daß wir auf drei verschiedenen Wegen von B_0 nach B_n kommen: einmal über den Streckenzug $B_0, B_1, B_2, \ldots, B_n$, das ist die Folge der gegebenen Kräfte $\mathfrak{K}_i$; dann direkt von B_0 nach B_n, das ist die resultierende Kraft $\mathfrak{R} = \sum \mathfrak{K}_i$, und schließlich auf dem Weg B_0PB_n; das gibt die äußeren Stabkräfte $\mathfrak{S}_0$ und $-\mathfrak{S}_n$. Da die nun bekannten inneren Stabkräfte $\mathfrak{S}_i = \overrightarrow{B_iP}$ die Richtungen der Stäbe festlegen und deren Längen gegeben sind, läßt sich auch die Gleichgewichtslage leicht zeichnen. Die so entstehende Figur der Abb. 5.7 heißt ein Seil- oder Stabeck. Die Kräftesumme $\mathfrak{R} = \sum \mathfrak{K}_i = \mathfrak{S}_0 - \mathfrak{S}_n$ geht durch den Schnittpunkt C des ersten und letzten Stabes.

Aufgabe 5.1: Gelenkkette mit Gewichten.

5.4 Federverbände. Den einfachsten Federverband zeigt die Abb. 5.8. Eine Anzahl von Federn sind, wie man sagt, in Reihe geschaltet. Greift an einer solchen Federkette das Nullpaar $\mathfrak{P}$; $-\mathfrak{P}$ an, so herrscht in

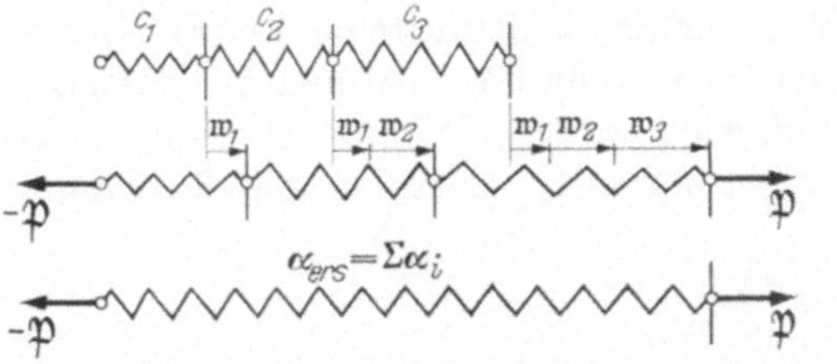

Abb. 5.8. Reihenschaltung von Federn. In allen Federn herrscht die gleiche Kraft vom Betrage P. Die Einflußzahlen α_i addieren sich.

allen Federn die gleiche Kraft vom Betrage P; jede einzelne von ihnen wird daher — HOOKEsches Gesetz vorausgesetzt — nach (3.9) um die Strecke $w_i = P\,\alpha_i$ ausgelenkt, so daß die Gesamtauslenkung

$$w = \sum w_i = \sum \alpha_i\,P_i = P \sum \alpha_i \qquad (7)$$

beträgt. Der Quotient

$$\frac{w}{P} = \sum \alpha_i = \alpha_{\text{ers}} \quad \text{bzw.} \quad \sum \frac{1}{c_i} = \frac{1}{c_{\text{ers}}} \qquad (8)$$

ist somit gleich der Nachgiebigkeitszahl einer Ersatzfeder, die unter der Einwirkung der gleichen Kraft P die gleiche Auslenkung w erfährt wie die gegebene Federkette, siehe Abb. 5.8.

Die sog. Punktschaltung zeigt die Abb. 5.9: n Federn mit den Federzahlen c_i und den Längen l_i sind in einem gemeinsamen Punkt P miteinander verknüpft. Bei Gültigkeit des HOOKEschen Gesetzes gilt für jede einzelne Federkraft nach (3.11)

$$\mathfrak{F}_i = -c_i\,\mathfrak{w}_i = -c_i\,\overrightarrow{A_i P},$$

und damit wird ihre Summe

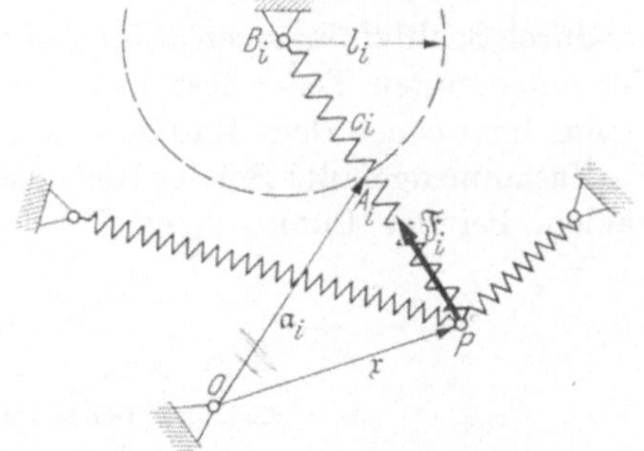

Abb. 5.9. Punktschaltung von Federn im Raume.

$$\sum \mathfrak{F}_i = -\sum c_i\,\mathfrak{w}_i = -\sum c_i(\mathfrak{x} - \mathfrak{a}_i) = -(\sum c_i)\,\mathfrak{x} + \sum c_i\,\mathfrak{a}_i, \qquad (9)$$

was wir mit den Abkürzungen

$$c_{\text{ers}} = \sum c_i, \quad \text{?} \quad \mathfrak{a} = \frac{\sum c_i\,\mathfrak{a}_i}{\sum c_i} = \overrightarrow{OA} \qquad (10)$$

auch so schreiben können:

$$\sum \mathfrak{F}_i = -c_{\text{ers}}(\mathfrak{x} - \mathfrak{a}), \qquad (11)$$

und nun zeigt ein Vergleich mit (3.11), daß eine einzige Ersatzfeder mit der Federkonstanten c_{ers} in der entspannten Lage $\overrightarrow{OA} = \mathfrak{a}$ dieselbe Wirkung hervorruft, wie alle n Federn zusammengenommen. Der Punkt A heißt daher der Federmittelpunkt. Er ist allerdings nur dann einfach zu berechnen, wenn die Vektoren $\mathfrak{a}_i$ unabhängig von der Lage des Punktes sind, wie etwa bei der Punktschaltung der Abb. 5.10 — auch Parallelschaltung genannt — oder bei der Anordnung der Abb. 5.11,

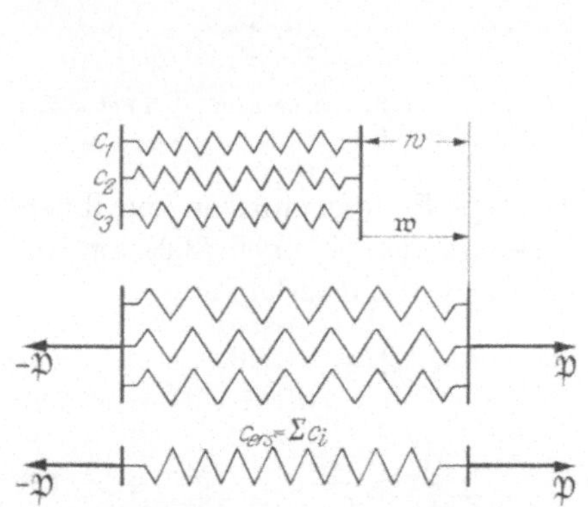

Abb. 5.10. Parallelschaltung von Federn als Sonderfall der Punktschaltung in Abb. 5.9. Alle Federn werden um die gleiche Strecke w ausgelenkt. Die Federzahlen c_i addieren sich.

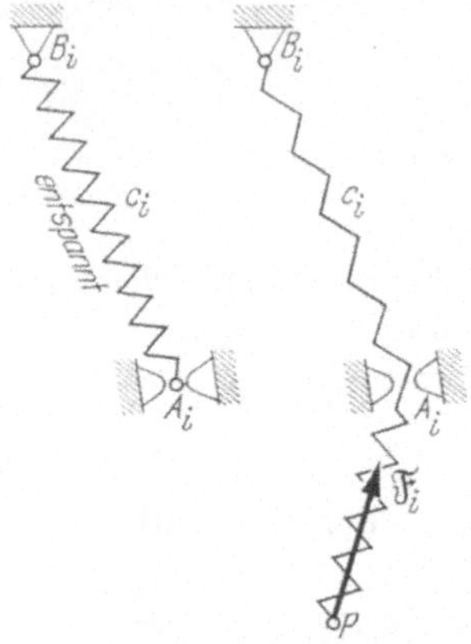

Abb. 5.11. Durch eine Schlitzführung im Punkte A wird die Eigenlänge der Feder totgelegt.

wo durch Schlitzführungen dafür gesorgt wird, daß der Federendpunkt A_i der entspannten Feder fest bleibt und sich nicht wie in Abb. 5.9 auf einem Kreise mit dem Radius l_i um den Punkt B_i bewegen kann.

Zusammengefaßt: Bei der Reihenschaltung addieren sich die Einflußzahlen, bei der Punkt- bzw. Parallelschaltung die Federzahlen. Das

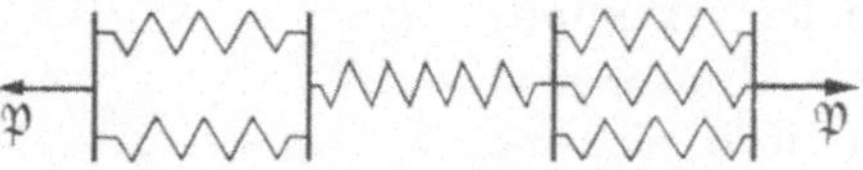

Abb. 5.12. Gemischte Federschaltung.

heißt mit anderen Worten: Die Ersatzfeder der Reihenschaltung ist weicher als die weichste Einzelfeder, und die Ersatzfeder der Punkt- bzw. Parallelschaltung ist härter als die härteste Einzelfeder.

Bei gemischten Schaltungen nach Abb. 5.12 lassen sich je zwei in Reihe oder parallel geschaltete Federn schrittweise zu Ersatzfeder zusammenfassen, bis auch hier zum Schluß eine einzige Ersatzfeder übrigbleibt.

Aufgabe 5.2: Einfache Parallelschaltung.
Aufgabe 5.3: Gemischte Schaltung.
Aufgabe 5.4: Parallelschaltung mit Federmittelpunkt.

IV. Die Kinetik des Punktes

§ 6. Grundlagen der Kinetik

6.1 Das Newtonsche Grundgesetz. In der Kinematik haben wir die
Bewegung eines Punktes P, in der Statik die an einem Punkte P angreifenden Kräfte untersucht, soweit sie im Gleichgewicht sind. Was
geschieht nun, wenn die Kräftesumme $\Re = \sum \Re_i$ am Punkte P nicht
gleich Null ist? Um dies zu ergründen, stellen wir zwei einfache Versuche
an. Als erstes befestigen wir eine schwere Kugel am Ende einer Feder,
die durch einen Faden gespannt wird (s. Abb. 6.1). Die Reaktionskraft

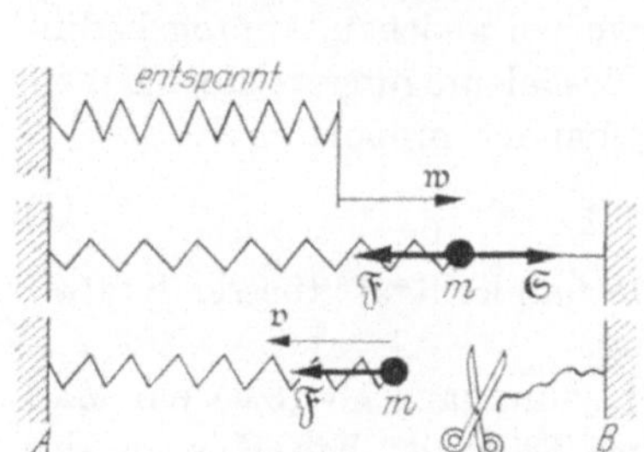

Abb. 6.1. Nach dem Zerschneiden des Fadens
geht die vorher ruhende Kugel in beschleunigte Bewegung über.

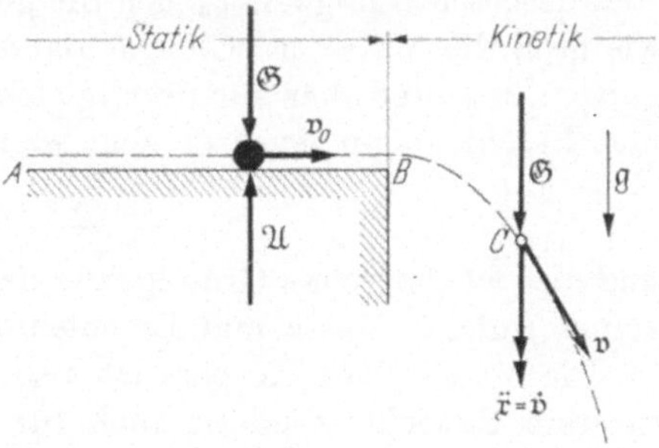

Abb. 6.2. Nach dem Verlassen des Tisches geht
die unbeschleunigte Bewegung der Kugel in
eine beschleunigte über.

im Faden wirkt nach rechts, die Federkraft nach links, beide haben
den gleichen Betrag $S = F$; es herrscht Gleichgewicht, und die Kugel
verharrt in Ruhe. Nun schneiden wir den Faden durch, so daß die
Reaktionskraft $\mathfrak{S}$ ausfällt; von jetzt ab wirkt allein die Federkraft $\mathfrak{F}$,
und wir beobachten, daß die Kugel ihre bisherige Ruhelage aufgibt und
auf dem Tisch geradlinige Schwingungen vollführt.

Nun zum zweiten Versuch. Dieselbe Kugel rollt in horizontaler
Ebene mit konstanter Geschwindigkeit v_0 dahin; das Gewicht $\mathfrak{G}$ wirkt
nach unten, die Auflagerkraft $\mathfrak{A}$ nach oben; beide haben den gleichen
Betrag $A = G$, es herrscht somit Gleichgewicht. Sowie nun die Kugel
die feste Unterlage im Punkte B verläßt, fällt die Reaktionskraft $\mathfrak{A}$
aus, es wirkt allein das Gewicht $\mathfrak{G}$, und die Kugel fällt auf einer gekrümmten Bahn nach unten, wie in Abb. 6.2 skizziert.

Beiden Versuchen ist gemeinsam, daß die Geschwindigkeit $\mathfrak{v}$ sich ändert, mit anderen Worten, daß eine Beschleunigung $\dot{\mathfrak{v}} = \ddot{\mathfrak{r}}$ auftritt, sobald das Gleichgewicht gestört wird. Im ersten Versuch ändert sich nur der Betrag der Geschwindigkeit, im zweiten ändern sich Betrag und Richtung. Wir haben damit als ersten Erfahrungssatz: Kräfte, die nicht im Gleichgewicht sind, verursachen Beschleunigungen.

Verdoppeln wir nun im ersten Versuch die Federzahl c durch eine einfache Parallelschaltung, so beobachten wir, daß die Kugel schneller schwingt als zuvor. Verdoppeln wir dagegen die Masse der Kugel, so schwingt sie langsamer. Verdoppeln wir schließlich Federzahl c und Masse m gleichzeitig, so messen wir wieder die ursprüngliche Schwingungsdauer, und das gleiche gilt, wenn wir Masse und Feder mit einem beliebigen Faktor multiplizieren.

Genau dasselbe beobachten wir auch beim zweiten Versuch. Wenn wir die Masse der Kugel verdoppeln, so verdoppelt sich auch das Gewicht, und tatsächlich beobachten wir auch hier, daß bei gleicher Anfangsgeschwindigkeit $\mathfrak{v}_0$ sich die gleiche Bahnkurve einstellt, einerlei wie groß die Masse ist. Gleiche Bahnkurve bei gleichen Anfangsbedingungen bedeutet aber auch den gleichen Beschleunigungsvektor. Kraft- und Beschleunigungsvektor sind somit einander proportional:

$$\mathfrak{R} = \sum \mathfrak{R}_i = m\,\ddot{\mathfrak{r}}, \tag{1}$$

und dies ist NEWTONS Grundgesetz der Mechanik: Kraft (besser Kräftesumme) gleich Masse mal Beschleunigung.

Die Masse eines Körpers ist also nicht nur nach Gl. (3.4) ein Maß für sein Gewicht, sondern auch für seine Trägheit: Ein Körper, der in der Hand schwerer wiegt, läßt sich auch weniger weit werfen. Diese Tatsache ist keineswegs so selbstverständlich, wie man annehmen könnte, sondern im Gegenteil sehr merkwürdig; sie hat unter anderem den Anstoß zur modernen Relativitätstheorie gegeben. Im Rahmen der klassischen und damit auch der Technischen Mechanik ist die Masse absolut unveränderlich, insbesondere auch gegenüber Deformationen, Temperaturschwankungen, Änderung des Volumens, des Aggregatzustandes usw.

Wenn die am Punkt P angreifenden Kräfte im Gleichgewicht sind, verschwindet die Kräftesumme und damit auch nach (1) die Beschleunigung. Die Geschwindigkeit ist dann konstant; der Massenpunkt vollführt eine gleichförmig-geradlinige Bewegung oder ist in Ruhe — und dieser Sonderfall diente uns in der Statik als einfachstes Kriterium für das Gleichgewicht.

Das NEWTONsche Grundgesetz enthält den Beschleunigungsvektor $\ddot{\mathfrak{r}}$. Zu welchem Körperpunkt aber soll dieser Beschleunigungsvektor gehören? Wenn der Körper starr ist und sich während der Bewegung nicht um irgendeine Achse dreht, ist die Frage leicht beantwortet. Dann nämlich gehören zu allen Punkten des Körpers kongruente und parallele Bahnkurven, und es ist ganz gleichgültig, auf welchen Punkt des Körpers wir die Gl. (1) beziehen. Dreht sich aber der Körper oder ist er nicht starr, wie eine in die Luft geworfene halbvolle Bierflasche, so gibt es dennoch stets einen ausgezeichneten Punkt, den sog. Massenmittelpunkt (9.4), für den auch jetzt noch das Newtonsche Grundgesetz in der Form (1) gültig ist. Es bedeutet also keine Einschränkung der Allgemeinheit, wenn wir im folgenden schlechthin von einem Massenpunkt sprechen; wesentlich dagegen ist eine andere Voraussetzung: alle am Körper angreifenden Kräfte sollen sich im Massenmittelpunkt (der bei homogenen Körpern mit dem gewöhnlichen geometrischen Mittelpunkt zusammenfällt) schneiden und somit ein zentrales Kräftesystem bilden. Wenn dies der Fall ist, spricht man von der Kinetik eines Massenpunktes.

Als vektorielles Gesetz läßt sich die Gl. (1) in den verschiedensten Koordinatensystemen schreiben. In natürlichen, cartesischen und Zylinderkoordinaten z. B. lautet es nach (2.42):

$$\text{Natürliche Koordinaten} \quad \begin{cases} \sum K_T = m\,\ddot{s} & (2) \\[4pt] \sum K_N = m\,\dot{s}^2/\varrho & (3) \\[4pt] \sum K_B = 0 & (4) \end{cases}$$

$$\text{Cartesische Koordinaten} \quad \begin{cases} \sum K_x = m\,\ddot{x} & (5) \\[4pt] \sum K_y = m\,\ddot{y} & (6) \\[4pt] \sum K_z = m\,\ddot{z} & (7) \end{cases}$$

$$\text{Zylinderkoordinaten} \quad \begin{cases} \sum K_r = m\,(\ddot{r} - r\,\dot{\alpha}^2) & (8) \\[4pt] \sum K_\alpha = m\,(r\,\ddot{\alpha} + 2\dot{r}\,\dot{\alpha}) & (9) \\[4pt] \sum K_z = m\,\ddot{z} & (10) \end{cases}$$

In natürlichen Koordinaten lautet damit das Newtonsche Grundgesetz: Tangentialkraft gleich Masse mal Tangentialbeschleunigung, Hauptnormalkraft gleich Masse mal Hauptnormalbeschleunigung. Da nun Tangential- bzw. Hauptnormalbeschleunigung die zeitliche Änderung des Betrages bzw. der Richtung des Geschwindigkeitsvektors sind, so folgt aus der natürlichen Zerlegung sogleich der wichtige Satz: Tangentialkräfte ändern den Betrag, Hauptnormalkräfte die Richtung des Geschwindigkeitsvektors. Nach Gl. (4) stellt sich die Bahn des Punktes gerade so ein, daß die Komponente der Kräftesumme in Richtung der Binormalen verschwindet; in dieser Richtung herrscht daher Gleichgewicht. Ist insbesondere die Bahnkurve eine gerade Linie, so verschwindet wegen $\varrho = \infty$ nach (3) auch die Summe der Hauptnormalkräfte: bei der Bewegung auf gerader Bahn herrscht in Richtung der Haupt- und

Binormale und damit in der gesamten Normalebene der Bahn Gleichgewicht; dort liegen somit rein statische Verhältnisse vor. Bewegt sich überdies der Punkt auf seiner geraden Bahn gleichförmig, so verschwindet auch noch die Tangentialkraft, und es herrscht in allen drei Komponenten Gleichgewicht. Dies ist der Fall der Statik, den wir in § 4 ausführlich besprochen haben.

6.2 Der Impulssatz. NEWTON selbst schrieb sein Grundgesetz ursprünglich in der Form

$$\Re = \sum \Re_i = \dot{\mathfrak{p}} \tag{11}$$

mit dem sogenannten

$$\text{Impulsvektor } \mathfrak{p} = m\,\mathfrak{v} \quad [\text{kp} \cdot \text{sec}], \tag{12}$$

der die Richtung des Geschwindigkeitsvektors $\mathfrak{v}$ hat. In dieser Fassung lautet also der Satz (1): Die Kräftesumme ist gleich der zeitlichen Änderung des Impulses, oder umgekehrt: Das Zeitintegral der Kräftesumme ist gleich der Differenz der Impulse:

$$\int_0^1 \Re\, dt = \mathfrak{p}_1 - \mathfrak{p}_0. \tag{13}$$

Der Impulssatz spielt in der Kinetik des Massenpunktes eine nur untergeordnete Rolle. Um so wichtiger wird er in der Kinetik des starren Körpers und der Punktsysteme.

6.3 Leistung und kinetische Energie. Einer der wichtigsten Begriffe der Mechanik ist die sogenannte

$$\text{Kinetische Energie } E = \frac{m}{2}\,\dot{\mathfrak{r}}^2 = \frac{m}{2}\,v^2 \;\big|\,[\text{kp} \cdot \text{cm}]. \tag{14}$$

Die Definition gerade dieser skalaren Größe wird gerechtfertigt durch die Tatsache, daß ihre Ableitungen nach v, s und t je für sich von mechanischer Bedeutung sind; es gilt nämlich der Reihe nach:

$$\frac{dE}{dv} = \frac{m}{2} \cdot 2v = m\,v = |\mathfrak{p}| \quad \text{(Betrag des Impulsvektors)}, \tag{15}$$

$$\frac{dE}{ds} = \frac{m}{2} \cdot 2v\,\frac{dv}{ds} = m\,v\,\frac{\dot{v}}{\dot{s}} = m\,\dot{v} = m\,\ddot{s} = R_T \quad \text{(Tangentialkraft)}, \tag{16}$$

$$\frac{dE}{dt} = \frac{m}{2} \cdot 2\,\dot{\mathfrak{r}}\,\ddot{\mathfrak{r}} = m\,\ddot{\mathfrak{r}}\,\dot{\mathfrak{r}} = \Re\,\dot{\mathfrak{r}} = L \quad \text{(Gesamtleistung)}. \tag{17}$$

Da die kinetische Energie als skalare Zahl nur etwas über den Betrag $v = \dot{s}$ des Geschwindigkeitsvektors und nichts über dessen Richtung aussagen kann, ist von vornherein klar, daß alle mit der kinetischen Energie zusammenhängenden Ausdrücke, also auch die drei Ableitungen (15) bis (17) niemals etwas aussagen können über die Richtung der Geschwindigkeit und daher auch nichts über die Normalkräfte, die allein diese Richtung ändern, sondern immer nur über die Tangentialkräfte. Dies finden wir sogleich bestätigt, wenn wir die Gl. (1) mit dem Tangenteneinheitsvektor $\mathfrak{t}$, oder was genauso gut ist, mit dem Geschwindigkeitsvektor $\dot{\mathfrak{r}} = \dot{s}\,\mathfrak{t}$ multiplizieren:

$$\sum \mathfrak{K}_i\,\dot{\mathfrak{r}} = m\,\ddot{\mathfrak{r}}\,\dot{\mathfrak{r}} = \frac{dE}{dt} = \dot{E}. \tag{18}$$

Tatsächlich begegnet uns hier nach (17) die zeitliche Ableitung der kinetischen Energie. Das skalare Produkt aus Kraft- und Geschwindigkeitsvektor heißt die

$$\text{Leistung} \quad L = \mathfrak{K}\,\dot{\mathfrak{r}} = K_T\,\dot{s} \quad \left[\frac{\text{kp} \cdot \text{cm}}{\text{sec}}\right] \tag{19}$$

der Kraft $\mathfrak{K}$. Damit läßt sich die Gl. (18) aussprechen als sogenannter

$$\text{Leistungssatz:} \quad \sum \mathfrak{K}_i\,\dot{\mathfrak{r}} = \sum L_i = \dot{E}, \tag{20}$$

in Worten: Die Summe aller Leistungen (die Gesamtleistung) ist gleich der zeitlichen Ableitung der kinetischen Energie.

Die Leistung einer Kraft ist eine im allgemeinen von Punkt zu Punkt der Bahn veränderliche Größe. Sie verschwindet als skalares Produkt, wenn entweder $\mathfrak{K} = 0$ oder $\mathfrak{v} = 0$ ist, oder aber wenn die Kraft $\mathfrak{K}$ auf

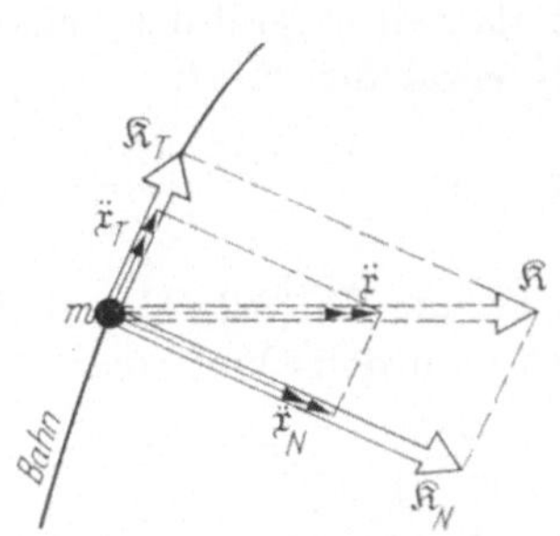

Abb. 6.3. Kraft (bzw. Kräftesumme) und Beschleunigung fallen stets in die gleiche Richtung. Der Proportionalitätsfaktor ist die träge Masse m.

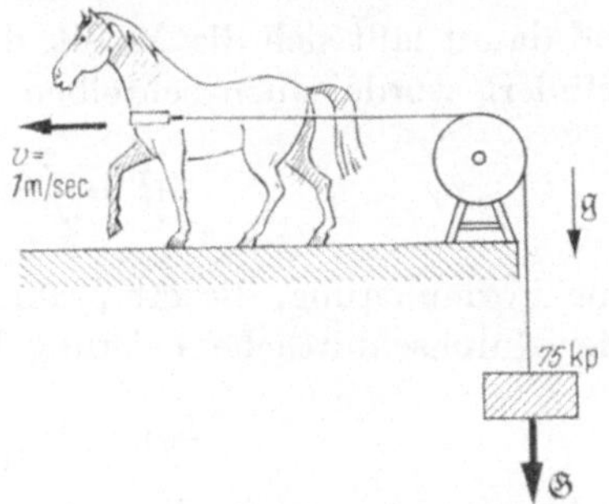

Abb. 6.4. Zur Definition der Pferdestärke.

dem Geschwindigkeitsvektor $\mathfrak{v}$ senkrecht steht. Die Zerlegung der Kraft $\mathfrak{K}$ nach Abb. 6.3 zeigt, daß die Normalkraft zur Leistung keinen Beitrag liefert, da sie auf dem Geschwindigkeitsvektor $\mathfrak{v}$ senkrecht steht; es ist somit $L = \mathfrak{K}\,\dot{\mathfrak{r}} = K_T\,\dot{s}$ nach (19).

Die Leistung als Produkt aus Kraft und Geschwindigkeit hat die Dimension kp cm/sec. Andere Maßeinheiten sind die Pferdestärke [PS] und das Kilowatt [kW]:

$$1\ \text{PS} = 7500\ \text{kp}\,\frac{\text{cm}}{\text{sec}} = 0{,}736\ \text{kW}. \tag{21}$$

Die Maßeinheit der Pferdestärke ist heute nur noch historisch zu verstehen. Ein Pferd, das mit der Geschwindigkeit 1 m/sec = 3,6 km/Std. dahintrottet und dabei nach Abb. 6.4 eine Last vom Gewicht 75 kp dauernd heben muß, war nach damaliger Ansicht in angemessener Weise beansprucht. Zum Vergleich merke man sich, daß ein Lastwagen etwa 100 PS, eine Rangierlokomotive 1000 PS und ein mittlerer Ozeandampfer 10000 PS Leistung benötigt.

Leistung und kinetische Energie lassen sich je nach Bedarf in den verschiedensten Koordinatensystemen schreiben. Man hat lediglich die Vektoren $\mathfrak{K}$ und $\mathfrak{v}$ nach (2) bis (10) bzw. nach (2.42) zu zerlegen, siehe auch Gl. (2.44).

Aufgabe 6.1: Fahrzeug bei konstanter Leistung mit Luftwiderstand.

6.4 Arbeit und kinetische Energie. Das Zeitintegral über der Leistung nennen wir die zwischen zwei Weg- oder Zeitmarken 0 und 1 geleistete

$$\text{Arbeit} \quad \int_0^1 L\,dt = A_0^1 \quad [\text{kp}\cdot\text{cm}]; \qquad \frac{dA}{dt} = L. \tag{22}$$

Nach (19) und wegen $\dot{\chi} = d\chi/dt$ und $\dot{s} = ds/dt$ ist

$$L\,dt = \mathfrak{K}\,d\chi = K_T\,ds \tag{23}$$

und damit läßt sich die Arbeit, die in (22) als Zeitintegral der Leistung definiert wurde, auch schreiben als Wegintegral der Kraft:

$$A_0^1 = \int_0^1 \mathfrak{K}\,d\chi = \int_0^1 K_T\,ds, \tag{24}$$

eine Formulierung, die oft praktischer ist als die Gl. (22). Als mittlere oder durchschnittliche Leistung bezeichnet man den Quotienten

$$L_{\text{mittl.}} = \frac{A_0^1}{t_1 - t_0} = \frac{\text{Arbeit}}{\text{Zeit}}, \tag{25}$$

und von hier stammt die etwas unsaubere Ausdrucksweise „Leistung gleich Arbeit pro Zeiteinheit". Genau muß es heißen: Leistung ist die zeitliche Ableitung der Arbeit: $L = dA/dt$ nach (22). Integriert man den Leistungssatz (20) über t, so wird daraus wegen (22) der wichtige

$$\text{Arbeitssatz} \quad A_0^1 = E_1 - E_0 = \frac{m}{2}v_1^2 - \frac{m}{2}v_0^2. \tag{26}$$

In Worten: Die Summe der Arbeiten (die Gesamtarbeit) ist gleich der Differenz der kinetischen Energien. Wenn daher an irgend zwei Punkten P_1 und P_0 der Bahn die Bahngeschwindigkeit und damit auch die kinetische Energie die gleiche ist, so muß die Gesamtarbeit aller Kräfte auf dem Wegstück zwischen P_1 und P_0 gleich Null sein. Dies gilt insbesondere dann, wenn ein Punkt aus der Ruhelage aufgebrochen ist und irgendwann wieder einmal in Ruhe ist, z. B. in den Umkehrpunkten einer harmonischen Bewegung.

Der Arbeitssatz ist ebenso wie der Leistungssatz eine bloße Folge des NEWTONschen Grundgesetzes. Beide sagen weniger aus als dieses, da sie die Normalkomponente der Kraft nicht enthalten, dafür stellt der Arbeitssatz aber bereits eine erste Integration der Gl. (2) dar. Auch die Arbeit läßt sich ebenso wie die Leistung und die kinetische Energie in Koordinaten schreiben, was zwar keine neuen mechanischen Einsichten bringt, für praktische Rechnungen jedoch bisweilen von Vorteil ist.

Aufgabe 6.2: ,,Arbeit gleich Kraft mal Weg.''

6.5 Zentralkräfte. Eine Kraft $\mathfrak{K}$, die dauernd durch ein festes Zentrum Z geht, heißt eine Zentralkraft. Nach dem NEWTONschen Grundgesetz geht dann auch der Beschleunigungsvektor $\ddot{\mathfrak{r}}$ durch dieses Zentrum und hat somit die gleiche Richtung wie der Ortsvektor $\mathfrak{r} = \overrightarrow{ZP}$ (s. Abb. 6.5). Für Zentralkräfte gelten nun einige einfache und wichtige Sätze, die wir jetzt herleiten wollen.

Erstens: Die Bahnkurve ist eben. Dies sehen wir so ein: Die Anfangsvektoren $\mathfrak{r}_0$ und $\mathfrak{v}_0$ zur Zeit $t = t_0$ legen eine Anfangsebene E fest. Der Geschwindigkeitsvektor zum Zeitpunkt $t_1 = t_0 + \Delta t$ ist $\mathfrak{v}_1 = \mathfrak{v}_0 + \ddot{\mathfrak{r}}_0 \Delta t$ und somit eine Linearkombination aus den Vektoren $\mathfrak{v}_0$ und $\ddot{\mathfrak{r}}_0$ oder auch aus $\mathfrak{v}_0$ und $\mathfrak{r}_0$ — weil ja $\ddot{\mathfrak{r}}_0$ die gleiche Richtung hat wie $\mathfrak{r}_0$ — und liegt deshalb ebenfalls in der Anfangsebene E. Der gleiche Schluß gilt für das nächste Zeitelement, usf.; alle Geschwindigkeitsvektoren $\mathfrak{v}_i$

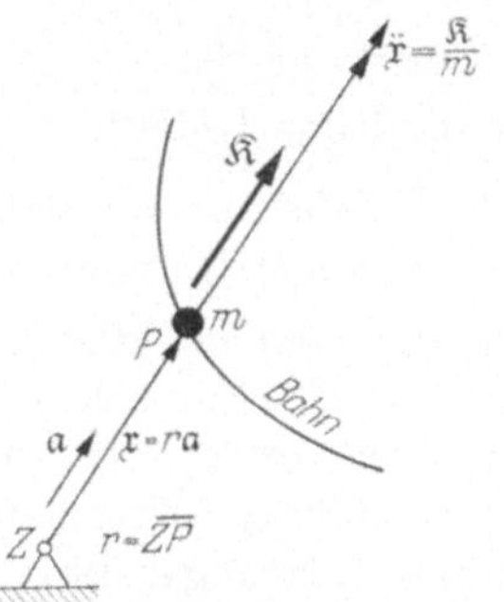
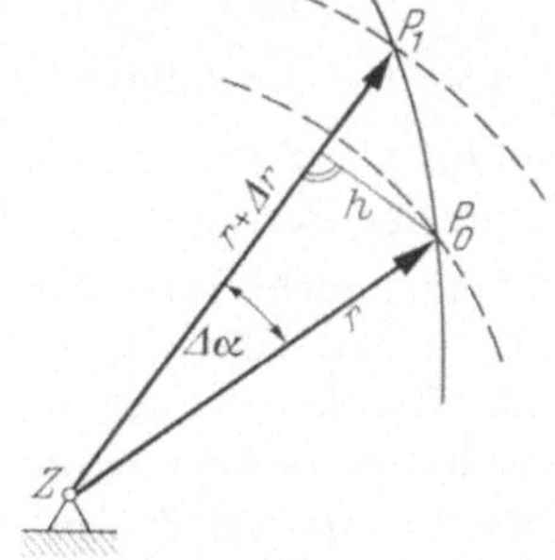

Abb. 6.5. Die Wirkungslinie einer Zentralkraft $\mathfrak{K}$ geht durch das feste Zentrum Z; Ortsvektor und Kraftvektor haben daher die gleiche Richtung.

Abb. 6.6. Zur Definition der Flächengeschwindigkeit.

liegen somit in der Anfangsebene E, und daher liegt auch die Bahnkurve in ihr. Dieser Schluß bleibt sogar noch richtig, wenn außer der Zentralkraft auf den Massenpunkt m eine Reibkraft $\mathfrak{R}$ wirkt, die ja stets die Richtung der Tangente hat, oder noch allgemeiner: Die Bahnkurve ist eben, wenn die Kraft dauernd in die aus Geschwindigkeits- und Ortsvektor gebildete Ebene fällt.

Zweitens gilt ein einfacher Erhaltungssatz, zu dessen Herleitung wir zunächst die Fläche zwischen zwei benachbarten Ortsvektoren zu den

Punkten P_0 und P_1 nach Abb. 6.6 berechnen. Diese ist gleich dem Inhalt eines unendlich kleinen Dreiecks mit der Grundlinie $\overline{ZP_1} = r + \Delta r$ und der Höhe $h \approx r\,\Delta\alpha$, also ist

$$F = \tfrac{1}{2}(r + \Delta r)\,h \approx \tfrac{1}{2}(r + \Delta r)\,r\,\Delta\alpha. \tag{27}$$

Dividiert man diese Gleichung durch Δt und geht zur Grenze über, so verbleibt

$$\frac{dF}{dt} = \frac{1}{2}\,r^2\,\frac{d\alpha}{dt}\,; \qquad \dot{F} = \frac{r^2}{2}\,\dot{\alpha} \quad \left[\frac{\text{cm}^2}{\text{sec}}\right]. \tag{28}$$

Diese sog. Flächengeschwindigkeit $\dot{F}$ ist ein Maß für die vom Ortsvektor überstrichene Fläche pro Zeiteinheit. Ihre Ableitung nach der Zeit ist die Flächenbeschleunigung

$$\ddot{F} = \frac{1}{2}\,(2r\,\dot{r}\,\dot{\alpha} + r^2\,\ddot{\alpha}) = \frac{r}{2}\,(r\,\ddot{\alpha} + 2\dot{r}\,\dot{\alpha}) \quad \left[\frac{\text{cm}^2}{\text{sec}^2}\right]. \tag{29}$$

Nun erklären wir die Bahnebene E zur x-y-Ebene und benutzen die Zylinderkoordinaten (8) bis (10), wo $K_\alpha = K_z = 0$ zu setzen ist, da die Zentralkraft ganz in die Richtung des Ortsvektors $\mathfrak{r} = \overrightarrow{ZP}$ fällt. Nach (29) lautet damit die Gl. (9):

$$K_\alpha = 0 = m\,(r\,\ddot{\alpha} + 2\dot{r}\,\dot{\alpha}) = 2m\,\frac{\ddot{F}}{r} \to \ddot{F} = 0 \tag{30}$$

und damit haben wir bereits den sogenannten

$$\text{Flächensatz } 2\dot{F} = r^2\,\dot{\alpha} = r_0^2\,\dot{\alpha}_0 = \text{const.} \tag{31}$$

Die Flächengeschwindigkeit $\dot{F}$ ist konstant, und das bedeutet, daß der Ortsvektor $\mathfrak{r} = \overrightarrow{ZP}$ in gleichen Zeiten gleiche Flächen überstreicht.

Wenn der Betrag K der Kraft $\mathfrak{K}$ allein abhängig ist vom Abstand $r = \overline{ZP}$ und nicht etwa auch von der Zeit, der Geschwindigkeit usw., so heißt $\mathfrak{K}$ eine echte oder eigentliche Zentralkraft. Für solche echten Zentralkräfte lassen sich zwei Sonderfälle leicht integrieren, nämlich die geradlinige Bewegung durch Z und die gleichförmige Kreisbewegung um den Mittelpunkt Z. Im ersten Fall ist der Richtungsvektor $\mathfrak{a}$ konstant, und daraus folgt

$$\mathfrak{K} = K\,\mathfrak{a} = m\,\ddot{\mathfrak{r}} = m\,\ddot{r}\,\mathfrak{a} \to K(r) = m\,\ddot{r}. \tag{32}$$

Damit ist das $\ddot{r}$-r-Diagramm gegeben, woraus sich auch die übrigen fünf Diagramme ermitteln lassen. Im zweiten Fall ist der Abstand $r = \overline{ZP}$ konstant, der Kraftvektor $\mathfrak{K}$ zeigt zum festen Punkt Z und steht senkrecht auf dem Geschwindigkeitsvektor $\mathfrak{v}$, daher ist die Leistung $\mathfrak{K}\,\mathfrak{v} = L = \dot{E} = 0$, was konstante Energie und somit gleichförmige Bewegung nach sich zieht. Die Gl. (3) geht dann über in $K = m\,\dot{s}^2/\varrho = m\,v^2/r$, und daraus folgt

$$v^2 = \frac{r\,K}{m}, \qquad v = \sqrt{\frac{r\,K}{m}}\,; \qquad T = \frac{2\pi r}{v} = 2\pi\sqrt{\frac{m\,r}{K}}. \tag{33}$$

Um eine solche gleichförmige Kreisbewegung einzuleiten, muß natürlich auch die Anfangsgeschwindigkeit $\mathfrak{v}_0$ senkrecht zum Vektor $\overrightarrow{ZP_0} = \mathfrak{r}_0$ stehen und die Gl. (33) in der Form $v_0^2 = r_0\,K/m$ erfüllen.

6.6 Kräfte mit Potential. Die wichtigsten eingeprägten Kräfte, wie Schwerkraft, Gravitation und Federkraft sind reine Funktionen des Ortes. Gleichviel, zu welcher Zeit und mit welcher Geschwindigkeit der Massenpunkt m den Punkt P mit dem Ortsvektor $\mathfrak{r} = \overrightarrow{OP}$ passieren wird, er findet dort die diesem Raumpunkt zugeordnete Kraft $\mathfrak{K} = \mathfrak{K}(\mathfrak{r})$ vor. Solche Kräfte, sagt man, bilden ein Kraftfeld, und die Kraft selbst heißt eine Feldkraft.

Nun gibt es spezielle Feldkräfte, deren Wegintegral, die Arbeit, überhaupt nicht von Gestalt und Länge, sondern lediglich von den Endpunkten P_0 und P_1 der Bahn abhängt, längs deren sich der Punkt bewegt. Solche Kräfte heißen Potentialkräfte, auch konservative oder bewahrende Kräfte. Zunächst zeigen wir, daß alle eigentlichen Zentralkräfte — also auch Gravitationskraft und Federkraft — konservativ sind. Zu diesem Zweck zerlegen wir den Geschwindigkeitsvektor $\mathfrak{v}$ in Betrags- und Richtungsgeschwindigkeit nach Abb. 6.7 (vgl. auch Abb. 2.3), dann ist die Leistung $L = -K\,\dot{r}$, weil die Richtungsgeschwindigkeit senkrecht zu $\mathfrak{K}$ steht und somit keinen Beitrag liefert. Die Arbeit als Zeitintegral der Leistung ist damit

$$A_0^1 = \int\limits_0^t L\,dt = -\int\limits_0^t K\,\dot{r}\,dt = -\int\limits_{r_0}^r K(r)\,dr, \qquad (34)$$

und dieses Integral hängt tatsächlich nur noch von der oberen Grenze r, nicht aber vom gewählten Integrationswege ab. Das negative Vorzeichen besagt, daß die Kraft zum Zentrum Z hinweist. Berechnen wir nun den Integranden (34). Nach (3.3) ist $K = m\,\gamma/r^2$, also wird die Arbeit

$$A_0^1 = -\int\limits_{r_0}^r K\,dr = -m\,\gamma\int\limits_{r_0}^r \frac{dr}{r^2} = m\,\gamma\left[\frac{1}{r}\right]_{r_0}^r = m\,\gamma\left(\frac{1}{r} - \frac{1}{r_0}\right). \qquad (35)$$

Bei der Federkraft setzen wir HOOKEsches Gesetz voraus. Die Auslenkung aus der entspannten Lage sei $w = r$, dann ist $K = c\,r$ und damit wird

$$A_0^1 = -\int\limits_{r_0}^r K\,dr = -\int\limits_{r_0}^r c\,r\,dr = -\frac{c}{2}\,[r^2]_{r_0}^r = -\frac{c}{2}\,(r^2 - r_0^2). \qquad (36)$$

Die Schwerkraft kann man als Zentralkraft mit dem Zentrum Z im Unendlichen auffassen. Wir können aber auch direkt zeigen, daß sie ein Potential besitzt, indem wir die Geschwindigkeit nach Abb. 6.8

in eine horizontale Komponente $\mathfrak{v}_H$ und in eine vertikale $\dot{z}\,\mathfrak{z}$ zerlegen. Das Gewicht $\mathfrak{G}$ wirkt senkrecht nach unten in negativer z-Richtung, daher ist die Leistung $L = \mathfrak{G}\,\mathfrak{v} = (-m\,g\,\mathfrak{z})\,(\dot{z}\,\mathfrak{z}) = -m\,g\,\dot{z}$ wegen $\mathfrak{z}^2 = 1$ und damit die Arbeit

$$A_0^1 = \int\limits_0^t L\,dt = -m\,g \int\limits_0^t \dot{z}\,dt = -m\,g \int\limits_{z_0}^z dz = -m\,g\,(z - z_0), \quad (37)$$

und auch der Wert dieses Integrals hängt nur vom Höhenunterschied $h = z - z_0$, nicht aber vom gewählten Integrationsweg ab. Dies wird auch anschaulich klar, wenn man die Bahn des Punktes durch die

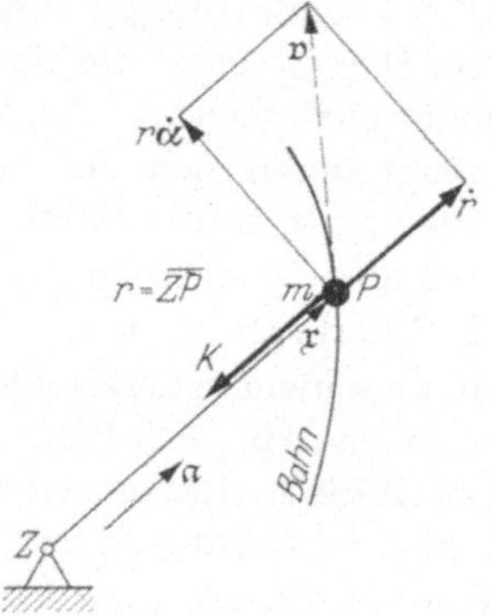

Abb. 6.7. Zerlegung der Geschwindigkeit $\mathfrak{v}$ im Zentralkraftfeld.

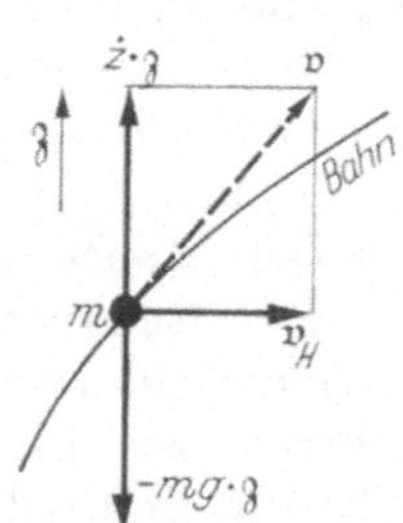

Abb. 6.8. Zerlegung der Geschwindigkeit $\mathfrak{v}$ im Schwerkraftfeld.

skizzierte Treppenkurve der Abb. 6.9 ersetzt. Auf den horizontalen Linien verschwindet die Leistung und damit die Arbeit, weil $\mathfrak{G}$ auf $\mathfrak{v}$ senkrecht steht, auf den senkrechten Strecken dagegen ist die Arbeit $\Delta A = -m\,g\,\Delta z$. Man hat somit einfach die Strecken Δz zu addieren und anschließend mit $-m\,g$ zu multiplizieren. Die Summe der Strecken Δz aber ist unabhängig vom gewählten Weg immer gleich der Höhen-

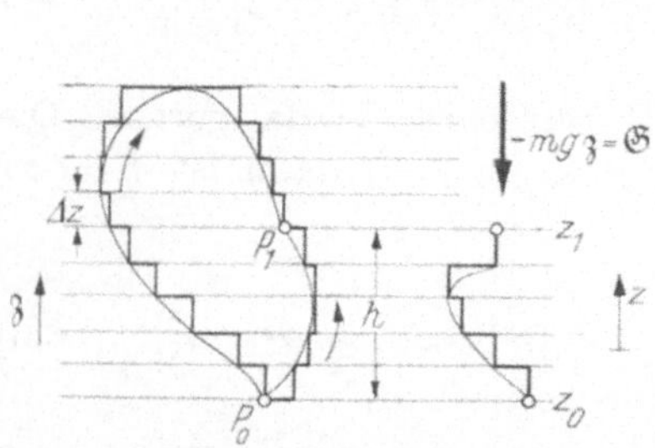

Abb. 6.9. Die Arbeit im Schwerkraftfeld hängt nicht von der Bahnkurve des Punktes, sondern nur von der Differenz $h = z_1 - z_0$ ab.

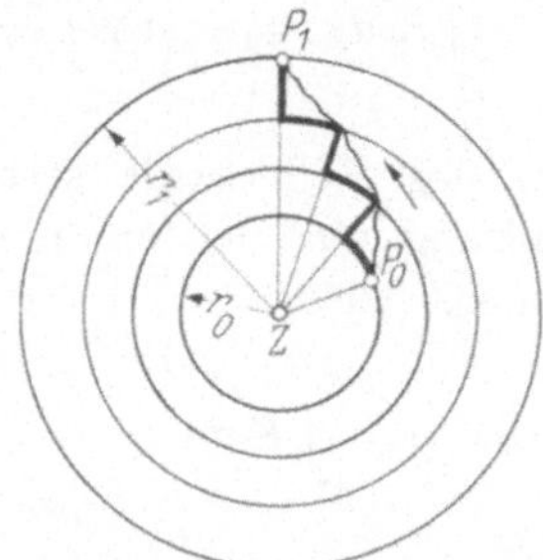

Abb. 6.10. Die Arbeit im Zentralkraftfeld hängt nicht von der Bahnkurve des Punktes, sondern nur von der Differenz $r_1 - r_0$ der Radien ab.

differenz $h = z_1 - z_0$. Auch im Zentralkraftfeld lassen sich nach Abb. 6.10 die Bahnkurven durch Treppenkurven ersetzen, und auch hier sieht man, daß es nur auf die Entfernung zwischen zwei Kugelschalen mit den Radien r_0 und r_1 ankommt, da auf den Kugelschalen selbst keine Arbeit geleistet wird.

Nun schreiben wir den Arbeitssatz (26) in der Form

$$v^2 = v_0^2 + \frac{2}{m} A_0, \tag{38}$$

wo wir den Index 1 fortgelassen haben, um anzudeuten, daß die obere Grenze beliebig ist. Setzen wir für A_0 die in (35) bis (37) errechneten Ausdrücke ein, so folgt:

$$\text{Schwerkraft:}\quad v^2(z) = V^2 - 2g\,z; \qquad V^2 = v_0^2 + 2g\,z_0, \tag{39}$$

$$\text{Gravitation:}\quad v^2(r) = V^2 + 2\frac{\gamma}{r}; \qquad V^2 = v_0^2 - 2\frac{\gamma}{r_0}, \tag{40}$$

$$\text{Federkraft:}\quad v^2(r) = V^2 - \frac{c}{m} r^2; \qquad V^2 = v_0^2 + \frac{c}{m} r_0^2. \tag{41}$$

Hier haben wir die zur Zeit $t = t_0$ gehörigen Anfangswerte v_0 und z_0 bzw. r_0 zu einer neuen Konstanten V^2 zusammengefaßt; V ist dann diejenige Bahngeschwindigkeit, die der Massenpunkt am Orte $z = 0$ bzw. $1/r = 0$ (im Unendlichen) bzw. $r = 0$ (im Zentrum Z) hat. Ob er tatsächlich dort hingelangt oder nicht, ist belanglos, da es sich lediglich um eine bequeme Abkürzung handelt.

Das Quadrat des Geschwindigkeitsvektors und damit die Bahngeschwindigkeit v selbst ist hiernach ebenso wie die Feldkraft eine reine Funktion des Ortes geworden, und das gilt für alle konservativen Kraftfelder. Verläßt der Massenpunkt den Ort P_0 mit einer Bahngeschwindigkeit v_0 und kommt er irgendwann einmal dorthin zurück, so hat seine Geschwindigkeit wiederum den Betrag v_0. Dieser Betrag und damit die kinetische Energie der Masse wird also in solchen Kraftfeldern bewahrt oder konserviert; daher der Name. Aber auch, wenn der Massenpunkt zu einem anderen Ortspunkt der gleichen Horizontal-

Abb. 6.11. Zur Definition der Potentialfläche.

ebene $z = z_0$ bzw. der gleichen Kugel um Z mit dem Radius $r = r_0$ zurückkehrt, ist nach (39) bis (41) ebenfalls $v^2 = v_0^2$. Diese Horizontalebenen bzw. Kugeln um Z heißen daher Flächen gleicher kinetischer Energie oder aus einem sogleich verständlichen Grunde Äquipotentialflächen. Bewegt sich der Massenpunkt ganz in einer solchen Fläche, so ist sogar dauernd $v = v_0 = $ const; die Bewegung ist somit gleichförmig, und das wiederum bedeutet, daß die Leistung $L = \dot{E}$ und damit auch die Tangentialkraft K_T verschwindet. Die Feldkraft steht daher senkrecht zur Bahnkurve und somit auch senkrecht zur Äquipotentialfläche, in der ja die Bahnkurve liegt. Tatsächlich ist dies bei den gerechneten Beispielen der Fall: Die Schwerkraft steht senkrecht zu allen Horizontalebenen, und Gravitations- und Federkraft stehen senkrecht zu allen Kugeln um das Zentrum Z.

Wir wählen nun einen beliebigen Punkt F und berechnen die Arbeit, die auf dem Wege von P bis F geleistet wird. Diese Arbeit heißt das Potential oder die potentielle Energie Φ des Kraftfeldes bezüglich F:

$$A_P^F = \Phi(P) = -A_F^P \tag{42}$$

Die Flächen $\Phi = \text{const}$ sind Flächen konstanter kinetischer Energie und damit wegen der Unabhängigkeit des Wegintegrals auch Flächen konstanter potentieller Energie, sog. Äquipotentialflächen. Die auf dem Wege zwischen P_0 und P_1 geleistete Arbeit berechnen wir nun, indem wir einen Umweg über F machen und bekommen nach (42)

$$A_0^1 = A_0^F + A_F^1 = A_0^F - A_1^F = \Phi_0 - \Phi_1. \tag{43}$$

Der willkürlich wählbare Punkt F ist in (43) wieder herausgefallen, und damit geht der Arbeitssatz über in die Form

$$A_0^1 = E_1 - E_0 = \Phi_0 - \Phi_1. \tag{44}$$

Im konservativen Kraftfeld ist also die Arbeit nicht nur die Differenz der kinetischen Energien — dies ist eine Folge des NEWTONschen Grundgesetzes und gilt generell —, sondern überdies auch die Differenz der potentiellen Energien. Meistens schreibt man die Gl. (44) als sog.

$$\text{Energiesatz:} \quad E + \Phi = E_0 + \Phi_0 = \text{const.} \tag{45}$$

In Worten: Im konservativen Kraftfeld ist die Summe aus potentieller und kinetischer Energie während der Bewegung konstant. Dort, wo das Potential Null ist, besteht diese Summe aus der kinetischen Energie allein.

Wenn Reibkräfte im Spiel sind, gilt der Energiesatz nicht, weil Reibkräfte kein Kraftfeld bilden. Der Arbeitssatz reicht somit weiter als der Energiesatz; doch ist im konservativen Kraftfeld die Formulierung (45) für viele — namentlich theoretische Zwecke — vorteilhafter als (26).

Aufgabe 6.3: Kraftfeld ohne Potential.

§ 7. Die freie Bewegung des Massenpunktes

7.1 Determiniertheit der freien Bewegung. Wenn der Massenpunkt an keine Fläche oder Kurve gebunden ist, so treten auch keine ⎰Reaktionskräfte ⎱auf; alle auf den Massenpunkt wirkenden Kräfte sind somit eingeprägt. Durch das NEWTONsche Grundgesetz ist der Beschleunigungsvektor $\ddot{\mathfrak{r}} = \mathfrak{K}/m$ gegeben, und dieser legt nach Abschnitt 2.4 eine gewisse Klasse von Bahnkurven fest, aus der die beiden willkürlich vorzuschreibenden Anfangsvektoren $\mathfrak{r}_0$ und $\mathfrak{v}_0$ eine ganz bestimmte aussondern. Aber nicht nur die Bahnkurve, auch der zeitliche Ablauf ist durch das Beschleunigungsgesetz und die beiden Anfangsvektoren für die Zukunft des Massenpunktes festgelegt; die Bewegung ist, wie man sagt, vorherbestimmt oder determiniert.

Da nun Federkraft, Schwerkraft und Gravitationskraft Zentralkräfte sind, können die zugehörigen Bahnkurven der freien Bewegung nur ebene Kurven sein, selbst dann noch, wenn Reibkräfte dabei sind. In der Tat werden uns unter dem Einfluß der genannten Kräfte immer nur Kegelschnitte als Bahnkurven begegnen, die durch etwa vorhandene Reibkräfte mehr oder weniger deformiert werden, und immer liegen diese Bahnkurven in der von den beiden Vektoren $\mathfrak{v}_0$ und $\ddot{\mathfrak{r}}_0$ aufgespannten Ebene.

Ist insbesondere die am Massenpunkt angreifende Kräftesumme Null, so verschwindet auch die Beschleunigung, und die Bewegung ist geradlinig-gleichförmig.

7.2 Die Bewegung unter dem Einfluß von Reibkräften. Der Massenpunkt unterliege allein einer Reibkraft $\mathfrak{R} = -R\,\mathfrak{v}^0$. Diese kann als Tangentialkraft nur den Betrag, nicht aber die Richtung des Geschwindigkeitsvektors ändern, also ist die Bahn des Massenpunktes eine gerade Linie. Auf dieser Geraden gilt dann das NEWTONsche Grundgesetz in der Form (6.2):

$$m\,\ddot{s} = m\,\dot{v} = -R(v); \quad \ddot{s} = \dot{v} = -\frac{1}{m}\,R(v), \tag{1}$$

und hiermit liegt eine Aufgabe der reinen skalaren Kinematik vor: gegeben ist das $\ddot{s}$-$\dot{s}$-Diagramm, und die übrigen fünf kinematischen Diagramme werden gesucht.

Bei COULOMBscher Reibung (3.14) ist die Bahnbeschleunigung eine negative Konstante, das führt im wesentlichen auf die Diagramme der Abb. 1.4. Bei der geschwindigkeitsproportionalen Dämpfung (3.15) ist $\ddot{s} = -(d/m)\,\dot{s} = -\delta\,\dot{s}$, und dies führt nach (1.14) auf die Diagramme der Abb. 1.5. Den Fall der Luftwiderstandsreibung (3.16) erledigen wir gemeinsam mit einer konstanten Reibkraft; die Bewegungsgleichung lautet dann

$$m\,\ddot{s} = -\beta - \alpha\,v^2. \tag{2}$$

Geht man nach (6.16) auf die kinetische Energie über, so entsteht eine Differentialgleichung für E in der Form

$$m\,\ddot{s} = \frac{dE}{ds} = E' = -\beta - \alpha\,v^2 = -\beta - \frac{2\alpha}{m}\,E \tag{3}$$

mit der Lösung

$$E(s) = -\frac{m\beta}{2\alpha} + A\, e^{-\frac{2\alpha}{m} s}$$

oder

$$E(s) = -\frac{m\beta}{2\alpha} + \left(E_0 + \frac{m\beta}{2\alpha}\right) e^{-\frac{2\alpha}{m}(s-s_0)}, \tag{4}$$

deren Richtigkeit man durch Einsetzen in (3) leicht bestätigt. Die Integrationskonstante A wurde so bestimmt, daß für $s = s_0$ auch $E = E_0$ wird. Nun setzen wir $E = m\, v^2/2$ ein und haben damit das v-s-Diagramm:

$$\dot{s}^2(s) = v^2(s) = -\frac{\beta}{\alpha} + \left(v_0^2 + \frac{\beta}{\alpha}\right) e^{-\frac{2\alpha}{m}(s-s_0)}; \qquad \alpha \neq 0. \tag{5}$$

Für $\beta = 0$ hat man den Fall der reinen Luftwiderstandsreibung nach (3.16).

7.3 Die Bewegung im Schwerkraftfeld. Die einzige auf den Massenpunkt wirkende Kraft sei das Gewicht $\mathfrak{G} = m\,\mathfrak{g}$, wo $\mathfrak{g}$ der konstante Vektor der Erdbeschleunigung ist. Das Newtonsche Grundgesetz lautet damit

$$\mathfrak{K} = m\,\mathfrak{g} = m\,\ddot{\mathfrak{r}} \;\rightarrow\; \ddot{\mathfrak{r}} = \mathfrak{g} = \text{const.} \tag{6}$$

Die Beschleunigung ist konstant; die Bahnkurven sind somit nach Abschnitt 2.6 Parabeln mit der Achsenrichtung $\mathfrak{g}$ in der von $\mathfrak{g}$ und $\mathfrak{v}_0$ aufgespannten, hier lotrechten Ebene. Geschwindigkeits- und Ortsvektor sind

$$(2.17) \;\rightarrow\; \dot{\mathfrak{r}} = \mathfrak{v} = \mathfrak{v}_0 + \mathfrak{g}\,t, \tag{7}$$

$$(2.18) \;\rightarrow\; \mathfrak{r} = \mathfrak{r}_0 + \mathfrak{v}_0\,t + \frac{\mathfrak{g}}{2}\,t^2, \tag{8}$$

oder ausführlicher in Koordinaten, wenn wir die Bahnebene zur x-z-Ebene machen und $\mathfrak{v}_0$ nach Abb. 7.1 zerlegen:

$$\dot{x} = v_0 \cos\alpha = \text{const}; \qquad \dot{z} = v_0 \sin\alpha - g\,t, \tag{9}$$

$$x = (v_0 \cos\alpha)\,t; \qquad z = z_0 + (v_0 \sin\alpha)\,t - \frac{g}{2}\,t^2. \tag{10}$$

In Gl. (6) steht als Faktor bei $\mathfrak{g}$ die schwere, als Faktor bei $\ddot{\mathfrak{r}}$ die träge Masse. Da aber beide gleich sind, heben sie sich heraus, und dies hat zur Folge, daß der Bewegungsablauf bei gegebenen Anfangsvektoren $\mathfrak{r}_0$ und $\mathfrak{v}_0$ für alle Körper gleich ist, unabhängig von Gewicht und Form. Dies scheint der Erfahrung zu widersprechen; denn läßt man z. B. eine Eisenkugel und ein Blatt Papier gleichzeitig los, so fällt das Blatt Papier offensichtlich langsamer als die Kugel, und zwar auf Grund des Luftwiderstandes, den wir zunächst vernachlässigt haben. In Höhen von einigen zehn Kilometern indessen ist dieser Widerstand so verschwindend klein, daß tatsächlich Kugel und Papier mit gleicher Geschwindigkeit auf die Erde zu rasen.

Wir setzen nun $t = x/v_0 \cos\alpha$ aus der ersten Gl. (10) in die zweite ein, benutzen noch die bekannte Identität $1/\cos^2\alpha = 1 + \tan^2\alpha$ und bekommen, wie erwartet, eine Parabel als

$$\text{Bahnkurve:}\quad z(x) = z_0 + \delta x - \frac{g}{2\,v_0^2}(1 + \delta^2)\,x^2; \quad \delta = \tan\alpha. \quad (11)$$

Nach (9) ist die Geschwindigkeitskomponente in horizontaler Richtung konstant (eine Entartung des Flächensatzes, weil das Zentrum im Unendlichen liegt). Beleuchtet man daher den Massenpunkt senkrecht

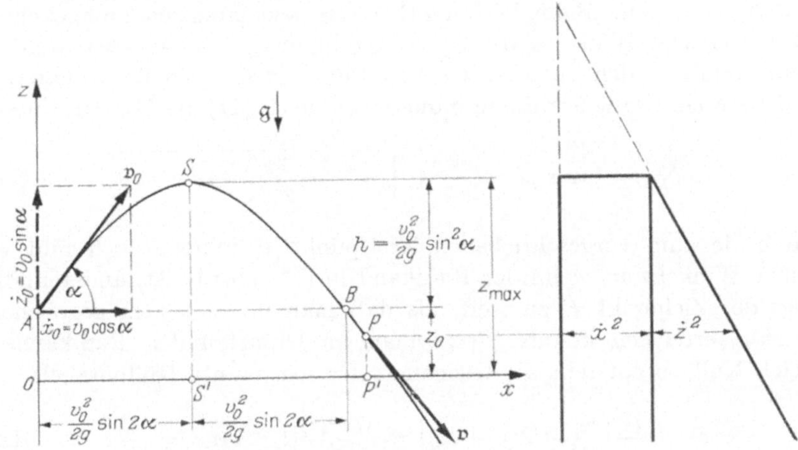

Abb. 7.1. Wurfparabel mit zugehörigem Diagramm $v^2(z)$

von oben, so macht der Schattenpunkt P' eine gleichförmig-geradlinige Bewegung mit $v_x = \dot{x}_0 = \text{const}$ (s. auch Abb. 7.1). Das Geschwindigkeitsquadrat ist nach (6.39) eine lineare Funktion von z:

$$v^2(z) = \dot{x}^2 + \dot{z}^2 = v_0^2 - 2g(z - z_0) = \dot{x}_0^2 + \dot{z}_0^2 - 2g(z - z_0). \quad (12)$$

Da der Bestandteil $\dot{x}^2$ konstant ist, nimmt $\dot{z}^2$ für sich allein linear nach unten zu

$$\dot{z}^2 = \dot{z}_0^2 - 2g(z - z_0), \quad \dot{x}^2 = \dot{x}_0^2 = \text{const}. \quad (13)$$

Im Scheitelpunkt S der Parabel ist $\dot{z} = 0$. Setzt man dies in (13) bzw. (9) ein, so bekommt man die

$$\text{Steighöhe } h = z_{\text{max}} - z_0 = \frac{\dot{z}_0^2}{2g} = \frac{v_0^2}{2g}\sin^2\alpha \quad (14)$$

und die dazugehörige

$$\text{Steigzeit } T = \frac{v_0 \sin\alpha}{g} = \sqrt{\frac{2h}{g}} \quad (15)$$

Infolge der Symmetrie der Bahnkurve und des Bewegungsablaufes zur vertikalen Achse SS' ist die Steigzeit gleich der Fallzeit: $t_{AS} = T = t_{SB}$, was auch aus der gleichförmigen Bewegung des Schattenpunktes P' folgt. Dessen Weglänge ist $x = \dot{x}_0 t = (v_0 \cos\alpha)\, t$, und daraus folgt insbesondere für $t = 2T$ die

$$\text{Wurfweite } \overline{AB} = (v_0 \cos\alpha)\, 2T = 2\,\frac{v_0^2}{g}\cos\alpha \sin\alpha = \frac{v_0^2}{g}\sin 2\alpha, \qquad (16)$$

die bei gegebener Anfangsgeschwindigkeit $\mathfrak{v}_0$ ihren maximalen Wert für $\alpha = 45°$ annimmt, denn dann ist $\sin 2\alpha = 1$.

Wenn der Massenpunkt den Ortspunkt P_0 mit der Geschwindigkeit $\mathfrak{v}_0$ verläßt, so ist seine Bahngleichung (11) festgelegt. Fragt man umgekehrt, unter welchem Winkel α der Massenpunkt in P_0 losgeschossen werden muß, damit er den vorgeschriebenen Punkt P mit den Koordinaten x und z erreicht, so liefert die in δ quadratische Gl. (11) die Abschußwinkel

$$\delta_{1,2} = \tan\alpha_{1,2} = \frac{v_0^2}{gx} \pm \sqrt{\frac{v_0^2[v_0^2 - 2g(z - z_0)]}{g^2 x^2} - 1}, \qquad (17)$$

die beide zum vorgeschriebenen Treffpunkt P führen, doch gibt es solche Winkel nur, wenn der Radikand in (17) positiv ist, anderenfalls liegt der Zielpunkt P zu weit, als daß man ihn mit dem gegebenen Wert v_0 erreichen könnte. Setzt man im Grenzfall den Radikanden gleich Null, so entsteht die Gleichung der sogenannte Hüllparabel:

$$x^2 = \frac{v_0^2}{g}\left[\frac{v_0^2}{g} - 2(z - z_0)\right] = \frac{v_0^2\, v^2(z)}{g^2}; \quad \tan\alpha = \frac{v_0^2}{gx}, \qquad (18)$$

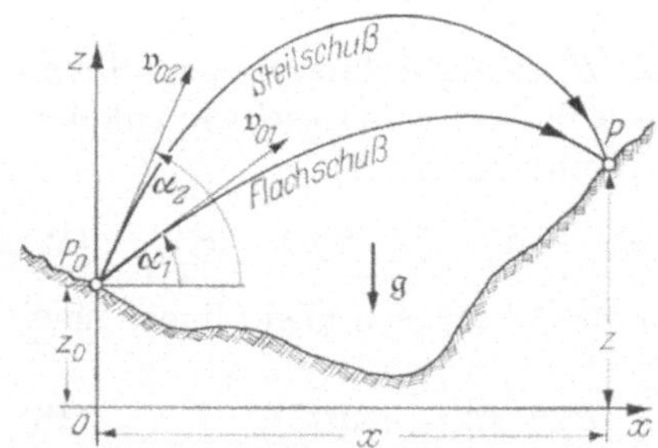

Abb. 7.2. Bei gegebener Anfangsgeschwindigkeit $\mathfrak{v}_0$ ist ein Zielpunkt P durch Flachschuß und Steilschuß erreichbar.

auf der alle jene Punkte P liegen, die bei der gegebenen Anfangsenergie $E_0 = m\, v_0^2/2$ noch soeben erreicht werden können; flache und steile Bahn fallen dann zusammen und berühren die Hüllparabel im Zielpunkte von innen (s. Abb. 7.3). Auch der zugehörige Abschußwinkel ist durch (18) gegeben. Schwenkt man das Abschußrohr um die z-Achse, so hat man wie bei jeder Drehfläche nach Abb. 7.4 einfach x^2 zu ersetzen durch $r^2 = x^2 + y^2$ und bekommt damit nach (18) das Hüllparaboloid

$$r^2 = x^2 + y^2 = \frac{v_0^2}{g}\left[\frac{v_0^2}{g} - 2(z - z_0)\right]; \quad \tan\alpha = \frac{v_0^2}{gr}, \qquad (19)$$

in dessen Innerem alle mit der Anfangsenergie E_0 erreichbaren Zielpunkte liegen.

Wenn außer dem Gewicht noch eine Reibkraft auf den Massenpunkt einwirkt, lautet die Bewegungsgleichung allgemeiner

$$m\,\ddot{\mathfrak{x}} = \mathfrak{G} + \mathfrak{R} = -m\,g\,\mathfrak{z} + \mathfrak{R}. \tag{20}$$

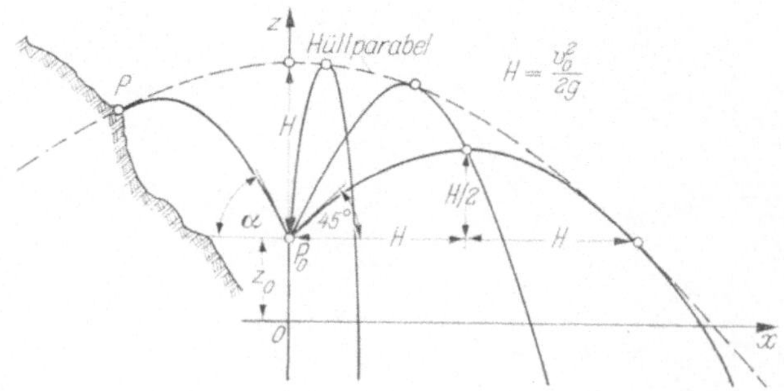

Abb. 7.3. Die Hüllparabel umhüllt alle Wurfparabeln, die zum gleichen Wert v_0 gehören.

Wir fragen als erstes, ob die Bewegung geradlinig-gleichförmig sein kann. Dies ist genau dann der Fall, wenn die Beschleunigung und damit die Kräftesumme verschwindet; die dazugehörige sog. stationäre Geschwindigkeit ist dann nach Abb. 7.5 durch die Gleichung

$$m\,g\,\mathfrak{z} = \mathfrak{R}(\hat{\mathfrak{v}}) = R(\hat{v})\,\mathfrak{z} \tag{21}$$

definiert. Im allgemeinen stellt sie sich erst im Unendlichen ein, praktisch jedoch schon nach kurzer Zeit. Mit der stationären Reibkraft (21) geht die Bewegungsgleichung (20) über in

$$m\,\ddot{\mathfrak{x}} = m\,\dot{\mathfrak{v}} = \mathfrak{R}(\mathfrak{v}) - \mathfrak{R}(\hat{\mathfrak{v}}). \tag{22}$$

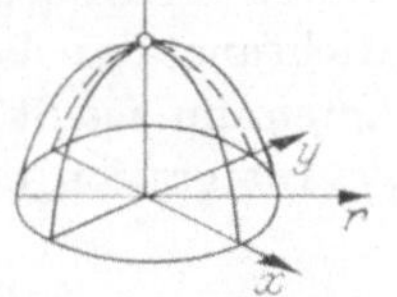

Abb. 7.4. Das Hüllparaboloid entsteht, wenn man die Hüllparabel der Abb. 7.3 um die z-Achse rotieren läßt.

Speziell für das Reibkraftgesetz (3.15) wird wegen $\mathfrak{R} = -d\mathfrak{v}$:

$$m\,\dot{\mathfrak{v}} = -d(\mathfrak{v} - \hat{\mathfrak{v}}); \qquad \hat{\mathfrak{v}} = -\frac{mg}{d}\,\mathfrak{z}. \tag{23}$$

Diese Gleichung ist vom gleichen Typ wie (3); dort stehen nur E und s anstelle von $\mathfrak{v}$ und t. Die Lösung ist mit $t_0 = 0$:

$$\mathfrak{v}(t) = (\mathfrak{v}_0 - \hat{\mathfrak{v}})\,e^{-\frac{d}{m}t} + \hat{\mathfrak{v}}; \qquad \hat{\mathfrak{v}} = -\frac{mg}{d}\,\mathfrak{z}. \tag{24}$$

Den zugehörigen Hodographen zeigt die Abb. 7.6. Die Spitzen der Geschwindigkeitsvektoren liegen auf der Geraden AB mit dem Richtungsvektor $\mathfrak{a}$, und dies

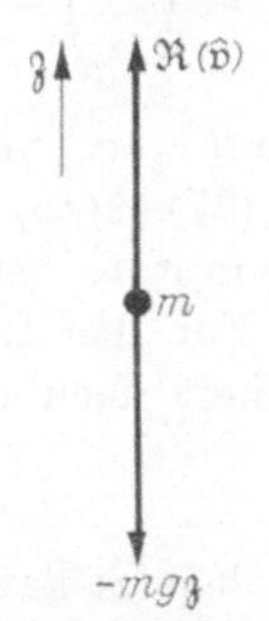

Abb. 7.5. Bei der kritischen Geschwindigkeit $\hat{\mathfrak{v}}$ halten sich Reibkraft und Schwerkraft das Gleichgewicht.

ist auch die Richtung der Vektoren $\Delta\mathfrak{v}$ und damit des Beschleunigungsvektors $\dot{\mathfrak{v}}$, dessen Betrag allmählich abnimmt. Schreibt man in (23) $\dot{\mathfrak{v}} \approx \Delta\mathfrak{v}/\Delta t$, so bekommt man angenähert

$$m\,\frac{\Delta\mathfrak{v}}{\Delta t} = -d\,(\mathfrak{v}-\hat{\mathfrak{v}}) = -d\,\mathfrak{v} - m\,g\,\mathfrak{z}\,; \quad \Delta\mathfrak{v} = -\frac{d}{m}\,\mathfrak{v}\,\Delta t - g\,\mathfrak{z}\,\Delta t, \quad (25)$$

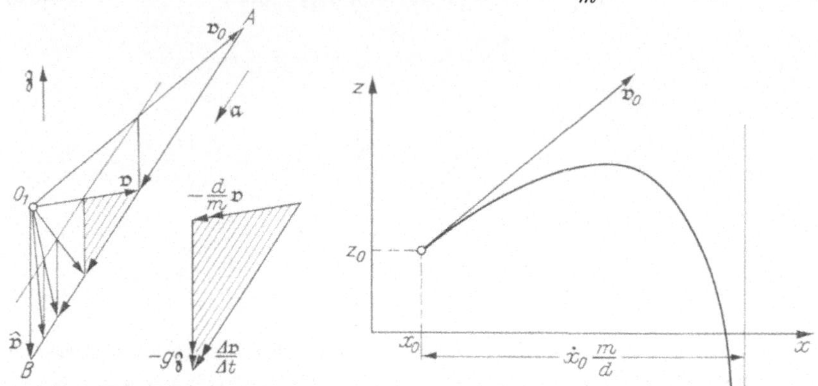

Abb. 7.6. Geschwindigkeitshodograph zur Bahnkurve der Abb. 7.7.

Abb. 7.7. Bahnkurve zum Hodographen der Abb. 7.6.

womit der Hodograph auch anschaulich klar ist; man geht in negativer Richtung des Vektors $\mathfrak{v}$ ein Stück zurück und dann lotrecht nach unten um das Stück $g\,\mathfrak{z}\,\Delta t$, siehe das schraffierte Dreieck in Abb. 7.6.

Integration der Gl. (24) gibt die Bahnkurve

$$\mathfrak{x}(t) = \mathfrak{x}_0 + \hat{\mathfrak{v}}\,t + \frac{m}{d}\,(\mathfrak{v}_0 - \hat{\mathfrak{v}})\left(1 - e^{-\frac{d}{m}t}\right), \qquad (26)$$

oder in Koordinaten geschrieben:

$$\mathfrak{x} = \begin{pmatrix} x \\ z \end{pmatrix} = \begin{pmatrix} x_0 \\ z_0 \end{pmatrix} + \begin{pmatrix} 0 \\ -\dfrac{mg}{d} \end{pmatrix} t + \frac{m}{d}\begin{pmatrix} \dot{x}_0 - 0 \\ \dot{z}_0 + \dfrac{mg}{d} \end{pmatrix}\left(1 - e^{-\frac{d}{m}t}\right). \quad (27)$$

Für $t = \infty$ verschwindet die e-Funktion; dann lautet die erste Zeile in (27) $x(\infty) = x_0 + m\,\dot{x}_0/d$, womit auch die Lage der senkrechten Asymptote bekannt ist, siehe Abb. 7.7.

Für das Luftwiderstandsgesetz (3.16) ist die stationäre Geschwindigkeit nach (21):

$$m\,g\,\mathfrak{z} = \Re(\hat{\mathfrak{v}}) = \alpha\,\hat{v}^2\,\mathfrak{z}\,; \quad \hat{v}^2 = \frac{mg}{\alpha}. \qquad (28)$$

Auch jetzt kann man näherungsweise den Geschwindigkeitshodographen ähnlich wie in Abb. 7.6 konstruieren, doch ist nun die Verbindung von A bis nach B nicht mehr geradlinig. Noch schwieriger wird die Berechnung der Bahnkurve; dies ist die Hauptaufgabe der sog. äußeren Ballistik.

Wenn die Bahn eine lotrechte Gerade ist — senkrechter Wurf nach oben oder unten — so zählen wir die Bogenlänge s positiv nach unten und haben damit die Bewegungsgleichung

$$m\,\ddot{s} = m\,g - \alpha\,v^2, \qquad (29)$$

und dies stimmt mit (2) überein, wenn man nur $-\beta = m\,g$ setzt; also wird die Lösung wegen $m\,g/\alpha = \hat{v}^2$ nach (28):

$$(5) \to \dot{s}^2 = v^2 = \hat{v}^2 + (v_0^2 - \hat{v}^2)\, e^{-\frac{2\alpha}{m}(s-s_0)}, \qquad (30)$$

und hieraus bekommt man auch die übrigen fünf kinematischen Diagramme nach einiger Rechnung.

Aufgabe 7.1: Schiefer Wurf nach unten.
Aufgabe 7.2: Maximale Weite beim Kugelstoßen.
Aufgabe 7.3: Rasensprenger auf schiefer Ebene.
Aufgabe 7.4: Fallschirmabsprung.

7.4 Die Bewegung im Federkraftfeld. Auf eine Masse wirke eine Federkraft $\mathfrak{F}$ und ihr Gewicht $\mathfrak{G}$ nach Abb. 7.8. Wenn wir das HOOKE-sche Gesetz (3.11) voraussetzen, so lautet die Bewegungsgleichung

$$m\,\ddot{\mathfrak{x}} = \sum \mathfrak{R}_i = \mathfrak{F} + \mathfrak{G} = -c(\mathfrak{x} - \mathfrak{a}) - m\,g\,\mathfrak{z} = -c(\mathfrak{x} - \tilde{\mathfrak{x}}). \qquad (31)$$

Hier haben wir zur Abkürzung den Vektor

$$\tilde{\mathfrak{x}} = \mathfrak{a} - \frac{mg}{c}\,\mathfrak{z} = \overrightarrow{OZ} \qquad (32)$$

eingeführt, der Punkt Z liegt somit senkrecht unter A. Die Entfernung von A nach Z ist $\overline{AZ} = m\,g/c$ und dies bedeutet, daß Z ein Gleichgewichtspunkt ist: Das Gewicht $-m\,g\,\mathfrak{z}$ wirkt nach unten und die Federkraft vom Betrage $c\,\tilde{w} = c\,(m\,g/c) = m\,g$ nach oben. Dies folgt auch

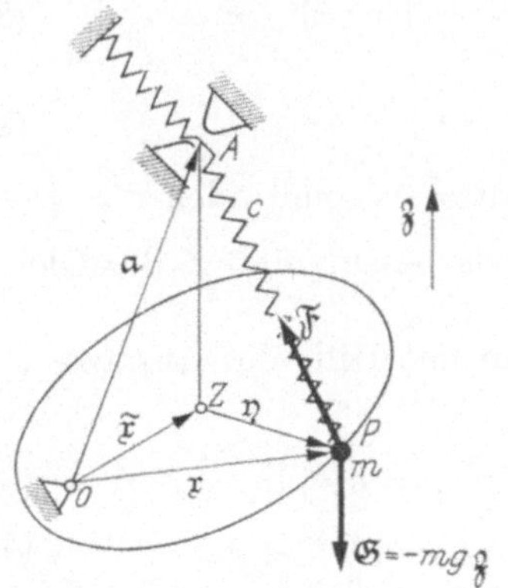

Abb. 7.8. Die Bahnkurve im Federkraftfeld ist eine Ellipse mit dem Mittelpunkt Z.

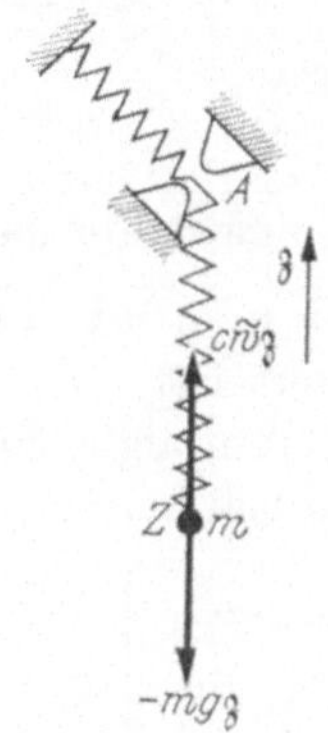

Abb. 7.9. Im Punkte Z halten sich Federkraft und Schwerkraft das Gleichgewicht. Man vergleiche Abb. 7.5.

aus (31), denn wenn man rechter Hand $\mathfrak{x} = \tilde{\mathfrak{x}}$ einsetzt, verschwindet gerade die Kräftesumme $\sum \mathfrak{K}_i$.

Division der Gl. (31) durch m gibt nun

$$\ddot{\mathfrak{x}} = -\nu^2(\mathfrak{x} - \tilde{\mathfrak{x}}); \qquad \nu^2 = \frac{c}{m}, \tag{33}$$

und dies ist genau die Gl. (2.24) mit der Lösung (2.25) bzw. (2.26):

$$(2.26) \to \mathfrak{y}(t) = \mathfrak{y}_0 \cos \nu t + \frac{\mathfrak{v}_0}{\nu} \sin \nu t; \qquad \mathfrak{y} = \mathfrak{x} - \tilde{\mathfrak{x}} = \overrightarrow{ZP}. \tag{34}$$

Die Bahnkurve ist somit eine Ellipse mit dem Zentrum Z in der von $\mathfrak{y}_0$ und $\mathfrak{v}_0$ aufgespannten Ebene; sie wird in der Zeit $T = 2\pi/\nu$ einmal durchlaufen. Die Umlaufdauer hängt ebenso wie die Kreisfrequenz ν nur von der Federzahl c und der Masse m ab, nicht aber von der Erdbeschleunigung g und der Lage des Federendpunktes A. Da $\nu^2 = c/m$ ist, schwingt der Körper um so schneller, je kleiner seine Masse und je härter die Feder ist. Die Bahnkurve entartet zu einem Geradenstück mit dem Mittelpunkt Z, wenn $\mathfrak{y}_0$ und $\mathfrak{v}_0$ in eine Richtung fallen, insbesondere wenn man den Massenpunkt aus der Ruhe losläßt.

Außer Federkraft und Gewicht möge nun auf den Massenpunkt noch eine geschwindigkeitsproportionale Reibkraft einwirken:

$$m\,\ddot{\mathfrak{x}} = \sum \mathfrak{K}_i = \mathfrak{F} + \mathfrak{G} + \mathfrak{R} = -c(\mathfrak{x} - \mathfrak{a}) - m\,g\,\mathfrak{z} - d\,\dot{\mathfrak{x}}. \tag{35}$$

Es ist zweckmäßig, wie schon in (34) und Abb. 7.8 den Vektor $\mathfrak{y} = \mathfrak{x} - \tilde{\mathfrak{x}}$ einzuführen; wegen $\dot{\mathfrak{y}} = \dot{\mathfrak{x}}$, $\ddot{\mathfrak{y}} = \ddot{\mathfrak{x}}$ geht dann die Gl. (35) über in

$$m\,\ddot{\mathfrak{y}} = -c\,\mathfrak{y} - d\,\dot{\mathfrak{y}}. \tag{36}$$

Auch diese Gleichung dividieren wir durch m und schreiben sie mit den Abkürzungen

$$2\delta = \frac{d}{m}\ [\text{sec}^{-1}]; \qquad \nu^2 = \frac{c}{m}\ [\text{sec}^{-2}] \tag{37}$$

in der Form

$$\ddot{\mathfrak{y}} + 2\delta\,\dot{\mathfrak{y}} + \nu^2\,\mathfrak{y} = 0. \tag{38}$$

In der Gleichgewichtslage ist $\ddot{\mathfrak{y}} = 0$ und $\dot{\mathfrak{y}} = 0$, somit auch $\mathfrak{y} = \mathfrak{x} - \tilde{\mathfrak{x}} = 0$, und d. h. $\mathfrak{x} = \tilde{\mathfrak{x}} = \overrightarrow{OZ}$, was nochmals besagt, daß Z der Gleichgewichtspunkt ist.

Die Differentialgleichung (38) löst man mit Hilfe des Ansatzes (39) mit noch unbekanntem Vektor $\mathfrak{f}$:

$$\nu^2 \ \left|\ \mathfrak{y} = e^{-\delta t}[\mathfrak{f}] \hspace{5em} = e^{-\delta t}\,\mathfrak{f}_1 \right. \tag{39}$$

$$2\delta \ \left|\ \dot{\mathfrak{y}} = e^{-\delta t}[\dot{\mathfrak{f}} - \delta\mathfrak{f}] \hspace{3.5em} = e^{-\delta t}\,\mathfrak{f}_2 \right. \tag{40}$$

$$1 \ \left|\ \ddot{\mathfrak{y}} = e^{-\delta t}[\ddot{\mathfrak{f}} - 2\delta\,\dot{\mathfrak{f}} + \delta^2\mathfrak{f}] = e^{-\delta t}\,\mathfrak{f}_3 \right. \tag{41}$$

$$\overline{\hspace{4em} 0 = e^{-\delta t}[\ddot{\mathfrak{f}} + (\nu^2 - \delta^2)\,\mathfrak{f}] = e^{-\delta t}\,\mathfrak{f}_4 \hspace{2em}} \tag{42}$$

Hier haben wir zunächst die Vektoren $\mathfrak{y}$, $\dot{\mathfrak{y}}$ und $\ddot{\mathfrak{y}}$ hingeschrieben, dann der Reihe nach mit ν^2, $2\,\delta$ und 1 multipliziert und die so entstehende Summe gleich Null gesetzt, wie es die Gl. (38) vorschreibt. Auf diese Weise entsteht die Gl. (42). Da im Endlichen die e-Funktion nirgends Null wird, muß die eckige Klammer verschwinden:

$$\mathfrak{f}_4 = \ddot{\mathfrak{f}} + (\nu^2 - \delta^2)\,\mathfrak{f} = 0 \rightarrow \ddot{\mathfrak{f}} = -(\nu^2 - \delta^2)\,\mathfrak{f}, \qquad (43)$$

und dies ist wiederum die Gl. (2.21), nur steht an Stelle von $\mathfrak{x}$ und ν^2 jetzt $\mathfrak{f}$ und $\nu^2 - \delta^2$. Die Spitze des Vektors $\mathfrak{f}$ beschreibt somit nach Abschn. 2.8 und Abb. 2.10 eine Ellipse, Gerade oder Hyperbel, je nachdem, ob der Ausdruck $\nu^2 - \delta^2$ positiv, Null oder negativ ist:

$$\nu^2 - \delta^2 > 0; \quad \text{Ellipse} \quad \text{(schwache Dämpfung)}, \qquad (44)$$

$$\nu^2 - \delta^2 = 0; \quad \text{Gerade} \quad \text{(mittlere Dämpfung)}, \qquad (45)$$

$$\nu^2 - \delta^2 < 0; \quad \text{Hyperbel (starke Dämpfung)}. \qquad (46)$$

Nach (39) ist mit $\mathfrak{f}$ nun auch der gesuchte Vektor $\mathfrak{y}$ bekannt. Die Multiplikation des Vektors $\mathfrak{f}$ mit dem Faktor $e^{-\delta t}$ bedeutet, daß $\mathfrak{y}$ und $\mathfrak{f}$ gleiche Richtung und gleichen Richtungssinn haben. Der Betrag von $\mathfrak{y}$ dagegen geht infolge des Faktors $e^{-\delta t}$ mit der Zeit gegen Null; der Massenpunkt kommt somit allmählich zur Ruhe.

Von besonderem Interesse ist der Fall der schwachen Dämpfung (44). Zur Gl. (43) gehört jetzt nach (2.22) die Lösung

$$\mathfrak{f}(t) = \mathfrak{f}_0 \cos\varrho\, t + \frac{\dot{\mathfrak{f}}_0}{\varrho} \sin\varrho\, t; \quad \varrho^2 = \nu^2 - \delta^2 = \frac{c}{m} - \left(\frac{d}{2\,m}\right)^2 > 0. \qquad (47)$$

Die Funktion $\mathfrak{f}(t)$ ist somit harmonisch, die Kreisfrequenz ist ϱ, die Umlaufdauer $T = 2\,\pi/\varrho$. Aber auch sämtliche Ableitungen $\dot{\mathfrak{f}}(t)$, $\ddot{\mathfrak{f}}(t)$, ... und damit auch die Klammerausdrücke $\mathfrak{f}_1$, $\mathfrak{f}_2$, ... in (39) bis (42) sind harmonische Funktionen mit derselben Periodendauer $T = 2\,\pi/\varrho$. Für jeden dieser Klammerausdrücke gilt somit $\mathfrak{f}(t + T) = \mathfrak{f}(t)$, und daraus folgt z. B. für den Ortsvektor $\mathfrak{y}(t)$:

$$\mathfrak{y}(t + T) = e^{-\delta(t+T)}\,\mathfrak{f}(t + T) = e^{-\delta T}\,e^{-\delta t}\,\mathfrak{f}(t) = e^{-\delta T}\,\mathfrak{y}(t), \qquad (48)$$

und das gleiche gilt offenbar auch für Geschwindigkeits- und Beschleunigungsvektor:

$$\mathfrak{y}(t + T) = e^{-\delta T}\,\mathfrak{y}(t), \quad \dot{\mathfrak{y}}(t + T) = e^{-\delta T}\,\dot{\mathfrak{y}}(t), \quad \ddot{\mathfrak{y}}(t + T) = e^{-\delta T}\,\ddot{\mathfrak{y}}(t). \qquad (49)$$

Nach Verstreichen der Umlaufdauer $T = 2\,\pi/\varrho$ haben Orts-, Geschwindigkeits- und Beschleunigungsvektor die gleiche Richtung und den gleichen Richtungssinn wie zur Zeit t, ihr Betrag a aber ist nach (49) auf den Wert $a\,e^{-\delta T}$ zurückgegangen; die Vektorlängen nehmen somit in geometrischer Folge ab, und maßgebend für diese Abnahme ist das sogenannte logarithmische Dekrement

$$D = \delta T = \frac{d}{2m}\,T = \frac{d}{2m}\,\frac{2\pi}{\varrho} = \frac{2\pi}{\sqrt{4\,\dfrac{m\,c}{d^2}-1}}. \tag{50}$$

Die Abb. 7.10 macht diese Verhältnisse nochmals deutlich. Hier sind auch für die Zeiten $T/2, 3\,T/2, \ldots$ die Orts- und Geschwindigkeitsvektoren eingetragen. Die Bahnkurve ist eine elliptische Spirale, die sich mehr und mehr auf den Gleichgewichtspunkt Z zusammenzieht. Je schwächer die Dämpfungskonstante d, desto geringer ist die Längenabnahme der Vektoren $\mathfrak{y}$, $\dot{\mathfrak{y}}$ und $\ddot{\mathfrak{y}}$. Für $\delta = 0$ bleibt die elliptische Bewegung erhalten, dann ist einfach $\mathfrak{y}(t) = \mathfrak{f}(t)$.

Bei quadratischem Reibungsgesetz (3.16) werden die Verhältnisse sehr viel komplizierter, da nun die Bewegungsgleichung (35) nicht mehr

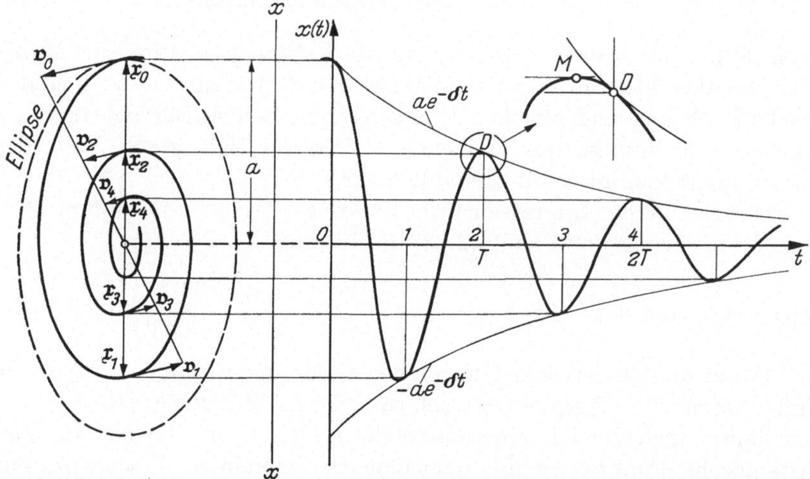

Abb. 7.10. Bahnkurve einer schwach gedämpften Schwingung (elliptische Spirale). Projiziert man die Bewegung durch paralleles Licht auf die Achse xx, so entsteht eine geradlinige Bewegung $x(t)$.

linear ist. Die exakte Lösung gelang uns nicht einmal im Schwerkraftfeld; in solchen Fällen ist man auf numerische Näherungsmethoden angewiesen, die im konkreten Einzelfall zum beliebig genauen Ergebnis führen.

Aufgabe 7.5: Masse an drei Federn.

7.5 Die Bewegung im Gravitationsfeld. Die auf eine Masse m wirkende Gravitationskraft hat nach (3.3) den Betrag $K = m\,\gamma/r^2$, speziell $K = m\,\gamma^e/r^2$, wenn die anziehende Masse die Erde ist. Mit $\mathfrak{x} = r\,\mathfrak{a}$ lautet daher das Newtonsche Grundgesetz

$$m\,\ddot{\mathfrak{x}} = \mathfrak{K} = -\,K\,\mathfrak{a} = -\,\frac{m\,\gamma}{r^2}\,\mathfrak{a} \to \ddot{\mathfrak{x}} = -\,\frac{\gamma}{r^2}\,\mathfrak{a}\,. \tag{51}$$

Wir erledigen vorweg zwei einfache Sonderfälle: die geradlinige Bewegung durch Z und die gleichförmige Kreisbewegung um Z (s. auch Abschn. 6.5). Bei der geradlinigen Bewegung durch das Zentrum ist $\ddot{\mathfrak{x}} = (r\,\mathfrak{a})^{..} = \ddot{r}\,\mathfrak{a}$, somit wird

$$K(r) = -\,\frac{m\,\gamma}{r^2} = m\,\ddot{r} \to \ddot{r} = -\,\frac{\gamma}{r^2}\,. \tag{52}$$

Damit ist das $\ddot{r}$-r-Diagramm und überdies nach (6.40) auch das $\dot{r}$-r-Diagramm gegeben:

$$(6.40) \to \dot{r}^2 = V^2 + \frac{2\gamma}{r} = \dot{r}_0^2 - 2\,\frac{\gamma}{r_0} + 2\,\frac{\gamma}{r}\,. \tag{53}$$

Nun zur gleichförmigen Bewegung. Bahngeschwindigkeit v und Umlaufdauer T sind nach (6.33):

$$v = \sqrt{\frac{r\,K}{m}} = \sqrt{\frac{r\,m\,\gamma}{m\,r^2}} = \sqrt{\frac{\gamma}{r}}\,; \quad T = \frac{2\pi\,r}{v} = 2\pi\sqrt{\frac{r^3}{\gamma}},\quad \gamma = M\Gamma\,. \tag{54}$$

Speziell im Gravitationsfeld der Erde ist es zweckmäßig, nach (3.4) $\gamma^e = g\,R^2$ zu setzen, dann wird mit den charakteristischen Werten (55) Geschwindigkeit und Umlaufdauer der gleichförmigen Kreisbewegung:

$$v_R = \sqrt{R\,g} = 7{,}905\ \frac{\text{km}}{\text{sec}}, \qquad T_R = 2\pi\sqrt{\frac{R}{g}} = 84{,}49\ \text{min}. \tag{55}$$

$$\left.\begin{aligned} v &= \sqrt{\frac{\gamma^e}{r}} = \sqrt{\frac{g\,R^2}{r}} = \sqrt{R\,g}\,\sqrt{\frac{R}{r}} = v_R\sqrt{\frac{R}{r}}\,; \\[2mm] T &= 2\pi\sqrt{\frac{r^3}{\gamma^e}} = 2\pi\sqrt{\frac{r^3}{g\,R^2}} = 2\pi\sqrt{\frac{R}{g}}\left(\frac{r}{R}\right)^{3/2} = T_R\left(\frac{r}{R}\right)^{3/2}. \end{aligned}\right\} \tag{56}$$

Da der mittlere Erdradius $R = 6371$ km beträgt, ist für geringe Höhen von einigen hundert Kilometern der Quotient r/R nur wenig von 1 verschieden; man erkennt daraus, daß künstliche Satelliten in Erdnähe eine Umlaufdauer von nicht viel mehr als 85 Minuten haben, und dies gilt auch dann, wenn die Bahn nicht kreisförmig, sondern elliptisch ist.

Zum Studium der allgemeinen Bewegung führen wir nun nach Abb. 7.11 die beiden Einheitsvektoren $\mathfrak{a}$ und $\mathfrak{b}$ mit den Geschwindigkeiten

$$\dot{\mathfrak{a}} = \mathfrak{b}\,\dot{\varphi}\,; \quad \dot{\mathfrak{b}} = -\,\mathfrak{a}\,\dot{\varphi} \tag{57}$$

ein, außerdem benutzen wir den Flächensatz (6.31), wo wir wie üblich φ statt α schreiben und die konstante Flächengeschwindigkeit $c/2$ nennen:

$$(6.31) \rightarrow \dot{F} = \frac{r^2}{2}\,\dot{\varphi} = \frac{c}{2}\,; \quad c = r^2\,\dot{\varphi} = r\,r\,\dot{\varphi} = r\,v_\varphi. \tag{58}$$

Hier ist v_φ der Betrag der Richtungsgeschwindigkeit; auf Grund des Flächensatzes ist somit das Produkt aus Abstand und Richtungsgeschwindigkeit konstant.

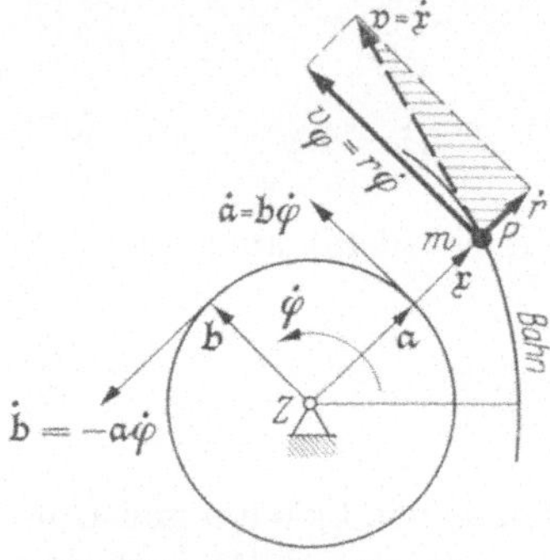

Abb. 7.11. Zur Herleitung der KEPLER-Bewegung.

Nun setzen wir den Flächensatz $1/r^2 = \dot{\varphi}/c$ sowie $-\mathfrak{a}\,\dot{\varphi} = \dot{\mathfrak{b}}$ aus (57) in (51) ein. Das gibt

$$\ddot{\mathfrak{r}} = -\frac{\gamma}{r^2}\mathfrak{a} = -\frac{\gamma}{c}\,\dot{\varphi}\,\mathfrak{a} = \frac{\gamma}{c}\,\dot{\mathfrak{b}}, \tag{59}$$

und dies läßt sich integrieren, wobei ein willkürlicher Vektor $\hat{\mathfrak{v}}$ auftritt, den wir zweckmäßig in der Form $\hat{\mathfrak{v}} = (\varepsilon\,\gamma/c)\,\mathfrak{e}$ schreiben:

$$\dot{\mathfrak{r}} = \mathfrak{v} = \frac{\gamma}{c}\,\mathfrak{b} + \hat{\mathfrak{v}} = \frac{\gamma}{c}\,(\mathfrak{b} + \varepsilon\,\mathfrak{e}). \tag{60}$$

Der Vektor $\hat{\mathfrak{v}}$ ist konstant, der Vektor $\mathfrak{b}\,\gamma\,/c$ hat konstante Länge und läuft ebenso wie der Einheitsvektor $\mathfrak{b}$ mit der Winkelgeschwindigkeit $\dot{\varphi}$ um. Der Geschwindigkeitshodograph ist somit ein Kreis nach Abb. 7.12, doch fällt der Ursprung 0_1 nur dann mit dem Kreismittelpunkt G zusammen, wenn $\hat{\mathfrak{v}}$ und damit ε gleich Null ist; dies ist der bereits erledigte Sonderfall der gleichförmigen Kreisbewegung. Nun lesen wir aus dem Hodographen die Richtungsgeschwindigkeit mit dem Betrag v_φ ab:

$$v_\varphi = \overline{SG} + \overline{GP'} = \hat{v}\cos\varphi + \frac{\gamma}{c} = \frac{\gamma}{c}\,(\varepsilon\cos\varphi + 1), \tag{61}$$

setzen nochmals den Flächensatz $v_\varphi = c/r$ (58) ein und haben damit die Gleichung der Bahnkurve

$$r = \frac{p}{1 + \varepsilon\cos\varphi}\,; \quad p = \frac{c^2}{\gamma} > 0. \tag{62}$$

Dies ist nach (A 42) die Polargleichung eines Kegelschnittes mit dem Zentrum Z als Brennpunkt. Für $\varphi = 0°$, $90°$, $180°$, $270°$ hat der Ortsvektor die Längen $p/(1 + \varepsilon)$, p, $p/(1 - \varepsilon)$, p mit den zugehörigen Endpunkten A, B, D, F, siehe Abb. 7.13a. Wenn $\varepsilon \geqq 1$ ist, gibt es einen durch die Gleichung $\cos\varphi = -1/\varepsilon$ definierten Winkel, für den der Nenner in (62) verschwindet, es wird dann $r = \infty$, der Kegelschnitt verläuft somit ins Unendliche und ist daher entweder eine Parabel oder eine Hyperbel. Nur wenn $\varepsilon < 1$ ist, bleibt er ganz im Endlichen und stellt somit eine Ellipse, im Sonderfall $\varepsilon = 0$ einen Kreis dar. Dies erkennen wir übrigens auch so: Wir setzen in (60) die zur Zeit $t_0 = 0$ gehörenden Werte $\mathfrak{v}_0$ und $\mathfrak{b}_0$ ein und berechnen daraus den Vektor $\varepsilon\,\mathfrak{e}$:

$$(60) \to \mathfrak{v}_0 = \frac{\gamma}{c}\,(\mathfrak{b}_0 + \varepsilon\,\mathfrak{e}) \to \varepsilon\,\mathfrak{e} = \frac{\mathfrak{v}_0\,c}{\gamma} - \mathfrak{b}_0 . \tag{63}$$

Dies quadrieren wir und bekommen wegen $\mathfrak{v}_0\,\mathfrak{b}_0 = r_0\,\dot\varphi_0 = c/r_0$ und nach (6.40)

$$\varepsilon^2 = \frac{v_0^2 \cdot c^2}{\gamma^2} - 2\,\frac{c}{\gamma}\,\mathfrak{v}_0\,\mathfrak{b}_0 + 1 = \frac{c^2}{\gamma^2}\left(v_0^2 - 2\,\frac{\gamma}{r_0}\right) + 1$$

$$= \frac{c^2}{\gamma^2}\,V^2 + 1 = \left(\frac{c\,V}{\gamma}\right)^2 + 1 . \tag{64}$$

Nun ist V die Geschwindigkeit im Unendlichen; aber nur im Falle $\varepsilon > 1$ ist nach (64) V^2 positiv und damit V selbst reell, nur dann also kann der Massenpunkt das unendlich Ferne wirklich erreichen. Für

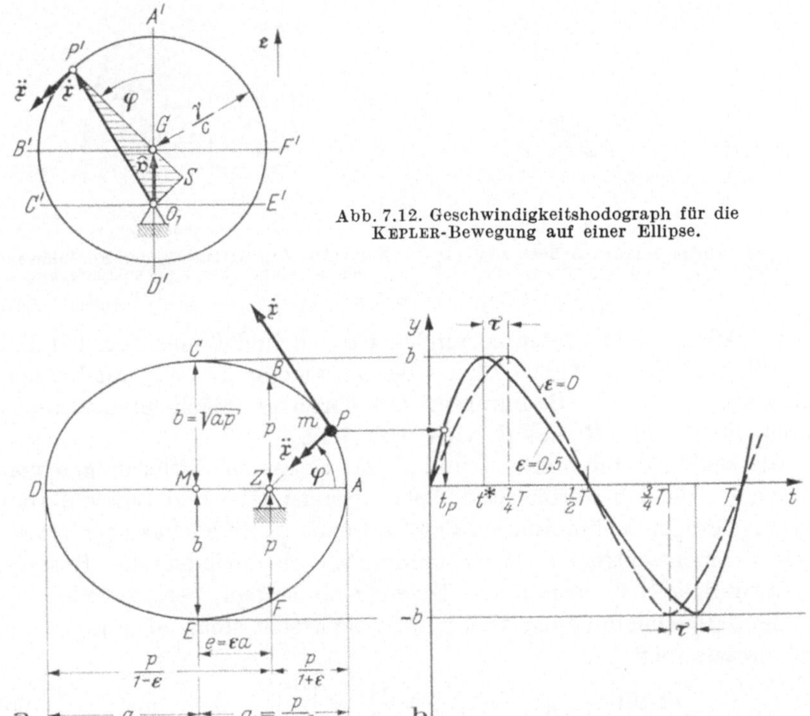

Abb. 7.12. Geschwindigkeitshodograph für die KEPLER-Bewegung auf einer Ellipse.

Abb. 7.13. Bahnkurve und Funktion $y(t)$ für die KEPLER-Bewegung auf einer Ellipse.

$\varepsilon = 1$ ist $V = 0$; der Massenpunkt kriecht ins Unendliche hinein, seine Bahn ist eine Parabel als Grenzfall zwischen Ellipse und Hyperbel.

Geschwindigkeitshodograph und Bahnkurve sind damit vollständig beschrieben. Die Bahnebene wird durch die Anfangsvektoren $\mathfrak{x}_0$ und $\mathfrak{v}_0$

festgelegt, der Vektor $\varepsilon\,\mathfrak{e}$ (63) steht senkrecht zur Verbindungslinie ZA, womit auch die Richtungen der beiden Hauptachsen bekannt sind; doch findet man die Richtung der Hauptachse ZA auch ebenso einfach, wenn man in der Bahngleichung (62) $r = r_0$ einsetzt und daraus den zugehörigen Winkel φ_0 berechnet. Mit $\mathfrak{x}_0$ und $\mathfrak{v}_0$ sind auch r_0 und $r_0\,\dot{\varphi}_0$ und damit die Flächenkonstante c (58), weiterhin der sog. Parameter p (62) und schließlich auch die numerische Exzentrizität ε in (64) fest-

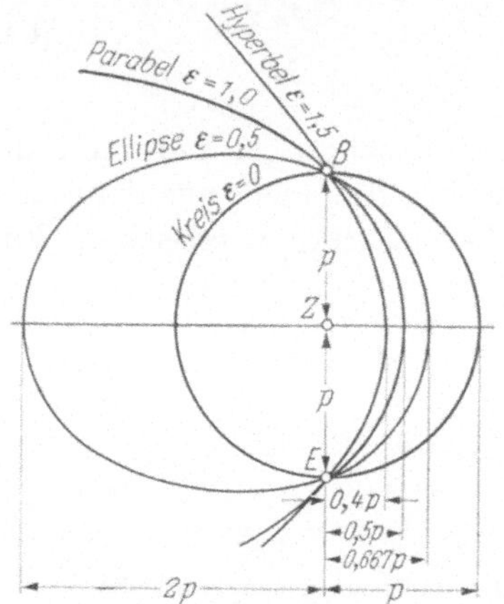

Abb. 7.14. Einige KEPLER-Bahnen zum gleichen Parameter p mit dem gleichen Zentrum Z.

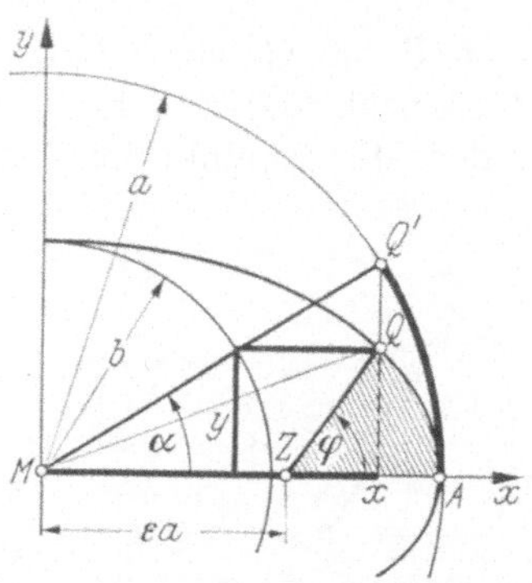

Abb. 7.15. Zur Herleitung der Funktion $y(t)$ bei der elliptischen KEPLER-Bewegung.

gelegt. Alle weiteren interessierenden Größen findet man für den Fall der Ellipsenbahn in Abb. 7.13. Da der Parameter $p = c^2/\gamma$ unabhängig von ε ist, gehen alle Bahnkurven mit derselben Flächenkonstanten c durch die Punkte B und E nach Abb. 7.14.

Die beiden Bahnpunkte A und D mit extremen Entfernungen vom Zentrum Z heißen Perihel und Aphel (Sonnennähe und Sonnenferne). Die zugehörigen Krümmungsradien sind nach (2.49) leicht zu berechnen. Weil r einen extremen Wert annimmt, verschwindet die Betragsgeschwindigkeit $\dot{r}$, somit ist $\dot{\mathfrak{x}}^2 = v_\varphi^2$; außerdem verschwindet die Tangentialbeschleunigung, weil $\ddot{\mathfrak{x}}$ auf $\dot{\mathfrak{x}}$ senkrecht steht, also ist $\ddot{\mathfrak{x}}_N = \ddot{\mathfrak{x}}$, und daraus folgt

$$(2.49) \rightarrow \varrho_{A,\,P} = \frac{\dot{\mathfrak{x}}^2}{|\ddot{\mathfrak{x}}_N|} = \frac{v_\varphi^2}{|\ddot{\mathfrak{x}}|} = \frac{(c/r)^2}{\gamma/r^2} = \frac{c^2}{\gamma} = p. \qquad (65)$$

Andererseits ist der Krümmungsradius im kleinen Scheitel einer Ellipse $\varrho = b^2/a$, womit auch die kleine Halbachse $b = \sqrt{a\,p}$ bekannt ist.

Da die Flächengeschwindigkeit $\dot{F} = c/2$ ein Konstante ist, wächst die Fläche linear mit der Zeit: $F = c\,t/2$, wodurch auch der zeitliche Ablauf der Bewegung gegeben ist. Es ist jedoch zweckmäßig, nach

Abb. 7.15 die schraffierte Fläche F durch die Ordinate y der Bahnkurve auszudrücken. Schlägt man zwei Kreise mit den Radien b und a um den Mittelpunkt M der Ellipse, so gilt die Parameterdarstellung $x = a \cos\alpha$, $y = b \sin\alpha$, welche die Bahn ebenso gut beschreibt, wie die Gl. (62). Die Koordinaten des großen Kreises sind um den Faktor a/b größer als die der Ellipse, also ist auch der durch den Winkel α herausgeschnittene Kreissektor $MAQ' = a^2 \alpha/2$ um den Faktor a/b größer als der entsprechende Ellipsensektor MAQ. Ziehen wir von diesem noch die Dreiecksfläche $MZQ = y\,\varepsilon\,a/2$ ab, so wird die schraffierte Fläche:

$$F = \frac{b}{a} MAQ' - MZQ = \frac{b}{a} \frac{a^2}{2}\alpha - \varepsilon\,a\,\frac{y}{2} = \frac{c}{2}\sqrt{\frac{a^3}{\gamma}}\left(\alpha - \varepsilon\,\frac{y}{b}\right), \qquad (66)$$

wo wir rechter Hand noch $b = \sqrt{a\,p} = c\sqrt{a/\gamma}$ nach (62) eingesetzt haben. Da nun andererseits $F = c\,t/2$ ist, kürzt sich in dieser Gleichung der Faktor $c/2$ heraus und damit wird, da $\alpha = \text{arc}\,\sin(y/b)$ ist, die Gl. (67) zwischen t und y hergestellt; und zwei ähnlich einfache Betrachtungen an der Parabel bzw. Hyperbel liefern die analogen Gleichungen (68) und (69).

$V^2 < 0;\quad v_0^2 < \dfrac{2\gamma}{r_0}$	Ellipse	$t(y) = \sqrt{\dfrac{a^3}{\gamma}}\left[\text{arc}\,\sin\dfrac{y}{b} - \varepsilon\,\dfrac{y}{b}\right]\quad(67)$
$V^2 = 0;\quad v_0^2 = \dfrac{2\gamma}{r_0}$	Parabel	$t(y) = \sqrt{\dfrac{p^3}{\gamma}}\left[\dfrac{y}{2p} + \left(\dfrac{y}{p}\right)^3\dfrac{1}{6}\right]\quad(68)$
$V^2 > 0;\quad v_0^2 > \dfrac{2\gamma}{r_0}$	Hyperbel	$t(y) = \sqrt{\dfrac{a^3}{\gamma}}\left[\varepsilon\,\dfrac{y}{b} - \text{ar}\,\sinh\dfrac{y}{b}\right]\quad(69)$

Wenn die Masse auf ihrer Ellipsenbahn einen vollen Umlauf gemacht hat, ist $\alpha = \text{arc}\,\sin(y/b) = 2\pi$ und $y = 0$, damit folgt aus (67) die Umlaufdauer

$$T = \sqrt{\frac{a^3}{\gamma}}\,2\pi \rightarrow \frac{T^2}{a^3} = \frac{4\pi^2}{\gamma} = \frac{4\pi^2}{\Gamma M}. \qquad (70)$$

Setzt man speziell $y = b$ (Punkt C der KEPLER-Ellipse), so wird wegen arc sin $1 = \pi/2$ die zugehörige Zeit nach (67) $t(b) = \sqrt{a^3/\gamma}\,(\pi/2 - \varepsilon\,1)$ $= T/4 - \tau$ nach (70), wo $\tau = \varepsilon\sqrt{a^3/\gamma}$ ist; man vergleiche auch Abb. 7.13 b. Da Γ eine universelle Konstante ist, hängt der Quotient T^2/a^3 nach (70) nur von der Masse M des anziehenden Körpers ab; er ist somit gleich für alle Planeten, die dieselbe Sonne oder für alle Monde und künstlichen Satelliten, die denselben Planeten umkreisen.

Damit ist alles Wesentliche über die freie Bewegung im Gravitationsfeld gesagt. Was sich heute auf drei Buchseiten niederschreiben läßt, ist die Frucht jahrhundertelanger geistiger Anstrengung. KEPLER hatte aus den Beobachtungen TYCHO DE BRAHES drei Sätze empirisch erschlossen:

1. Die Planetenbahnen sind Ellipsen mit der Sonne als Brennpunkt.

2. Die Flächengeschwindigkeit ist konstant.

3. Der Quotient T^2/a^3 ist für alle Planeten des gleichen Sonnensystems der gleiche.

NEWTON erprobte an diesen Gesetzen die Gültigkeit des von ihm aufgestellten Grundgesetzes der Mechanik „Kraft gleich Masse mal Beschleunigung" und fand, daß die drei KEPLERschen Gesetze genau dann erfüllbar sind, wenn die Kraft eine Zentralkraft ist und dem Gravitationsgesetz (51) gehorcht. Daß dies die gleichen Gesetze sind, denen auch ein vom Baume fallender Apfel gehorcht, war eine der größten Entdeckungen in der Geistesgeschichte der Menschheit überhaupt.

Aufgabe 7.6: Künstlicher Satellit mit festem Standort.
Aufgabe 7.7: Kreisbahn eines künstlichen Satelliten.
Aufgabe 7.8: Fall aus großer Höhe.
Aufgabe 7.9: Fluchtgeschwindigkeit an der Erdoberfläche.
Aufgabe 7.10: Differenz zwischen Wurfparabel und KEPLER-Ellipse.

7.6 Die freie lineare Schwingung. Schwingungen verschiedenster Art spielen in Technik und Physik eine bedeutende Rolle. Ihre Theorie ist im allgemeinen schwierig; wir beschränken uns daher auf Schwingungen mit einem Freiheitsgrad q, die der Differentialgleichung

$$m\,\ddot{q} + d\,\dot{q} + c\,q = K(t) \tag{71}$$

gehorchen. Die Schwingung heißt frei, wenn die Zwangskraft $K(t)$ fehlt, sonst erzwungen.

Den einfachsten Zugang zur Schwingungstheorie öffnet die schon im Abschn. 7.4 behandelte ebene Bewegung einer Masse m, an der eine Federkraft $\mathfrak{F} = -c\,\mathfrak{x}$ und eine Dämpfungskraft $\mathfrak{R} = -d\,\dot{\mathfrak{x}}$ angreifen; die zugehörige Bewegungsgleichung lautet dann

$$m\,\ddot{\mathfrak{x}} = -c\,\mathfrak{x} - d\,\dot{\mathfrak{x}} \tag{72}$$

und geht mit den üblichen Abkürzungen (73) nach Division durch m über in (74):

$$\frac{d}{m} = 2\,\delta; \qquad \frac{c}{m} = \nu^2; \qquad \varrho^2 = \nu^2 - \delta^2 \tag{73}$$

$$\ddot{\mathfrak{x}} + 2\,\delta\,\dot{\mathfrak{x}} + \nu^2\,\mathfrak{x} = 0. \tag{74}$$

Da hier $\mathfrak{x}$, $\dot{\mathfrak{x}}$ und $\ddot{\mathfrak{x}}$ nur linear vorkommen — es fehlen z. B. Ausdrücke der Form $\dot{\mathfrak{x}}^3$ oder $\mathfrak{x}\,\dot{\mathfrak{x}}$ — heißt die Vektordifferentialgleichung (72) bzw. (74) linear. Der Ansatz $\mathfrak{x} = e^{-\delta t}\,\mathfrak{f}$ führt nach (42) auf die Gleichung $\ddot{\mathfrak{f}} = -(\nu^2 - \delta^2)\,\mathfrak{f}$, die wir bereits im Abschn. 7.4 ausführlich diskutiert hatten. Speziell im Fall schwacher Dämpfung gilt

$$\mathfrak{x}(t) = e^{-\delta t}\,\mathfrak{f} = e^{-\delta t}[\mathfrak{a}\cos\varrho\,t + \mathfrak{b}\sin\varrho\,t]; \qquad \varrho^2 = \nu^2 - \delta^2 > 0, \tag{75}$$

oder für die Anfangsbedingungen $\mathfrak{x} = \mathfrak{x}_0$ und $\dot{\mathfrak{x}} = \dot{\mathfrak{x}}_0$ für $t = 0$, und wenn wir der Vollständigkeit halber auch noch die Lösungen für die mittlere und starke Dämpfung hinzufügen:

schwach $\quad \varrho^2 = \nu^2 - \delta^2 > 0:$

$$\mathfrak{x}(t) = e^{-\delta t}\left[\mathfrak{x}_0 \cos\varrho\, t + (\dot{\mathfrak{x}}_0 + \delta\mathfrak{x}_0)\,\frac{\sin\varrho\, t}{\varrho}\right]; \qquad (76)$$

mittel $\quad \varrho^2 = \nu^2 - \delta^2 = 0:$

$$\mathfrak{x}(t) = e^{-\delta t}[\mathfrak{x}_0 + (\dot{\mathfrak{x}}_0 + \delta\mathfrak{x}_0)\, t]; \qquad (77)$$

stark $\quad \gamma^2 = \delta^2 - \nu^2 > 0:$

$$\mathfrak{x}(t) = e^{-\delta t}\left[\mathfrak{x}_0 \cosh\gamma\, t + (\dot{\mathfrak{x}}_0 + \delta\mathfrak{x}_0)\,\frac{\sinh\gamma\, t}{\gamma}\right]. \qquad (78)$$

Die dritte Gleichung entsteht aus der ersten, wenn man dort ϱ^2 durch $-\gamma^2$, also ϱ durch $i\gamma$ ersetzt und die bekannten Identitäten $\cos i\gamma\, t = \cosh\gamma\, t$ sowie $\sin i\gamma\, t = i\sinh\gamma\, t$ benutzt. Die mittlere Gl. (77) folgt dann sowohl aus (76) wie auch aus (78) für $\varrho = \gamma = 0$, denn es ist $\cos 0 = \cosh 0 = 1$ und $\sin 0\, t/0 = \sinh 0\, t/0 = t$.

Multipliziert man die Bewegungsgleichung (72) bzw. (74) mit einem Einheitsvektor $\mathfrak{e}$ skalar, oder schreibt man noch einfacher die Gl. (74) in Komponenten auf:

$$\ddot{x} + 2\delta\dot{x} + \nu^2 x = 0 \quad (a), \qquad \ddot{y} + 2\delta\dot{y} + \nu^2 y = 0 \quad (b), \qquad (79)$$

so zeigt ein Vergleich mit (74), daß jede Komponente für sich derselben Differentialgleichung gehorcht wie der Ortsvektor $\mathfrak{x}$, also braucht

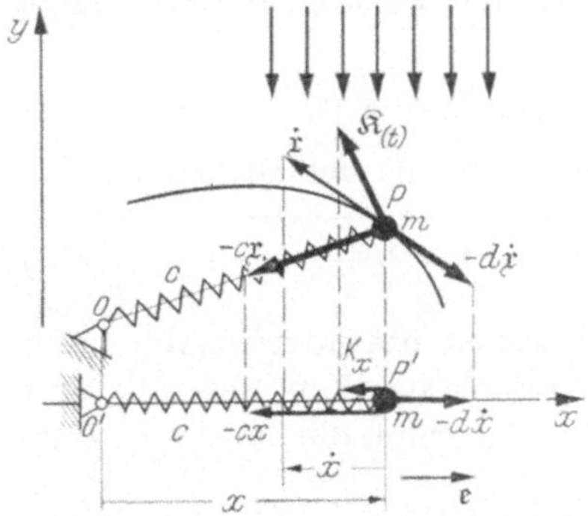

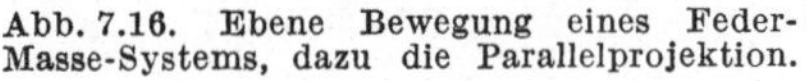

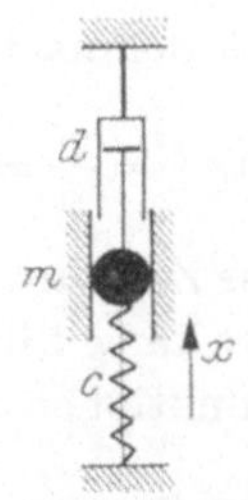

Abb. 7.16. Ebene Bewegung eines Feder-Masse-Systems, dazu die Parallelprojektion.

Abb. 7.17. Schema eines gedämpften Schwingungssystems. Die Dämpfung wird durch einen stilisierten Ölkolben angedeutet.

man in (76) bis (78) nur $\mathfrak{x}$ durch x bzw. y zu ersetzen, und hat damit auch die Lösung von (79a) bzw. (79b). Was dieser sog. Projektionssatz mechanisch bedeutet, zeigt die Abb. 7.16: Wird die ebene Bewegung des Punktes P mit der Masse m durch paralleles Licht auf die x-Achse

— oder irgendeine andere gerade Linie — projiziert, dann gehorcht der Schattenpunkt P' der Bewegungsgleichung (79a) bzw. (79b). Der praktische Wert dieses Satzes besteht darin, daß nun jedes Schwingungssystem mit der Bewegungsgleichung

$$\ddot{q} + 2\,\delta\,\dot{q} + v^2\,q = 0 \tag{80}$$

durch eine der beiden Gln. (79) und damit durch die Gl. (74) ersetzbar ist, womit in (76) bis (78) die vollständigen, an die Anfangsbedingungen angepaßten Lösungen vor uns stehen.

Eine Schwingung im Sinne des Wortes findet nur bei schwacher Dämpfung statt; nach (76) wird die Masse auf elliptischen Spiralen allmählich in den Nullpunkt hineingezogen, ohne diesen je zu erreichen, s. Abb. 7.10, die auch die Projektion der Masse auf die x-Achse und deren zeitlichen Verlauf zeigt. Die dort nur grob skizzierte Funktion $x(t)$ untersuchen wir nun etwas genauer. Zunächst setzen wir in (75) $\alpha = 0$, was keine Einschränkung der Allgemeinheit bedeutet, sondern nur besagt, daß für die Projektion

$$x(t) = B\,e^{-\delta t}\sin\varrho\,t, \qquad \varrho^2 = v^2 - \delta^2 > 0, \tag{81}$$

die Zeitzählung mit einem Nulldurchgang beginnt. Die Funktion $x(t)$ wird überall dort Null, wo $\sin\varrho\,t$ verschwindet, und sie berührt die Kurven $+B\,e^{-\delta t}$ bzw. $-B\,e^{-\delta t}$, wo $\sin\varrho\,t = +1$ bzw. -1 wird, und d. h., daß die Nullpunkte und die Berührungspunkte im konstanten Abstand $T/4$ einander folgen, genauso wie bei der Sinuskurve. Die Multiplikation der Funktionen $\sin\varrho\,t$ und $B\,e^{-\delta t}$ nach (81) zeigt die Abb. 7.18. Die Extremwerte der Funktion $x(t)$ liegen dort, wo die Ableitung $\dot{x}$ verschwindet:

$$\dot{x} = B\,e^{-\delta t}[-\delta\sin\varrho\,t + \varrho\cos\varrho\,t] = 0, \tag{82}$$

und dies tritt demnach zu allen Zeiten $\hat{t}$ ein, die der Bedingung

$$\tan\varrho\,\hat{t} = \frac{\varrho}{\delta} = \sqrt{\frac{v^2 - \delta^2}{\delta^2}} = \sqrt{\frac{v^2}{\delta^2} - 1} = \sqrt{\frac{4\,m\,c}{d^2} - 1} \tag{83}$$

genügen; diese Zeitpunkte $\hat{t}_i$ schneidet die Konstante ϱ/δ nach Abb. 7.18c aus der Kurve $\tan\varrho\,t$ heraus; die Extremwerte der Funktion x — und ebenso der Funktionen $\dot{x}$ und $\ddot{x}$ — werden daher um die konstante Zeitspanne

$$\tau = \frac{T}{4} - \hat{t} = \frac{2\,\pi}{4\,\varrho} - \frac{1}{\varrho}\,\text{arc}\,\tan\frac{\varrho}{\delta} = \frac{1}{\varrho}\left[\frac{\pi}{2} - \text{arc}\,\tan\frac{\varrho}{\delta}\right] \tag{84}$$

früher angenommen als die berührenden Ordinaten.

Auch bei der gedämpften Schwingung nennen wir $T = 2\,\pi/\varrho$ die Schwingungsdauer. Ersetzt man in (75) t durch $t + T$, so bleibt die eckige Klammer erhalten, der Vorfaktor aber wird nun $e^{-\delta(t+T)} = e^{-\delta t}\,e^{-\delta T}$, also gilt, wie schon in (49) gezeigt, für x und alle seine

Ableitungen:

$$x(t + T) = e^{-\delta T} x(t); \quad \dot{x}(t + T) = e^{-\delta T} \dot{x}(t); \quad \ddot{x}(t + T) = e^{-\delta T} \ddot{x}(t). \quad (85)$$

Die Werte x, $\dot{x}$, $\ddot{x}$ usw. nehmen somit in geometrischer Reihenfolge ab, weil der Quotient

$$\frac{x(t + T)}{x(t)} = e^{-\delta T} \qquad (86)$$

konstant ist. Die für diese Abnahme kennzeichnende Größe heißt nach (50) das logarithmische Dekrement

$$D = \ln \frac{x(t)}{x(t + T)} = \delta T = \delta \frac{2\pi}{\varrho} = \frac{2\pi}{\sqrt{\dfrac{4mc}{d^2} - 1}} . \qquad (87)$$

Es läßt sich ebenso wie die Schwingungsdauer T leicht messen; man hat dann zwei Gleichungen für die drei Größen m, c und d, von denen

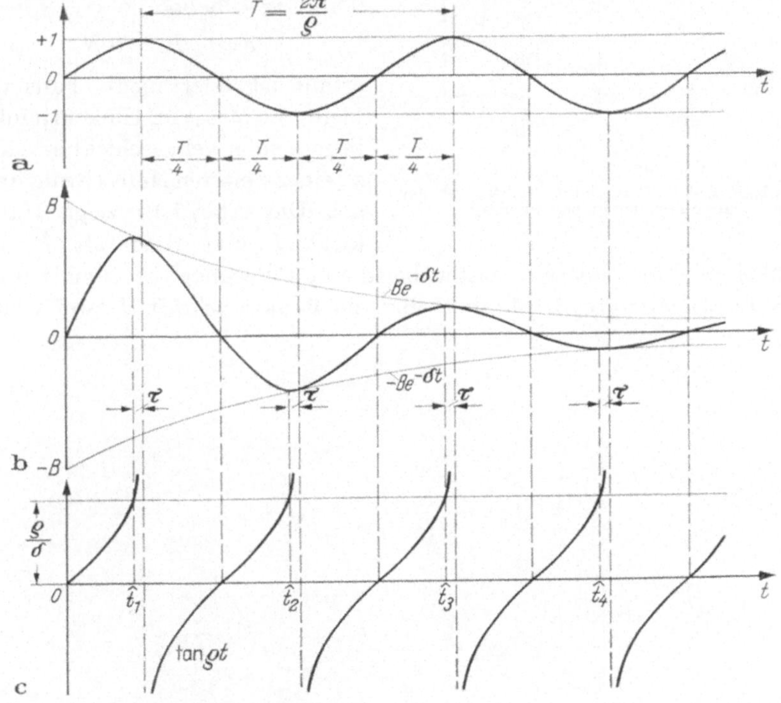

Abb. 7.18. Schwach gedämpfte Schwingung mit einigen typischen Größen.

nur noch eine direkt bestimmt werden muß, am einfachsten die Federzahl c aus einem statischen Versuch.

Wenn die Dämpfung verschwindet, ist wegen $d = 0$ auch $\delta = 0$, somit $e^{-\delta t} = 1$ und $\varrho = \nu$, und damit gehen alle abgeleiteten Formeln in die bekannten Gesetze der harmonischen Schwingung über.

An Stelle der bisher betrachteten geschwindigkeitsproportionalen Dämpfung trete nun eine COULOMBsche Reibkraft vom konstanten Betrage R. Die Bewegung einer Masse auf geradliniger Bahn erfolgt dann nach zwei verschiedenen Gesetzen, denn auf dem Hinweg von links nach rechts wirkt die Reibkraft nach links, auf dem Rückweg nach rechts:

$$\text{Hinweg} \quad \dot{x} > 0: \quad m\ddot{x} = -cx - R. \tag{88}$$

$$\text{Rückweg} \quad \dot{x} < 0: \quad m\ddot{x} = -cx + R. \tag{89}$$

In den Umkehrlagen ist die Geschwindigkeit Null, daher setzt die Reibkraft R aus, an ihre Stelle tritt eine Haftkraft, deren größtmöglicher Betrag H sei. Man hat daher in jeder Umkehrlage nachzuprüfen, ob die Bedingung

$$cx \lessgtr H = \mu N \tag{90}$$

erfüllt ist oder nicht. Falls ja, bleibt die Masse im Umkehrpunkt liegen, falls nein, schickt sie sich zu einer weiteren Halbschwingung an. Die Abb. 7.19 zeigt Haftkraft H und Reibkraft R als

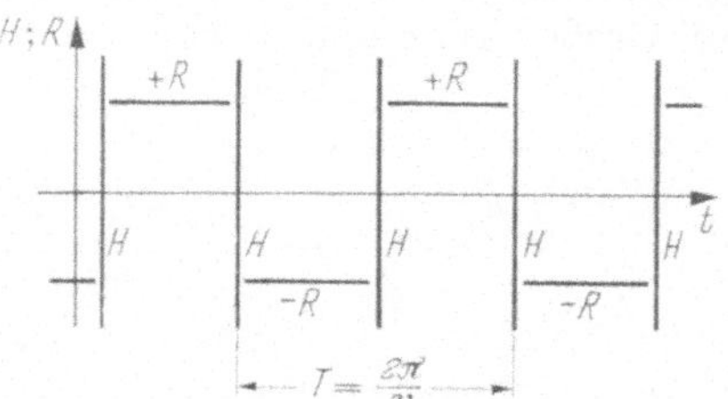

Abb. 7.19. Haftkraft H und Reibkraft R bei der COULOMBschen Reibschwingung.

Funktionen der Zeit. Wir halten bei dieser Gelegenheit nochmals fest, daß die eingeprägte Reibkraft R und die Reaktionskraft H zwei völlig

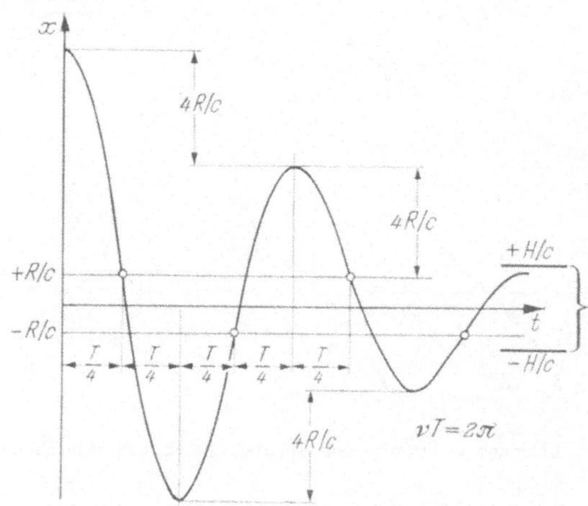

Abb. 7.20. Bei der COULOMBschen Reibschwingung setzt sich die Funktion $x(t)$ aus lauter harmonischen Halbschwingungen mit wechselndem Zentrum zusammen.

verschiedene Dinge sind, wenngleich beide ihren physikalischen Ursprung in der Oberflächenrauhigkeit haben; man studiere daraufhin nochmals die Abb. 4.8.

Die Lösungen von (88) und (89) sind nun leicht anzugeben:

$$\text{Hinweg} \quad \dot{x} > 0: \; x = a \cos \nu\, t + b \sin \nu\, t - \frac{R}{c}. \tag{91}$$

$$\text{Rückweg} \quad \dot{x} < 0: \; x = a \cos \nu\, t + b \sin \nu\, t + \frac{R}{c}. \tag{92}$$

Die Masse vollführt periodische Halbschwingungen mit der Kreisfrequenz ν abwechselnd um die Mittellagen $+R/c$ und $-R/c$; die maximalen Amplituden nehmen somit in arithmetischer Reihenfolge während jeder Halbschwingung um den Betrag $2R/c$ ab, so lange, bis die Masse innerhalb des in Abb. 7.20 gekennzeichneten Streifens der Breite $2H/c$ schließlich liegenbleibt.

Aufgabe 7.11: Schwach gedämpfte Schwingung.
Aufgabe 7.12: Stark gedämpfte Schwingung.

7.7 Die erzwungene lineare Schwingung. Außer der Federkraft $\mathfrak{F} = -c\,\mathfrak{x}$ und der Dämpfungskraft $\mathfrak{R} = -d\,\dot{\mathfrak{x}}$ möge nun an der Masse noch eine sog. Zwangskraft $\mathfrak{K}(t)$ nach Abb. 7.16 angreifen; die Bewegungsgleichung ist dann

$$m\,\ddot{\mathfrak{x}} + d\,\dot{\mathfrak{x}} + c\,\mathfrak{x} = \mathfrak{K}(t). \tag{93}$$

Statt uns um die Lösung dieser Gleichung zu bemühen, gehen wir besser umgekehrt vor und fragen: Wie muß die Zwangskraft $\mathfrak{K}$ beschaffen sein, damit die eintretende Bewegung möglichst einfach wird? Die allereinfachste ebene Bewegung aber ist eine gleichförmige Kreisbewegung mit der konstanten Winkelgeschwindigkeit $\dot{\alpha} = \Omega$, die wir zweckmäßig in Polarkoordinaten nach (6.8) und (6.9) mit zwei mitbewegten Einheitsvektoren $\mathfrak{a}_1$ und $\mathfrak{a}_2$ beschreiben, siehe Abb. 7.21. Wegen $r = \text{const}$ ist dann $\dot{r} = 0$ und $\ddot{r} = 0$, und wegen $\dot{\alpha} = \Omega = \text{const}$ ist $\ddot{\alpha} = 0$. Die Zwangskraft $\mathfrak{K}$ zerlegen wir in die beiden Komponenten K_T und K_N; die Federkraft vom Betrage $c\,r$ wirkt normal nach innen und die Dämpfungskraft vom Betrage $d\,v = d\,r\,\Omega$ tangential. Die Bewegungsgleichungen in normaler Richtung $\mathfrak{a}_1$ und tangentialer Richtung $\mathfrak{a}_2$ lauten somit:

$$m(0 - r\,\Omega^2) = K_N - c\,r; \quad m(0 + 0) = K_T - d\,r\,\Omega, \tag{94}$$

oder umgeordnet und durch $c\,r$ dividiert mit der üblichen Abkürzung $\nu^2 = c/m$ und den weiteren Abkürzungen ξ und η:

$$\xi = \frac{K_N}{c\,r} = 1 - \frac{m\,r\,\Omega^2}{c\,r} = 1 - \frac{\Omega^2}{\nu^2}; \quad \eta = \frac{K_T}{c\,r} = \frac{d\,\Omega}{c}. \tag{95}$$

Aus diesen beiden Größen berechnen wir den Tangens des sog. Phasenwinkels ε aus dem schraffierten Dreieck der Abb. 7.21

$$\tan\varepsilon = \frac{K_T}{K_N} = \frac{\eta}{\xi}, \tag{96}$$

ferner nach dem Satz des Pythagoras das Quadrat der Zwangskraft

$$\left(\frac{K}{c\,r}\right)^2 = \left(\frac{K_N}{c\,r}\right)^2 + \left(\frac{K_T}{c\,r}\right)^2 = \xi^2 + \eta^2 = W^2, \tag{97}$$

und hieraus folgt der Radius des Kreises oder, was dasselbe ist, die

$$\text{Amplitude } r = \frac{1}{W}\,\frac{K}{c} \tag{98}$$

der Projektionsschwingung. Da nun alle in diesen Formeln auftretenden Größen, nämlich m, d, c; r und Ω konstant sind, sind auch $\tan\varepsilon$ und der Betrag $K = |\,\Re\,|$ nach (96) bis (98) konstant; mithin läuft die Zwangskraft $\Re$ vom konstanten Betrage K mit der gleichen konstanten Drehgeschwindigkeit Ω um wie der Ortsvektor $\mathfrak{x} = r\,\mathfrak{a}_1$, ist allerdings

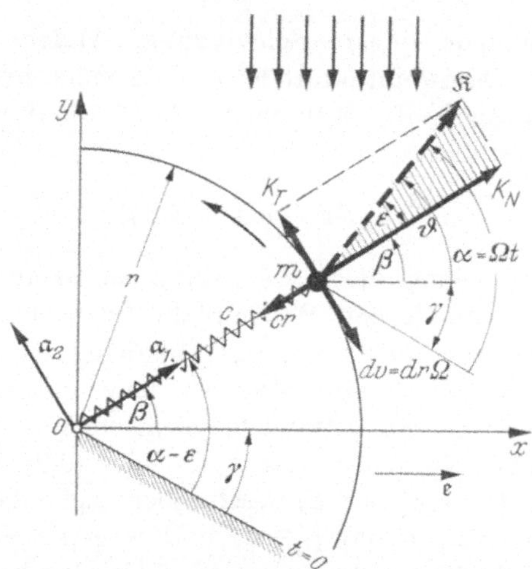

Abb. 7.21. Gleichförmige Kreisbewegung einer Masse m, an der Zwangskraft, Dämpfungskraft und Federkraft angreifen.

um den Winkel ε phasenverschoben. Projizieren wir nun die Bewegung nach Abb. 7.21 durch paralleles Licht auf die x-Achse, so geht die Gl. (93) über in

$$m\,\ddot{x} + d\,\dot{x} + c\,x = K\,\cos\vartheta = K\cos(\Omega\,t - \gamma), \tag{99}$$

und die Projektion des zugehörigen Ortsvektors $\mathfrak{x}$ wird

$$x(t) = r\cos\beta = \frac{K}{c\,W}\cos(\vartheta - \varepsilon) = \frac{K}{c\,W}\cos(\Omega\,t - \gamma - \varepsilon), \tag{100}$$

wo wir $r = K/c\,W$ aus (98) eingesetzt haben. Die Gl. (100) ist somit die Lösung der Bewegungsgleichung (99). Die in (100) benötigten Größen ε und W berechnet man aus (96) und (97). Um die Abhängigkeit dieser beiden Größen von der Kreisfrequenz Ω zu studieren, eliminieren wir Ω aus dem Gleichungspaar (95) und bekommen die Gleichung einer Parabel

$$\xi = 1 - \eta^2 \frac{m\,c}{d^2}\;;\qquad \xi = \frac{K_N}{c\,r}\;;\qquad \eta = \frac{K_T}{c\,r},\qquad (101)$$

s. Abb. 7.22, in der man das durch den Faktor $c\,r$ dividierte schraffierte Dreieck der Abb. 7.21 wiederfindet. Eine horizontale Gerade durch einen

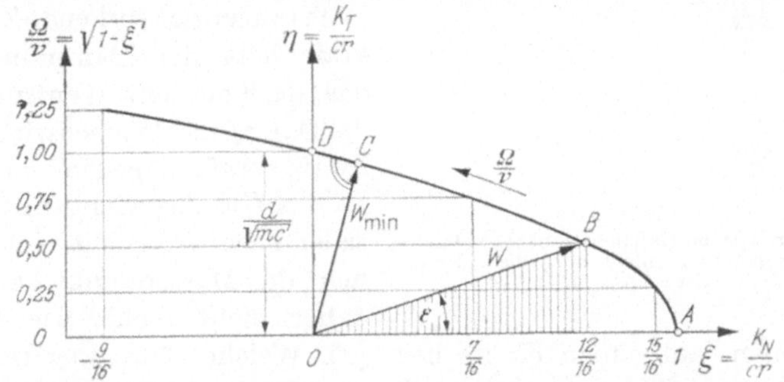

Abb. 7.22. Abhängigkeit der Größe $W = K/cr$ von der Kreisfrequenz Ω.

gegebenen Wert der senkrechten Ω/ν-Achse schneidet die Parabel in einem Punkte B, der die beiden für die Bewegung typischen Größen ε und $W = K/c\,r$ sofort abzulesen gestattet. Der Radius r des Kreises, auf dem die Masse umläuft, bzw. die Amplitude der Projektionsschwingung ist somit am größten, wenn W seinen kleinsten Wert annimmt: Punkt C der Parabel, zu dem ein Wert $\Omega/\nu < 1$, also $\Omega < \nu$ gehört. Außer diesem Punkt C sind nun noch die Punkte A und D von besonderer Bedeutung.

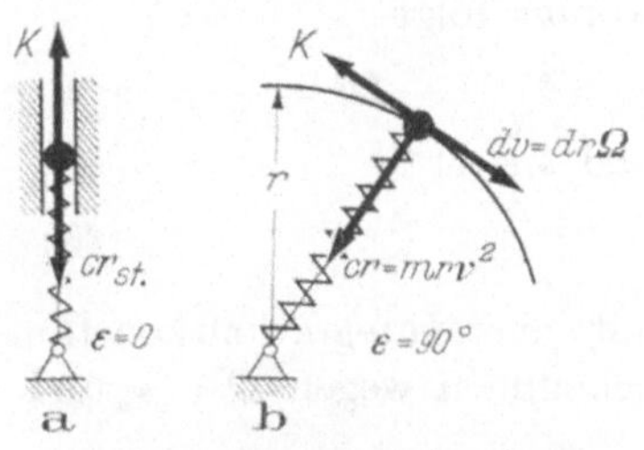

Abb. 7.23. Zwei wichtige Sonderfälle der Abb. 7.21: Statischer Fall und der Fall $\Omega = \nu$.

Zum Punkt A gehört der statische Fall $\Omega = 0$, $W = 1$, $\varepsilon = 0$. Nach Abb. 7.23a verharrt die Masse in Ruhe, also verschwindet die Dämpfungskraft, und die Zwangskraft vom Betrage K hält der Federkraft vom Betrage $c\,r_{st}$ das Gleichgewicht. Somit ist $K/c = r_{st}$, womit sich die Amplitude im allgemeinen Fall nach (98) auch so schreiben läßt:

$$r = \frac{1}{W}\,\frac{K}{c} = \frac{1}{W}\,r_{st} = V\,r_{st}\;;\qquad V = \frac{1}{W} = \frac{r}{r_{st}}.\qquad (102)$$

Die statische Auslenkung r_{st} gibt demnach mit dem sog. Vergrößerungsfaktor $V = 1/W$ multipliziert die Amplitude der Schwingung bei vorgegebener Kreisfrequenz Ω. Dieser Vergrößerungsfaktor $V = 1/W$ ist dann ebenfalls ein gebräuchliches Maß der Schwingungstheorie.

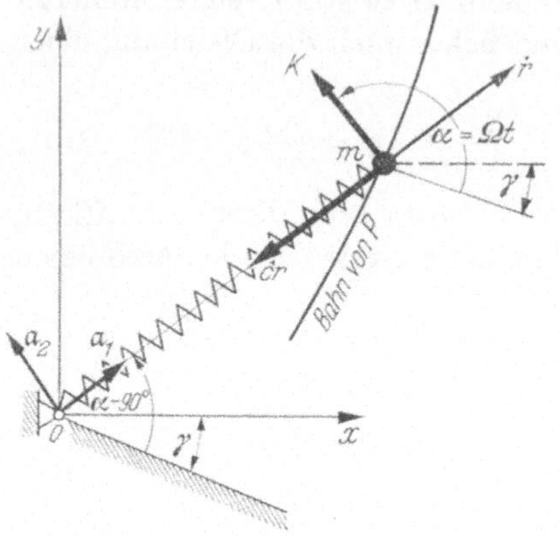

Zum Punkt D gehören die Werte $\Omega = \nu$, $W = d/\sqrt{m\,c}$, $\varepsilon = 90°$. Nach Abb. 7.23b bringt nun die Federkraft allein die Normalbeschleunigung auf, und die jetzt tangential wirkende Zwangskraft hält der Dämpfungskraft das Gleichgewicht. Wenn nun aber die Dämpfung d verschwindet, die Zwangskraft dagegen nicht, so ist das Gleichgewicht in tangentialer Richtung nicht mehr möglich; der Massenpunkt kann sich daher nicht mehr, wie bislang

Abb. 7.24. Im Resonanzfall ($d = 0$ und $\Omega = \nu$) kann sich der Massenpunkt nicht auf einem Kreis bewegen.

angenommen, auf einem Kreise bewegen. Welche Bewegung tritt nun ein? Wir versuchen den Ansatz $\dot\alpha = \Omega = \text{const}$ wie bisher, aber $\dot r = \text{const}$, somit $\ddot r = 0$; das gibt an Stelle von (94) die beiden Bewegungsgleichungen nach (6.8) und (6.9):

$$m(0 - r\,\Omega^2) = -c\,r; \qquad m(r \cdot 0 + 2\,\dot r\,\Omega) = K_T = K, \qquad (103)$$

woraus folgt

$$\Omega^2 = \frac{c}{m} = \nu^2 = \text{const}; \qquad \dot r = \frac{K}{2\,m\,\Omega} = \text{const} \qquad (104)$$

und weiter

$$r(t) = \hat r + \frac{K}{2\,m\,\Omega}\,t \qquad (105)$$

mit einer Integrationskonstanten $\hat r$. Dies setzen wir in (100) ein und bekommen wegen $\Omega = \nu$ und $\varepsilon = 90°$, somit $\cos(\vartheta - 90°) = \sin\vartheta$:

$$x(t) = r\cos\beta = r(t)\cos(\nu\,t - \gamma - \varepsilon) = \left(\hat r + \frac{K\,t}{2\,m\,\nu}\right)\sin(\nu\,t - \gamma). \qquad (106)$$

Die Sinusfunktion wird danach mit einer geraden Linie multipliziert, das gibt den Schwingungsverlauf der Übersicht (107), Bild f. Die Amplitude wächst somit theoretisch unbegrenzt an, doch darf man nicht vergessen, daß das zugrunde gelegte Hookesche Gesetz für zu große Auslenkungen nicht mehr gültig ist.

Kurven nach Art der Parabel (101) nennt man in der Schwingungslehre Ortskurven. An Stelle dieser Ortskurven kann man aber ebensogut zwei getrennte Schaubilder für den Vergrößerungsfaktor $V = 1/W$

und den Phasenwinkel ε über einer Ω/ν-Achse auftragen. Variiert man dabei die Ordinate $\overline{OD} = d/\sqrt{m\,c}$ der Parabel aus Abb. 7.22, so entstehen ganze Scharen von Kurven, aus denen alles Wesentliche zu erkennen ist, siehe Abb. 7.25 und 7.26. Die Abszisse 0 gehört jetzt zum statischen Fall, die Abszisse 1 zum Fall $\Omega = \nu$.

Die erzwungene Schwingung mit konstanter Reibkraft macht beträchtliche rechnerische Schwierigkeiten, weil die Eigenschwingung

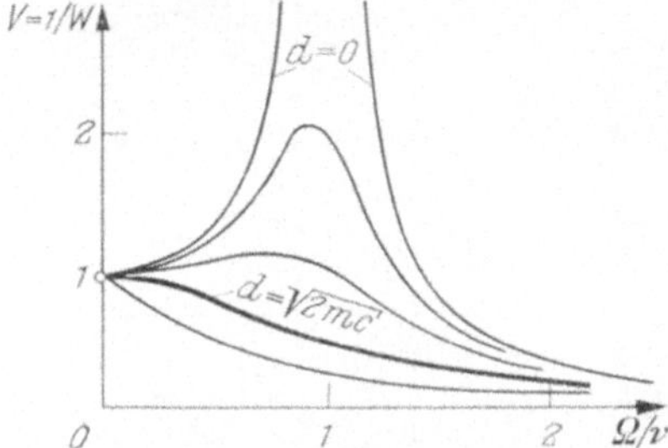

Abb. 7.25. Die Vergrößerungsfunktion $V = 1/W$ für verschiedene Werte des Parameters $d/\sqrt{m\,c}$.

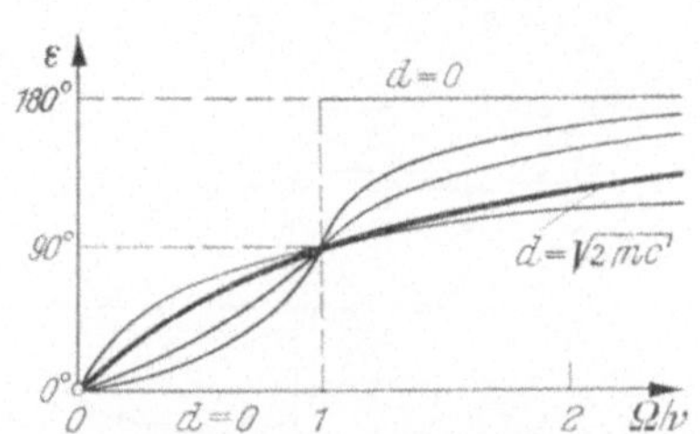

Abb. 7.26. Der Phasenwinkel ε für verschiedene Werte des Parameters $d/\sqrt{m\,c}$.

nicht wie im Falle der Dämpfungskraft allmählich einschläft, sondern in voller Stärke erhalten bleibt. Die Integrationskonstanten der freien Schwingung müssen daher in jeder Umkehrlage neu angepaßt werden, ein mühseliges Geschäft, das man am besten einem Rechenautomaten überläßt.

In der Übersicht (107) sind die freie Schwingung (auch Eigenschwingung genannt) und die Zwangsschwingung noch einmal einander gegenübergestellt. Wie wir im Abschn. 9.5 sehen werden, lassen sich beide Schwingungen zu einer resultierenden Schwingung überlagern; es wird dann auch möglich sein, die eintretende Bewegung an vorgeschriebene Anfangsbedingungen anzupassen.

Alle in den Abschn. 7.6 und 7.7 angegebenen Formeln gelten natürlich generell als Lösung der Differentialgleichung (71) unabhängig von der speziellen Bedeutung der Größen m, d, c; K und q. Zum Beispiel kann q auch eine Bogenlänge s oder bei der Drehung des starren Körpers um eine feste Achse der Drehwinkel φ sein. Bei elektrischen Schwingungen bedeuten m, d, c die Selbstinduktion, den Ohmschen Widerstand und die reziproke Kapazität eines Kondensators; K ist die Spannung und q die Stromstärke.

Zahlreiche Probleme der Mechanik (und auch der übrigen Physik) führen auf Feder- und Dämpfungskräfte, die zwar nicht mehr im ganzen, aber doch wenigstens stückweise linear sind; die Abb. 7.27 zeigt eine solche Funktion $\ddot{q}(q)$ für fehlende Dämpfung und Zwangskraft. Derartige Aufgaben werden abschnittsweise nach den soeben besprochenen

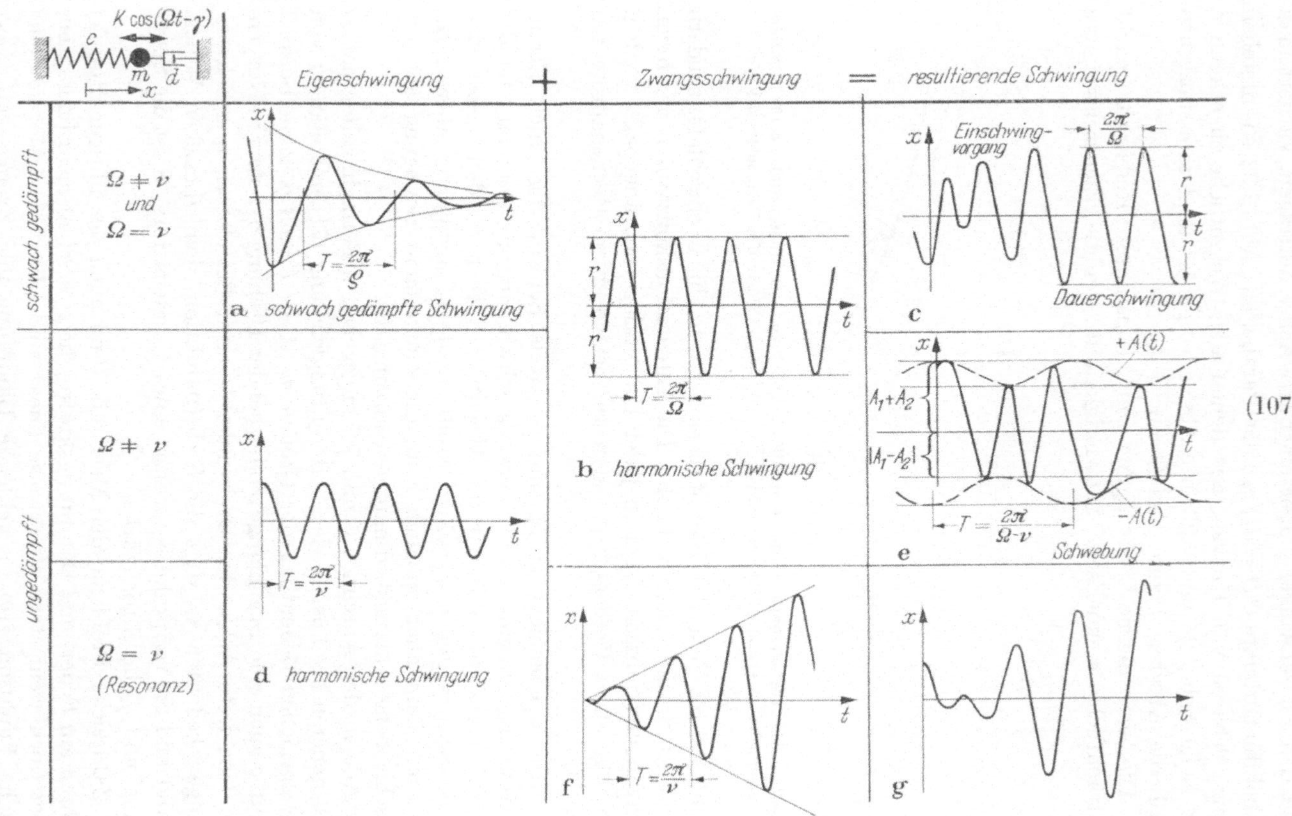
$K \cos(\Omega t - \gamma)$
Eigenschwingung + Zwangsschwingung = resultierende Schwingung
schwach gedämpft
ungedämpft
$\Omega \neq \nu$ und $\Omega = \nu$
$\Omega \neq \nu$
$\Omega = \nu$ (Resonanz)
a schwach gedämpfte Schwingung
$T = \dfrac{2\pi}{\varrho}$
b harmonische Schwingung
$T = \dfrac{2\pi}{\Omega}$
c Einschwing-vorgang
$\dfrac{2\pi}{\Omega}$
Dauerschwingung
d harmonische Schwingung
$T = \dfrac{2\pi}{\nu}$
e Schwebung
$+A(t)$
$-A(t)$
$A_1 + A_2$
$|A_1 - A_2|$
$T = \dfrac{2\pi}{\Omega - \nu}$
f $T = \dfrac{2\pi}{\nu}$
g
(107)

Methoden gelöst und dann zusammengesetzt, wobei an den Übergangs-
stellen für den stetigen Übergang von q und $\dot{q}$ durch Anpassen der
Konstanten zu sorgen ist. Dies läßt sich sogar zu einer wirksamen Me-
thode bei nichtlinearen Schwingungen aufbauen, wenn man die dort
gekrümmten Feder- und Dämpfungskennlinien durch Geradenstücke
hinreichend genau ersetzt.

Wenn schließlich die Kenngrößen m, d, c der Gl. (71) nicht mehr
konstant, sondern Funktionen der Zeit sind, so heißt die zugehörige
Schwingung rheolinear. Der Projektionssatz (und ebenso der im
Abschn. 9.5 zu besprechende Überlagerungs-
satz) gilt auch jetzt noch, doch besteht die
Eigenschwingung nun nicht mehr aus elemen-
taren Funktionen wie in (76) bis (78). Lösungen
in geschlossener Form gelingen nur selten;
man beschränkt sich im allgemeinen auf die
Frage, ob die eintretende Schwingung stabil
oder instabil ist, d. h., ob die Funktion $x(t)$
beschränkt bleibt oder unbegrenzt anwächst

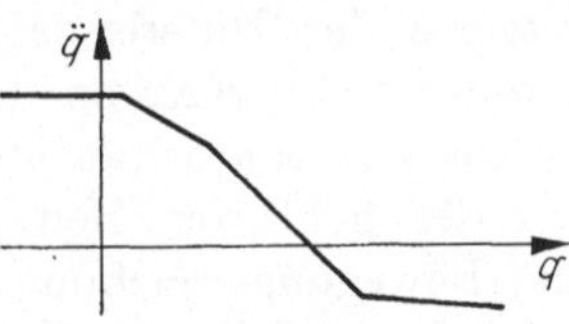

Abb. 7.27. Schema einer stück-
weisen linearen Funktion $\ddot{q}(q)$.

nach Art von (107g). Diese in der Praxis meist erwünschte Stabilität ist
abhängig von den Kenngrößen des Schwingers und der Zwangskraft; es
gibt fertige Stabilitätskarten, aus denen man alles Wesentliche entnehmen kann.

Aufgabe 7.13: Lineare Zwangsschwingung.
Aufgabe 7.14: Stückweise lineare Schwingung.

7.8 Nichtlineare Schwingungen. Die Bewegungsgleichung eines
zwangsläufigen Systems hat im allgemeinsten Falle die Form

$$\ddot{q} = f(\dot{q}, q, t), \tag{108}$$

wo die Funktion f beliebig kompliziert sein kann. Auch die bisher
behandelte lineare Differentialgleichung (71) ordnet sich der Gl. (108)
unter. Ist diese nicht linear, was wir ab jetzt voraussetzen, so stößt
die Integration meist auf erhebliche mathematische Schwierigkeiten;
man ist dann schon froh über gewisse pauschale Aussagen, z. B., ob
die Bewegung periodisch ist oder nicht, ob sie beschränkt bleibt und
dergleichen mehr.

In drei Sonderfällen gelingt wenigstens eine erste Integration:

1. Die Koordinate q kommt nicht vor. Dann setzen wir $\dot{q} = v$,
und (108) geht über in

$$\dot{v} = f(v, t). \tag{109}$$

2. Die Zeit t kommt nicht vor. Dann setzen wir $\ddot{q} = \dot{q}\, d\dot{q}/dq = v\, dv/dq$,
und nun wird

$$v \frac{dv}{dq} = f(v, q) \tag{110}$$

Die Differentialgleichungen (109) und (110) sind nur noch von erster Ordnung und lassen sich daher gegebenenfalls durch Trennung der Veränderlichen oder durch andere Kunstgriffe ein zweites Mal integrieren.

3. Weder t noch q kommt vor. Jetzt ist einfach

$$\ddot{q} = f(q). \tag{111}$$

Dieser Gleichungstyp tritt immer dann auf, wenn die Reibkraft fehlt oder vernachlässigt wird, und die übrigen eingeprägten Kräfte Funktionen des Ortes allein sind, wie Federkräfte und Gewichte. Ein erstes Integral der Differentialgleichung (111) ist der Arbeitssatz bzw. bei konservativen Kräften der Energiesatz.

Die Nichtlinearität der Gl. (108) kann verschiedene Ursachen haben. Bei der geführten Bewegung des Massenpunktes im Schwerefeld ist die Bewegungsgleichung $\ddot{s} = -g\sin\beta$ nach (8.29) stets nichtlinear, außer beim Fall eines Massenpunktes auf der spitzen Zykloide; ist die Kurve ein Kreis, so entsteht die gewöhnliche Pendelschwingung mit der Differentialgleichung $\ddot{q} = -\nu^2\sin q$. Wenn Federkräfte im Spiel sind, rührt die Nichtlinearität entweder von der Krümmung der Federkennlinie nach Abb. 3.4 her, oder, selbst bei Gültigkeit des HOOKEschen Gesetzes, von der geometrischen Anordnung. Im allgemeinen folgt aus der Linearität der Federkennlinie nämlich keineswegs die Linearität der Schwingungsgleichung.

§ 8. Die geführte Bewegung des Massenpunktes

8.1 Freiheitsgrade und Reaktionen. Der im Raume frei bewegliche Massenpunkt hat drei Freiheitsgrade, etwa x, y, z in cartesischen oder r, α, z in Zylinderkoordinaten. Ist der Punkt dagegen an eine starre Fläche gebunden, so hat er nur noch zwei Freiheitsgrade, auf einer starren Kurve sogar nur noch einen. Schließlich kann man ihn irgendwo im Raume festhalten, dann hat er keinen Freiheitsgrad mehr und ist unbeweglich.

Die Abb. 4.6 zeigte verschiedene konstruktive Möglichkeiten, einen Punkt an eine Kurve oder Fläche zu binden und ihn damit, wie wir jetzt sagen, zu einer geführten Bewegung innerhalb der Fläche bzw. auf der Kurve zu zwingen. Die Reaktionskräfte, die diesen Zwang ausüben, haben wir im statischen Fall aus den Gleichgewichtsbedingungen errechnet; jetzt tritt an deren Stelle das NEWTONsche Grundgesetz:

$$\text{Statik:} \quad \sum \mathfrak{K}_i = 0 \qquad \text{(Gleichgewichtsbedingungen)} \tag{1}$$

$$\text{Kinetik:} \quad \sum \mathfrak{K}_i = m\,\ddot{\mathfrak{r}} \neq 0 \qquad \text{(Bewegungsgleichungen)} \tag{2}$$

Für den Sonderfall der geradlinig-gleichförmigen Bewegung oder der
Ruhe verschwindet die Beschleunigung; dann sind beide Gleichungen
identisch. Die Statik ist insofern nur ein trivialer — wenn auch technisch
höchst bedeutsamer — Sonderfall der Dynamik. Hier wie dort sind drei
skalare lineare Gleichungen zu erfüllen. In der Statik waren die Unbekannten allein die Reaktionskräfte, jetzt sind es außer diesen noch
die zweiten Ableitungen der f Koordinaten. Die Gesamtwertigkeit
der Stützung sei w, dann ist die Anzahl der Unbekannten $w + f$. Wenn
$w + f = 3$ ist und sich alle drei Unbekannten eindeutig aus den Gleichgewichtsbedingungen bzw. Bewegungsgleichungen berechnen lassen,
so heißt die Führung dynamisch bestimmt, anderenfalls dynamisch
überbestimmt; wir haben daher die folgenden Fälle zu unterscheiden:

	Freiheitsgrad f	Wertigkeit w	Bezeichnung	
dynamisch bestimmt	3	0	freie Bewegung	
	2	1	geführte Bewegung	
	1	2		(3)
	0	3	statisch bestimmt	
dynamisch überbestimmt	0	$w > 3$	statisch überbestimmt	
	$1 \leqq f \leqq 2$	$w > 3$	kinetisch überbestimmt	

Ist die Führung dynamisch überbestimmt, so lassen sich zwar die Beschleunigungen, nicht aber sämtliche Reaktionskräfte eindeutig ermitteln, siehe das Beispiel der Abb. 4.16.

Im dynamisch bestimmten Fall läuft die Rechnung genau wie in
der Statik. Die Gl. (2) wird in drei geeignete Komponenten zerlegt
und nach den drei Unbekannten aufgelöst, was keine Mühe macht.
Sehr viel schwieriger ist im allgemeinen die Integration der Beschleunigungen, die nur in wenigen Fällen mit Hilfe geschlossener Formeln
gelingt. Die Reaktionskräfte sind jetzt im allgemeinen nicht mehr
wie in der Statik konstant, sondern von der Zeit und vom Ort abhängig.

Wenn die Oberfläche ideal glatt ist, so steht die Reaktionskraft $\mathfrak{R}$
senkrecht zur Führungskurve bzw. -fläche und bildet daher mit dem
Geschwindigkeitsvektor $\mathfrak{v}$, der ja ganz in der Fläche bzw. Kurve liegt,
einen rechten Winkel, so daß die Leistung $L = \mathfrak{R}\,\mathfrak{v} = 0$ ist. Bei rauhen
Flächen oder Kurven liegt die Haftkomponente $\mathfrak{H}$ der Reaktionskraft
zwar in der Fläche bzw. in der Tangentialrichtung der Kurve selbst,
doch ist nun die Geschwindigkeit $\mathfrak{v} = 0$, so daß wiederum die Leistung
$L = \mathfrak{H}\,\mathfrak{v}$ verschwindet. Die Leistung von Reaktionskräften und damit
auch die Arbeit ist also auf jeden Fall gleich Null — eine Tatsache,
die geradezu als Definition von Reaktionskräften dienen kann — und
das wiederum bedeutet nach dem Arbeitssatz, daß Reaktionskräfte

die kinetische Energie und damit den Betrag des Geschwindigkeitsvektors nicht ändern können. Zusammengefaßt: Reaktionskräfte
leisten keine Arbeit; sie ändern höchstens die Richtung des Geschwindigkeitsvektors, aber niemals dessen Betrag.

Genau umgekehrt verhält sich die Reibkraft, die ja stets die Gegenrichtung des Geschwindigkeitsvektors hat; ihre Leistung ist $L = -R\dot{s}$
und daher gilt nach dem Arbeitssatz

$$E - E_0 = A_0 = \int_0 L\,dt = -\int_0 R\,ds < 0 \to E < E_0. \tag{4}$$

Unabhängig vom speziellen Reibkraftgesetz ist $R = |\mathfrak{R}|$ eine positive
Größe, also ist die Arbeit negativ, und das bedeutet, daß die Reibkraft
die kinetische Energie verringert, somit die Bewegung des Massenpunktes verzögert. Als Tangentialkraft kann die Reibkraft nur den Betrag, nicht aber die Richtung des Geschwindigkeitsvektors ändern.

Speziell beim COULOMBschen Reibkraftgesetz (3.14) der trockenen
Gleitreibung ist $R = fN$, wo N die Normalkraft zwischen den beiden
einander berührenden Körpern ist. Wir knüpfen nun an den Versuch
der Abb. 4.7 an. Die Fadenkraft K sei so gewählt, daß bei gegebener
Haftziffer μ Gleichgewicht soeben noch möglich ist, es ist dann $K = H$,

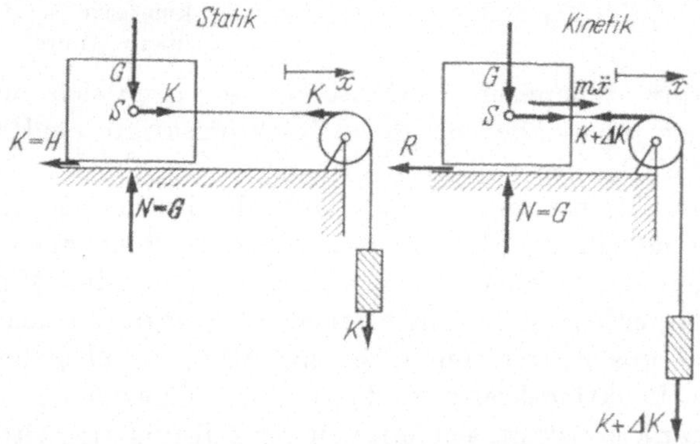

Abb. 8.1. Zum COULOMBschen Reibkraftgesetz.

siehe Abb. 8.1 links. Vergrößern wir nun die Kraft K um einen winzigen
Betrag ΔK, so gibt der Klotz seine Ruhelage auf und setzt sich nach
rechts in beschleunigte Bewegung. Die Bewegungsgleichung lautet
dann

$$\sum X = K + \Delta K - R = H + \Delta K - R = m\ddot{x} \to H - R = m\ddot{x} - \Delta K. \tag{5}$$

Nun zeigt der Versuch, daß bei beliebig kleiner Änderung ΔK eine durchaus nicht kleine positive Beschleunigung $\ddot{x}$ auftritt; beide Seiten der Gl. (5)
sind somit positiv, also ist $H > R$, die größtmögliche Haftkomponente

der Reaktionskraft im statischen Fall ist größer als die eingeprägte Reibkraft R im kinetischen Fall. Nun war einerseits laut Definition der Haftziffer $H = \mu\,N$, andererseits $R = f\,N$, somit folgt aus $H > R$, da beidemal $N = G$ ist, auch $\mu > f$; die Haftziffer μ ist deshalb stets größer als der Reibfaktor f der Coulombschen Reibkraft (s. Tab. 2 im Anhang). Die Reaktionskraft $\mathfrak{H}$ und die eingeprägte Reibkraft $\mathfrak{R}$ haben zwar den gleichen physikalischen Ursprung, nämlich die Rauhigkeit der einander berührenden Oberflächen; begrifflich aber handelt es sich um zwei ganz verschiedene Dinge, was wir uns fest genug einprägen wollen, weil die Verwechslung dieser beiden Kräfte zu groben Ungereimtheiten führen kann.

Wie wir sahen, sind Leistung, Arbeit und kinetische Energie von Reaktionskräften unabhängige Ausdrücke. Es muß daher möglich sein, aus dem Leistungs- oder Arbeitssatz die von den Reaktionskräften freien, sog. reinen Bewegungsgleichungen zu gewinnen; dies gelingt im einfachsten Falle nach (6.19):

$$\frac{\sum L}{\dot{s}} = \sum K_T = m\,\ddot{s}. \tag{6}$$

Auf diese Weise gewinnt man die Gl. (6.2) gewissermaßen hintenherum zurück. Man kann aber ebensogut den Arbeitssatz (6.26) nach t differenzieren — das gibt den Leistungssatz — und anschließend durch $\dot{s}$ dividieren, das kommt auf das gleiche heraus. Diese sog. analytische oder Energiemethode wird uns später noch ausgezeichnete Dienste leisten. Bei Mechanismen mit mehr als einem Freiheitsgrad treten an die Stelle der Gl. (6) die Lagrangeschen Gleichungen zweiter Art, die eines der mächtigsten Hilfsmittel der höheren Mechanik darstellen.

8.2 Die geführte Bewegung auf der Geraden. Auf der geraden Linie ist $\dot{\mathfrak{r}} = \dot{s}\,\mathfrak{t}$ und $\ddot{\mathfrak{r}} = \ddot{s}\,\mathfrak{t}$. Auf den Massenpunkt wirken die Reaktionskraft $\mathfrak{R}$ und die Summe der eingeprägten Kräfte $\mathfrak{K}_i^e$, die wir in zwei Komponenten in Richtung $\mathfrak{t}$ und senkrecht dazu zerlegen. Die Bewegungsgleichung lautet dann

$$m\,\ddot{\mathfrak{r}} = m\,\ddot{s}\,\mathfrak{t} = \mathfrak{R} + \sum \mathfrak{K}_T^e + \sum \mathfrak{K}_\perp^e. \tag{7}$$

In der Normalebene der Geraden herrscht Gleichgewicht — man vgl. die Bemerkungen zum Schluß des Abschnittes 6.1 — die Bewegungsgleichung (7) zerfällt daher in die Gleichungen

$$0 = \mathfrak{R} + \sum \mathfrak{K}_\perp^e \rightarrow \mathfrak{R} = -\sum \mathfrak{K}_\perp^e \quad \text{(Statik)} \tag{8}$$

$$m\,\ddot{s}\,\mathfrak{t} = \sum \mathfrak{K}_T^e \quad \text{(Kinetik)}, \tag{9}$$

womit die Aufgabe grundsätzlich erledigt ist. Das Gewicht der Masse zerlegen wir nach Abb. 8.2 in die beiden Richtungen $\mathfrak{t}$ und $\mathfrak{n}$:

$$\mathfrak{G} = -m\,g\,\mathfrak{z} = \mathfrak{G}_t + \mathfrak{G}_n = m\,g\,\sin\gamma\,\mathfrak{t} - m\,g\,\cos\gamma\,\mathfrak{n}. \tag{10}$$

Der Normalvektor $\mathfrak{n}$ liegt in der Vertikalebene, die von $\mathfrak{t}$ und $\mathfrak{z}$ aufgespannt wird. Damit lauten die Gln. (8) und (9), falls als einzige eingeprägte Kraft das Gewicht wirkt:

$$0 = \mathfrak{N} + \mathfrak{G}_n \to \mathfrak{N} = -\mathfrak{G}_n = m\,g\,\cos\gamma\,\mathfrak{n} = \text{const}, \qquad (11)$$

$$m\,\ddot{s}\,\mathfrak{t} = \mathfrak{G}_t = m\,g\,\sin\gamma\,\mathfrak{t} \to \ddot{s} = g\,\sin\gamma = \text{const}. \qquad (12)$$

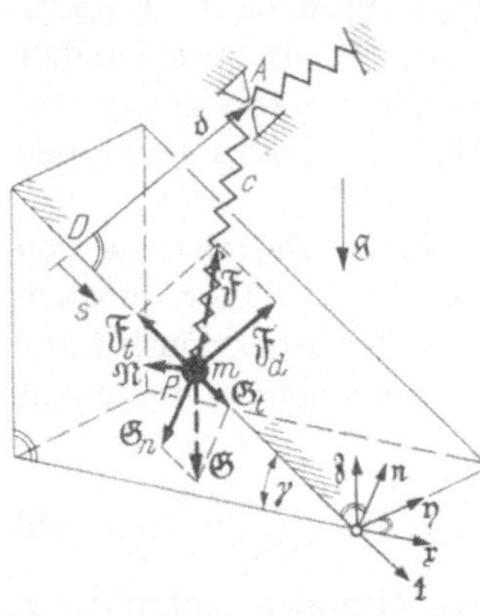

Abb. 8.2. Massenpunkt auf einer Geraden.

Normalkraft und Bahnbeschleunigung sind somit konstant. Zur konstanten Bahnbeschleunigung aber gehören die kinematischen Diagramme der Abb. (1.4), dort ist lediglich $w = g\,\sin\gamma$ zu setzen. Die Bewegung wird damit um so langsamer, je kleiner der Winkel γ ist; die Fallgesetze lassen sich daher einfacher studieren, als wenn man eine Kugel senkrecht herabfallen ließe; eine Tatsache, die schon GALILEÏ bei seinen Versuchen mit der Fallrinne benutzte.

Nun zur Federkraft. Der Federendpunkt der entspannten Feder sei A. Bei Gültigkeit des HOOKEschen Gesetzes ist die Federkraft

$$\mathfrak{F} = -c\,\mathfrak{w} = -c\,(\overrightarrow{AD} + \overrightarrow{DP}) = c\,\mathfrak{d} - c\,s\,\mathfrak{t} = \mathfrak{F}_d + \mathfrak{F}_t \qquad (13)$$

Die zur Geraden senkrechte Komponente $c\,\mathfrak{d}$ der Federkraft $\mathfrak{F}$ ist somit konstant. Nehmen wir noch das Gewicht der Masse hinzu, so lauten die beiden Gln. (8) und (9):

$$0 = \mathfrak{N} + \mathfrak{F}_d + \mathfrak{G}_n \to \mathfrak{N} = -\mathfrak{G}_n - \mathfrak{F}_d = m\,g\,\cos\gamma\,\mathfrak{n} - c\,\mathfrak{d} = \text{const}, \quad (14)$$

$$m\,\ddot{s}\,\mathfrak{t} = \mathfrak{G}_t + \mathfrak{F}_t = m\,g\,\sin\gamma\,\mathfrak{t} - c\,s\,\mathfrak{t} \to m\,\ddot{s} = m\,g\,\sin\gamma - c\,s. \quad (15)$$

Auch jetzt ist die Normalkraft während der Bewegung konstant. Setzen wir in (15) die Bahnbeschleunigung gleich Null, so bekommen wir den Gleichgewichtspunkt mit der Koordinate $\tilde{s}$:

$$\tilde{s} = \frac{mg}{c}\,\sin\gamma. \qquad (16)$$

Damit läßt sich die Gl. (15) mit den Abkürzungen ν^2 und $\tilde{s}$ kürzer so schreiben:

$$\ddot{s} = g\,\sin\gamma - \nu^2\,s = -\nu^2(s - \tilde{s}); \quad \nu^2 = \frac{c}{m}, \qquad (17)$$

und dies bedeutet nach (1.33) eine harmonische Schwingung mit der Kreisfrequenz ν um das Zentrum $\tilde{s}$. Die Kreisfrequenz und damit die

Schwingungsdauer $T = 2\pi/\nu$ ist somit unabhängig von der Neigung der Geraden, was die Abb. 8.3 deutlich macht.

Tritt schließlich noch eine Reibkraft $\Re = -R\mathfrak{v}^0$ hinzu, so ändert dies die Normalkraft (11) bzw. (14) überhaupt nicht, da die Reibkraft die Richtung des Geschwindigkeitsvektors $\mathfrak{v}$ hat und somit in der statischen Gl. (8) gar nicht auftritt. Die Bewegungsgleichung (15) dagegen lautet nun

$$m\,\ddot{s} = m\,g\,\sin\gamma - c\,s \pm R. \tag{18}$$

Die weitere Diskussion dieser Gleichung hängt vom speziellen Reibkraftgesetz ab.

Aufgabe 8.1: Bremsen eines Schlittens.
Aufgabe 8.2: Vorrichtung zum Messen der Reibkraft.
Aufgabe 8.3: Gedämpfte Schwingung auf einer Geraden.

Abb. 8.3. Die Kreisfrequenz $\nu = \sqrt{c/m}$ ist unabhängig von der Neigung der Geraden, auf welcher die Masse geführt wird.

Die 8.3 geführte Bewegung auf der Ebene. Da die Bahn in der Ebene E liegt, ist deren Normalvektor $\mathfrak{b}$ gleichzeitig Binormalvektor der Bahn. Auf den Massenpunkt wirkt die Reaktionskraft $\Re = N\,\mathfrak{b}$ und die Summe $\sum \Re_i^e$ der einge-

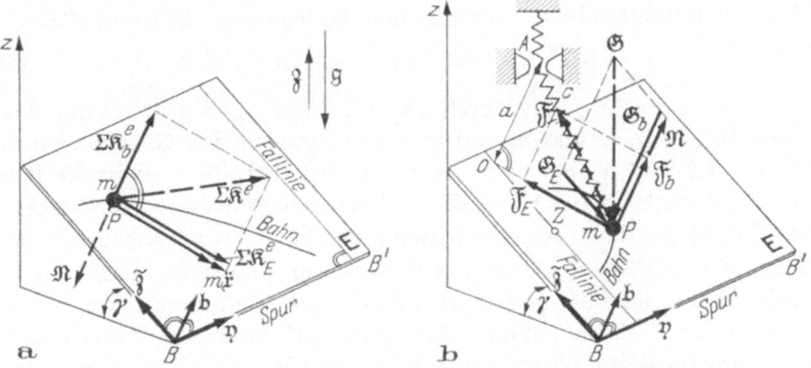

Abb. 8.4. Zur Kinetik des Massenpunktes, der an eine Ebene gebunden ist.

prägten Kräfte, die wir nach Abb. 8.4 in zwei Komponenten in Richtung von $\mathfrak{b}$ und senkrecht dazu zerlegen. Die Bewegungsgleichung lautet damit

$$m\,\ddot{\mathfrak{r}} = \Re + \sum \Re_E^e + \sum \Re_\mathfrak{b}^e \tag{19}$$

und zerfällt, weil der Beschleunigungsvektor ganz in der Ebene E liegt, in eine statische und in eine kinetische Gleichung:

$$0 = \Re + \sum \Re_\mathfrak{b}^e \rightarrow \Re = -\sum \Re_\mathfrak{b}^e \quad \text{(Statik)}, \tag{20}$$

$$m\,\ddot{\mathfrak{r}} = \sum \Re_E^e \qquad \text{(Kinetik)}, \tag{21}$$

womit wiederum die Aufgabe grundsätzlich gelöst ist. Das Gewicht zerlegen wir ebenso wie in Abb. 8.2, nur sind jetzt $\mathfrak{t}$ und $\mathfrak{n}$ durch $-\mathfrak{z}$ und $\mathfrak{b}$ zu ersetzen:

$$\mathfrak{G} = \mathfrak{G}_E + \mathfrak{G}_b = -m\,g\,\sin\gamma\;\mathfrak{z} - m\,g\,\cos\gamma\;\mathfrak{b}. \tag{22}$$

Mit den Vektoren $\mathfrak{x} = \overrightarrow{OP}$ und $a\,\mathfrak{b} = \overrightarrow{OA}$ nach Abb. 8.4 läßt sich wie in (13) die Federkraft so zerlegen:

$$\mathfrak{F} = -c\,\mathfrak{w} = -c\,\overrightarrow{AP} = -c\,(\overrightarrow{AO} + \overrightarrow{OP}) = c\,a\,\mathfrak{b} - c\,\mathfrak{x} = \mathfrak{F}_b + \mathfrak{F}_E, \tag{23}$$

wo jetzt O der Fußpunkt des Lotes vom Federendpunkt A auf die Ebene ist. Die statische Gl. (20) geht damit über in

$$0 = \mathfrak{N} + \mathfrak{F}_b + \mathfrak{G}_b \to \mathfrak{N} = -\mathfrak{G}_b - \mathfrak{F}_b = (m\,g\,\cos\gamma - c\,a)\,\mathfrak{b}. \tag{24}$$

Wieder ist, wie bei der Bewegung auf der Geraden, die Normalkraft nach Größe und Richtung konstant, auch bei Vorhandensein einer Reibkraft $\mathfrak{R}$, da diese in der Ebene E liegt und somit keinen Beitrag zur Normalkraft $\mathfrak{N}$ liefert.

Die Gl. (21), die alle Komponenten der eingeprägten Kräfte in der Ebene E enthält, lautet nun mit den Zerlegungen (22) und (23)

$$m\,\ddot{\mathfrak{x}} = \sum \mathfrak{R}_E^e = -c\,\mathfrak{x} - m\,g\,\sin\gamma\;\mathfrak{z} + \mathfrak{R}. \tag{25}$$

Ersetzen wir in ihr $g\,\sin\gamma$ durch g und $\mathfrak{z}$ durch $\mathfrak{z}$, so geht sie mit ihren Sonderfällen $c = 0$ und $\mathfrak{R} = 0$ in die entsprechenden Gleichungen der Abschn. 7.2 bis 7.4 über. Wirkt z. B. das Gewicht allein, so ist die Bahn eine Wurfparabel in der Ebene E, bei Vorhandensein einer Feder dagegen eine Ellipse mit dem Gleichgewichtspunkt Z als Mittelpunkt; die Umlaufdauer $T = 2\pi/\nu = 2\pi\,\sqrt{m/c}$ hängt wiederum nur von c und m ab. Auch alle Formeln der gedämpften Schwingung kann man fast wörtlich übernehmen. Daß die geführte Bewegung auf der Ebene mit der freien Bewegung im Raum bis auf Äußerlichkeiten übereinstimmt, liegt einfach daran, daß auch die freie Bewegung unter dem Einfluß von Gewicht, Federkraft und Reibkraft zu ebenen Bahnkurven führt. Die Normalkraft $\mathfrak{N}$, die bei der freien Bewegung fehlt, kompensiert lediglich die zur Führungsebene E normalen Komponenten des Gewichtes und der Federkraft.

Aufgabe 8.4: Wurfparabel auf der schiefen Ebene.

8.4 Die geführte Bewegung auf gekrümmter Kurve. Die Reaktionskraft in der Normalebene E der Bahn zerlegen wir in die beiden Komponenten $N\,\mathfrak{n}$ und $B\,\mathfrak{b}$ in Richtung von Haupt- und Binormale nach Abb. 8.5. Alle eingeprägten Kräfte fassen wir zur Kräftesumme $\sum \mathfrak{R}_i^e$ zusammen und schreiben das Newtonsche Grundgesetz in natürlichen

Koordinaten:

$$\sum \mathfrak{K} = m\,\ddot{\mathfrak{x}} \;\rightarrow\; \begin{cases} \sum K_T^e = m\,\ddot{s} & (26) \\[2mm] \sum K_N^e + N = m\,\dfrac{\dot{s}^2}{\varrho} & (27) \\[2mm] \sum K_B^e + B = 0 \quad \text{(Statik)} & (28) \end{cases}$$

Die drei Unbekannten $\ddot{s}$, N, B stehen hier unmittelbar vor uns. Allerdings hängt die Reaktion N noch vom Geschwindigkeitsquadrat $\dot{s}^2 = v^2$ ab, das man durch Integration oder direkt aus dem Arbeitssatz gewinnt.

Wenn als einzige eingeprägte Kraft auf den Massenpunkt sein Gewicht $\mathfrak{G}$ wirkt, so lautet die Gl. (26) nach Abb. 8.6

$$m\,\ddot{s} = -\,m\,g\,\sin\beta = -\,m\,g\,\frac{dz}{ds}. \qquad (29)$$

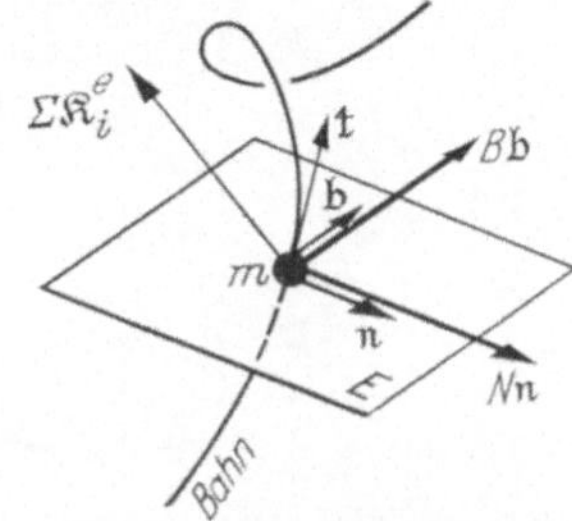

Abb. 8.5. Kräfte am Massenpunkt, der auf einer Kurve geführt wird.

Da die Schwerkraft ein Potential hat, ist das Geschwindigkeitsquadrat unabhängig von der Form der Bahnkurve eine lineare Funktion der Höhe z; die Bahnkurve selbst legt somit nur die Richtung des Geschwindigkeitsvektors fest. Wenn die Bahnkurve einen Tiefpunkt besitzt, so kann der Massenpunkt zwischen zwei Punkten A und B mit gleicher Koordinate z

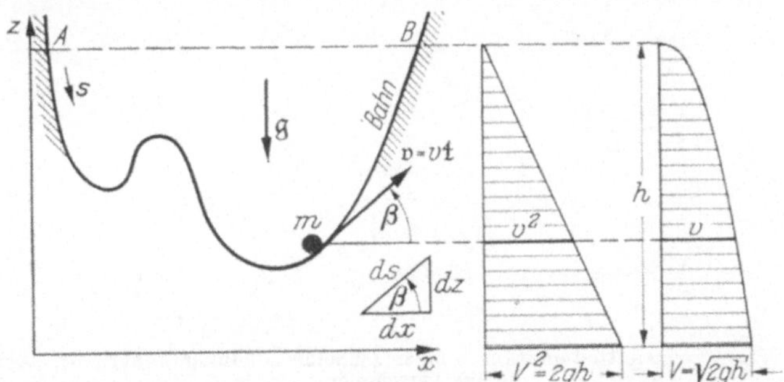

Abb. 8.6. Pendelbewegung eines Massenpunktes auf vorgegebener Bahn.

Schwingungen ausführen wie in Abb. 8.6; solche Vorrichtungen heißen Pendel. Zwei besonders wichtige ebene Pendel wollen wir jetzt etwas näher betrachten.

Wenn ein Kreis vom Radius a auf einer festen Geraden bb nach Abb. 8.7 abrollt, ohne zu gleiten, so beschreibt jeder Punkt P auf dem Rande des Kreises eine sog. Rollkurve oder Zykloide, für deren Steigungswinkel β die einfache Beziehung

$$\sin\beta = \frac{s}{4a} = \frac{s}{\varrho_0} \qquad (30)$$

besteht, wo ϱ_0 der zum Punkt O gehörige Krümmungsradius ist, wie wir in (10.4) noch zeigen werden. Die Bewegungsgleichung (29) lautet daher

$$\ddot{s} = - \nu^2 s; \quad \nu^2 = \frac{g}{4a} = \frac{g}{\varrho_0} \tag{31}$$

und stellt nach (1.24) die Gleichung einer harmonischen Schwingung mit der Kreisfrequenz ν und dem Zentrum 0 dar. Die Schwingungs-

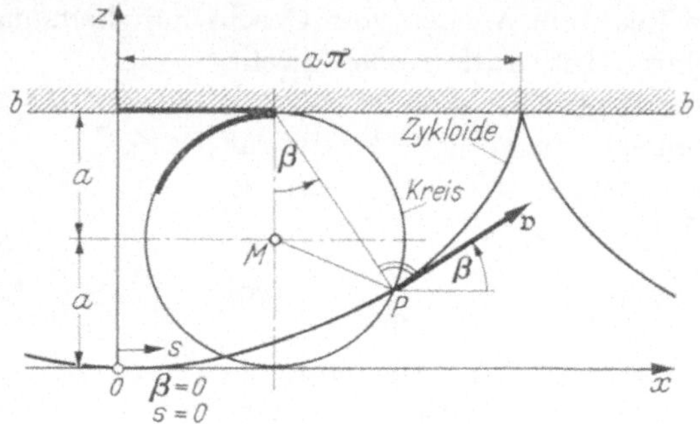

Abb. 8.7. Die Zykloide als Rollkurve.

dauer $T = 2\pi/\nu = 4\pi \sqrt{a/g}$ ist unabhängig von der Masse und der Amplitude; läßt man daher z. B. drei beliebig große Massen in beliebigen

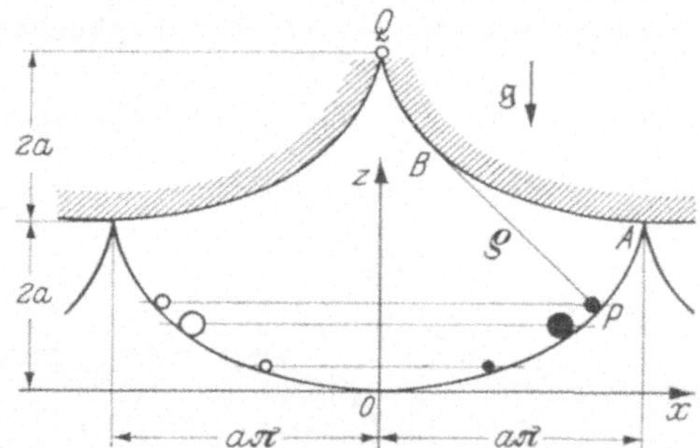

Abb. 8.8. Die Krümmungsmittelpunktkurve einer Zykloide ist dieser kongruent, aber parallel
zu ihr verschoben.

Lagen aus der Ruhe los, so gehen sie alle drei gleichzeitig durch den tiefsten Punkt O und kehren auch auf den gegenüberliegenden Punkten zur gleichen Zeit wieder um, siehe Abb. 8.8.

Zur Berechnung des Kreispendels der Abb. 8.9 ist es zweckmäßig, nach (2.27) die Bogenlänge durch den Zentriwinkel α zu ersetzen; es wird dann wegen $\varrho = l = \text{const}$ und $\dot{s} = v$:

$$(26) \to m\,\ddot{s} = m\,l\,\ddot{\alpha} = - m\,g \sin\alpha \to \ddot{\alpha} = -\frac{g}{l}\sin\alpha \tag{32}$$

$$(27) \to m\,\frac{v^2}{l} = N - m\,g\cos\alpha \qquad \to N = m\,g\cos\alpha + m\,\frac{v^2}{l}. \tag{33}$$

Mit der Beziehung

$$z = l - l \cos\alpha; \quad \cos\alpha = \frac{l - z}{l}, \tag{34}$$

und wegen $v^2 = 2 g (h - z)$ nach dem Arbeitssatz wird die Normalkraft N eine lineare Funktion der Höhe:

$$N = m\,g\,\cos\alpha + m\,\frac{v^2}{l} = m\,g\,\frac{l - z}{l} + 2\,m\,g\,\frac{h - z}{l}. \tag{35}$$

Der erste Anteil dient zum Ausgleich der Gewichtskomponente $m\,g\cos\alpha$, siehe Abb. 8.9, fein schraffierter Teil. Er hat im tiefsten Punkt der Bahn den Betrag $m\,g$ und verschwindet im Punkte D auf der Höhe des

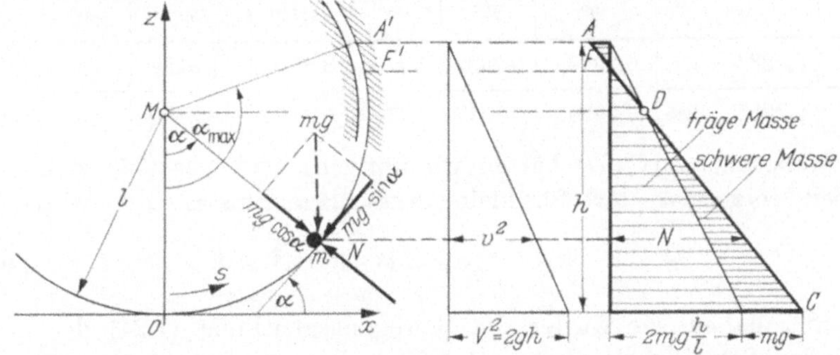

Abb. 8.9. Geschwindigkeitsquadrat und Normalkraft beim Kreispendel als Funktion der Höhe.

Kreismittelpunktes M. Der zweite, grob schraffierte Anteil dient zur Normalbeschleunigung, er ist bis auf den konstanten Faktor m/l mit der linearen Funktion $v^2(z)$ identisch. Die Gerade CDA stellt die Normalkraft N als Funktion von z und daher nach (34) auch als Funktion von α dar. Die Normalkraft ist im Bereiche CF nach innen, im Bereich FA nach außen gerichtet, man muß daher oberhalb F' durch eine beidseitige Führung dafür sorgen, daß der Massenpunkt die Kreisbahn nicht verläßt. Wenn $V^2 = 2g\,h > 4g\,l$, somit $h > 2l$ ist, liegt der Punkt A über dem höchsten Punkt der Bahn, das Pendel überschlägt sich dann. Ist dagegen $V^2 < 4g\,l$, so kehrt das Pendel im Punkte A' um.

Die Integration der Bewegungsgleichung (32) ist schwierig und führt auf elliptische Funktionen. Die Schwingungsdauer T wächst mit der Amplitude $s_{\mathrm{max}} = l\,\alpha_{\mathrm{max}}$ an und ist bis auf den Faktor $4/\nu$ ein sog. vollständiges elliptisches Integral zweiter Gattung, das sich in eine Potenzreihe nach ξ entwickeln läßt:

$$\left.\begin{aligned} T &= \frac{4}{\nu}\,K(\xi) = \frac{2\,\pi}{\nu}\,(1 + 2\,\xi + 9\,\xi^2 + 50\,\xi^3 + \cdots) \\ \xi &= \frac{1}{8}\,\sin^2\frac{\alpha_{\mathrm{max}}}{2}, \quad \nu^2 = \frac{g}{l}. \end{aligned}\right\} \tag{36}$$

Für sehr kleine Ausschläge kann man sich mit dem ersten Glied der Reihe (36) begnügen und bekommt damit den zu kleinen Näherungswert

$$T \approx \frac{2\pi}{\nu} = 2\pi \sqrt{\frac{l}{g}} \tag{37}$$

Ein besserer Näherungswert ist der leicht zu berechnende Ausdruck $\hat{T}$, der selbst für $\alpha_{max} = 90°$ noch nicht einmal um 1% zu groß ist, wie die kleine Tabelle (39) zeigt.

$$\hat{T} = \frac{2\pi}{\nu \delta}; \qquad \delta^2 = \cos\frac{\alpha_{max}}{2} \tag{38}$$

α_{max}	0°	30°	60°	90°	120°	150°	180°
νT	$6{,}2832 = 2\pi$	6,39255	6,7432	7,4164	8,6260	11,0724	∞
$\nu \hat{T}$	$6{,}2832 = 2\pi$	6,39305	6,7517	7,4719	8,8858	12,3490	∞

(39)

Den Näherungswert (37) hätten wir übrigens auch aus (32) schließen können; setzt man dort für kleine Ausschläge $\sin\alpha \approx \alpha$, so wird

$$\ddot{\alpha} = -\frac{g}{l}\alpha, \quad \ddot{\alpha} = -\nu^2\alpha; \quad \nu^2 = \frac{g}{l}, \tag{40}$$

und hier haben wir wieder die Bewegungsgleichung (1.24) der harmonischen Schwingung vor uns. Dieses sog. Linearisieren der Bewegungsgleichung bedeutet hier nichts anderes als den Ersatz des Kreises im tiefsten Punkte 0 durch eine Zykloide, für die ja das Gesetz der harmonischen Schwingung exakt gültig ist. Der zum Punkte 0 gehörige Krümmungsradius ist $\varrho_0 = 4a = l$, was wir in (31) bereits benutzt haben.

Ein ebenes Pendel läßt sich außer durch eine starre Kurvenführung auch durch einen biegsamen Faden realisieren, an dem die Masse aufgehängt wird; N ist dann die Fadenkraft. Beim Kreispendel ist die Aufhängung trivial, bei allen anderen Pendeln muß man dafür sorgen, daß die Fadenlänge gleich der Entfernung vom Massenpunkt zum Krümmungsmittelpunkt ist, was durch Abwickeln des Fadens auf der Krümmungsmittelpunktkurve erreicht wird. Bei der Zykloide z. B. sind Bahnkurve und Krümmungsmittelpunktkurve einander kongruent und nach Abb. 8.8 nur um ein gewisses Stück parallel verschoben. Die freie Länge des Fadens ist dann $BP = \varrho$. Die Zykloide ist insofern ideal, als die Schwingungsdauer nicht von der Schwingweite des Pendels abhängt. Dieser Vorteil reizte schon HUYGENS zur Konstruktion einer Zykloidenuhr; doch sind die konstruktiven Schwierigkeiten größer als der theoretische Gewinn an Genauigkeit gegenüber den üblichen Kreispendeluhren.

Die geführte Bewegung mit einem Freiheitsgrad läßt sich nicht nur durch eine starre Kurve erzwingen, sondern auch durch zwei

Flächen, deren Schnittkurve die Bahn des Massenpunktes ist. Zum Beispiel kann man die Masse an einem Faden der Länge l im festen Punkt M befestigen, wodurch sie an eine Kugel gebunden ist, und gleichzeitig bei gestrafftem Faden auf einer zweiten Fläche aufliegen lassen, was ebenfalls ein zwangläufige Bewegung bewirkt.

> Aufgabe 8.5: Bremsen eines Fahrzeuges.
> Aufgabe 8.6: Durchschnittliche Leistung eines Lastwagens.
> Aufgabe 8.7: Schwingungsdauer eines abgeknickten Fadenpendels.
> Aufgabe 8.8: Geführte Bewegung auf einer Halbellipse.
> Aufgabe 8.9: Kreispendel mit Reibung.
> Aufgabe 8.10: Fall auf der Schraubenlinie.
> Aufgabe 8.11: Stabkräfte eines Pendels.

8.5 Die geführte Bewegung auf gekrümmter Fläche. Auf den Massenpunkt wirkt die Normalkraft $\mathfrak{N} = N\,\mathfrak{f}$ und die Summe der eingeprägten Kräfte:

$$\mathfrak{N} + \sum \mathfrak{K}_i^e = m\,\ddot{\mathfrak{r}}. \tag{41}$$

Zerlegen wir alle Kräfte in Richtung des Tangenteneinheitsvektors $\mathfrak{t}$ und senkrecht dazu, so zerfällt die Gl. (41) in folgender Form:

$$\sum \mathfrak{K}_T^e = m\,\ddot{s}\,\mathfrak{t}, \tag{42}$$

$$\mathfrak{N} + \sum \mathfrak{K}_\perp^e = m\,\frac{\dot{s}^2}{\varrho}\,\mathfrak{n}. \tag{43}$$

Die Reaktionskraft $\mathfrak{N}$ nimmt hiernach an der Normalbeschleunigung teil und läßt sich nicht mehr wie bei der ebenen Führung aus einer statischen Gleichung ermitteln. Da die Bahnkurve und somit auch das begleitende Dreibein von vornherein nicht bekannt ist, stößt die Berechnung flächengeführter Bewegungen meist auf große Schwierigkeiten. Schon die Bewegung eines Massenpunktes in einer Kugelschale allein unter dem Einfluß der Schwerkraft (Kugelpendel) erfordert mathematische und begriffliche Hilfsmittel, die wir vorläufig nicht zur Verfügung haben.

Wenn auf den Massenpunkt als einzige eingeprägte Kraft eine Reibkraft $\mathfrak{R}$ oder überhaupt keine eingeprägte Kraft wirkt, so verschwindet in (43) die Komponente $\sum \mathfrak{K}_\perp^e$ senkrecht zu $\mathfrak{t}$, und es verbleibt die Gleichung

$$\mathfrak{N} = N\,\mathfrak{f} = m\,\frac{\dot{s}^2}{\varrho}\,\mathfrak{n}, \tag{44}$$

und dies besagt, daß

$$N = m\,\frac{\dot{s}^2}{\varrho}; \qquad \mathfrak{f} = \mathfrak{n} \tag{45}$$

sein muß. Die Bahn stellt sich daher so ein, daß Flächennormalvektor $\mathfrak{f}$ und Hauptnormalvektor $\mathfrak{n}$ zusammenfallen; Kurven mit dieser Eigenschaft heißen geodätische Linien. Sie sind beiläufig gesagt auch gleichzeitig die kürzesten Verbindungen zwischen irgend zwei Punkten A und B innerhalb der Fläche. In der Ebene sind dies gerade Linien,

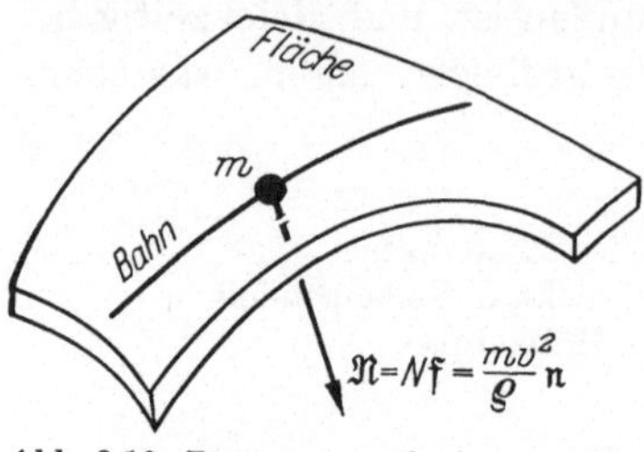

Abb. 8.10. Bewegung auf einer geodätischen Linie.

auf der Kugel Großkreise; das sind Kreise, deren Mittelpunkte M mit dem Kugelmittelpunkt 0 zusammenfallen. Auf dem Zylinder sind es Schraubenlinien, die bei der Abwicklung in Geraden, also in die geodätischen Linien der abgewickelten Ebene übergehen. Wenn eingeprägte Kräfte fehlen, ist die Bewegung auf der geodätischen Linie gleichförmig, durch Reibkräfte wird sie verzögert, so lange bis die kinetische Anfangsenergie vollständig verzehrt ist.

Aufgabe 8.12: Geodätische Linien auf einem Torus.

8.6 Gleichförmige Bewegung und lokales Gleichgewicht. Wir kommen nochmals auf die Gln. (26) bis (28) zurück und setzen dortnach (6.14) und (6.16) die kinetische Energie ein:

$$(26) \rightarrow \sum K_T^e \qquad = m\,\ddot{s} = \frac{dE}{ds} \tag{46}$$

$$(27) \rightarrow \sum K_N^e + N = m\,\frac{\dot{s}^2}{\varrho} = \frac{2E}{\varrho} \tag{47}$$

$$(28) \rightarrow \sum K_B^e + B = 0. \tag{48}$$

Bei gleichförmiger Bewegung ist $E = \text{const}$, somit $dE = 0$. Dann herrscht ebenso wie in der Binormalenrichtung auch in Tangentenrichtung Gleichgewicht. Nun ist aber auch dann $dE = 0$, wenn die kinetische Energie einen extremen Wert annimmt, ohne konstant zu sein; an solchen Stellen der Bahnkurve herrscht dann wenigstens momentan in Tangentenrichtung Gleichgewicht. Wenn die eingeprägten Kräfte ein Potential haben, wie Gewichte und Federkräfte, so ist das Gleichgewicht nicht nur momentan, sondern darüber hinaus auch lokal; denn jedesmal, wenn der Massenpunkt die Gleichgewichtslage passiert, findet er dort die gleichen Verhältnisse vor, was bei Anwesenheit von Reibkräften z. B. nicht der Fall wäre. Nun ist aber nach dem Arbeitssatz $dE = dA = -d\Phi$, daher sind die Gleichgewichtslagen auch gekennzeichnet durch das Verschwinden der Ableitungen von Arbeit und Potential, und diese sind nicht von der Zeit, sondern nur vom Ort abhängige Größen. Sie sind auch unabhängig von der Geschwindigkeit v, gelten daher auch für den statischen Fall $v = 0$; die beiden Normalkräfte N und B erzwingen dann das Gleichgewicht in Haupt- und Binormale, und die Bedingung $dA = -d\Phi = 0$ sichert das Gleichgewicht in Tangentialrichtung,

Man unterscheidet stabiles, indifferentes und labiles Gleichgewicht nach Abb. 8.11, die einen Massenpunkt auf gekrümmter Bahn im Schwerefeld zeigt. Im stabilen Gleichgewicht schwingt der Massenpunkt nach einer kleinen Störung wieder in die Gleichgewichtslage zurück, im

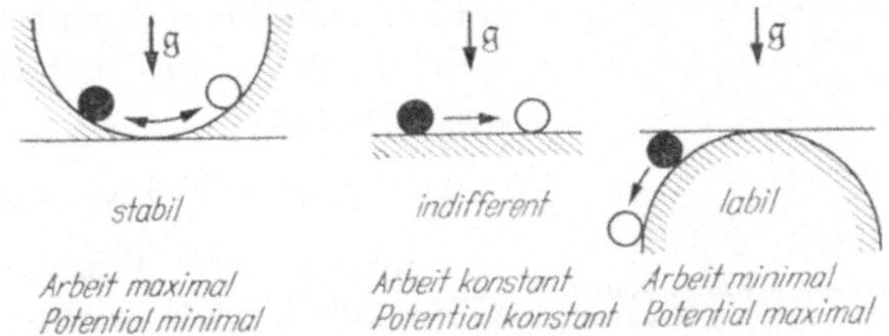

Abb. 8.11. Die verschiedenen Arten des Gleichgewichts.

labilen und indifferenten Gleichgewicht dagegen nicht. Wie bei allen Extremalaufgaben entscheidet also die zweite (gegebenenfalls auch höhere) Ableitung $d^2 A/ds^2$ über das Verhalten in der Nähe der Gleichgewichtslage $dA = 0$.

Aufgabe 8.13: Lokales Gleichgewicht auf einen Kreisring.

§ 9. Kinetik des Massenpunkthaufens

9.1 Massenmittelpunkt- und Impulssatz. Eine Gesamtheit von n Massenpunkten nach Abb. 9.1 nennt man in der Mechanik einen Punkteverband oder Massenpunkthaufen. Ebenso wie im § 5 haben wir auch jetzt zwischen den vier Kräftegruppen (5.1) zu unterscheiden, und auch jetzt können wir, falls erforderlich, durch geeignete Schnitte die inneren Nullpaare trennen und damit die einzelnen Massenpunkte m_j aus dem Verband herauslösen (s. Abb. 9.2). Für jeden einzelnen dieser Massenpunkte gilt dann das NEWTONsche Grundgesetz (6.1) bzw. (6.11):

$$\mathfrak{R}_j = \sum \mathfrak{R}_{ij} = m_j \ddot{\mathfrak{r}}_j = \dot{\mathfrak{p}}_j\,;$$

$$j = 1, 2, \ldots, n, \qquad (1)$$

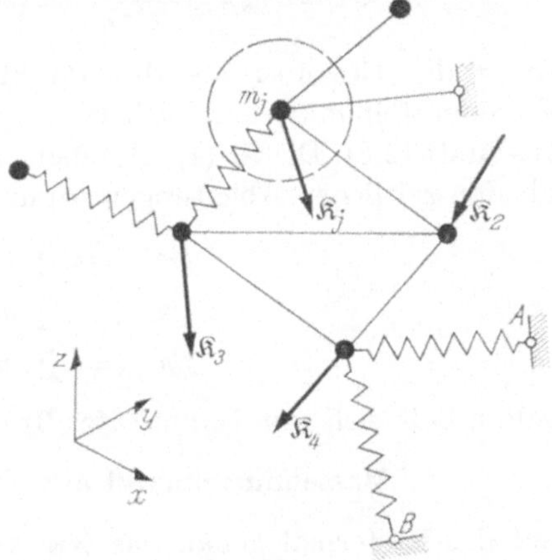

Abb. 9.1. Verband von $n = 6$ Massenpunkten (vgl. Abb. 5.1).

wobei wieder wie in (5.2) über alle inneren und äußeren Kräfte (eingeprägte und Reaktionen) zu summieren ist, die am Massenpunkt der Nummer j angreifen. Die n Gln. (1) stellen $3n$ (in der Ebene $2n$)

Differentialgleichungen zweiter Ordnung dar, deren Integration im
allgemeinen auf unüberwindliche mathematische Schwierigkeiten stößt;
doch lassen sich wenigstens gewisse pauschale Aussagen über die Bewegung des Punkthaufens als Ganzes
auf einfache Weise gewinnen. Definiert
man nämlich, wie naheliegend, als
Gesamtimpuls

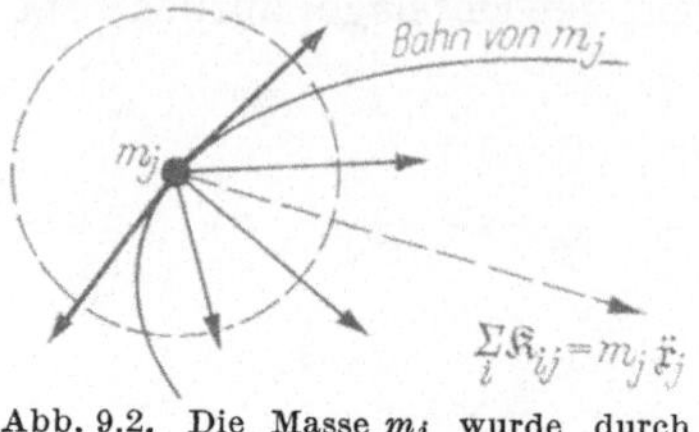

Abb. 9.2. Die Masse m_j wurde durch
einen Schnitt aus dem Verband gelöst.

$$\mathfrak{p} = \sum \mathfrak{p}_j = \sum m_j \, \mathfrak{v}_j = \sum m_j \, \dot{\mathfrak{x}}_j \qquad (2)$$

die Summe aller Einzelimpulse und
addiert alle j Gln. (1), so entsteht der für
die Mechanik des Punkthaufens wichtige

$$\text{Impulssatz} \quad \sum \sum \Re_{ij}^a = \Re^a = \sum \dot{\mathfrak{p}}_j = \dot{\mathfrak{p}} \qquad (3)$$

als Verallgemeinerung von (6.11). Bei dieser Addition sind die inneren
Kräfte als Nullpaare sämtlich herausgefallen, da ja jedes von ihnen
die Kräftesumme Null besitzt; man braucht deshalb nur über die
äußeren Kräfte zu summieren, was der hochgestellte Index a in (3)
andeutet.

Der Impulssatz läßt sich noch in einer anderen Form aussprechen,
die den Vorzug größerer Anschaulichkeit hat. Wir definieren einen
Punkt S mit dem Ortsvektor

$$\overrightarrow{OS} = \mathfrak{x}_S = \frac{\sum m_j \, \mathfrak{x}_j}{\sum m_j} = \frac{\sum m_j \, \mathfrak{x}_j}{m}, \quad \sum m_j = m, \qquad (4)$$

wo m die Gesamtmasse des Punkthaufens ist. Der Punkt S heißt
Massenmittelpunkt, fälschlicherweise auch Schwerpunkt (man vergleiche
Abschnitt 12.8). Die Gl. (4) schreiben wir nun praktischer in der Form (5)
mit den zeitlichen Ableitungen (6) und (7):

$$m \, \mathfrak{x}_S = \sum m_j \, \mathfrak{x}_j \qquad (5)$$

$$m \, \dot{\mathfrak{x}}_S = \sum m_j \, \dot{\mathfrak{x}}_j = \mathfrak{p} \qquad (6)$$

$$m \, \ddot{\mathfrak{x}}_S = \sum m_j \, \ddot{\mathfrak{x}}_j = \dot{\mathfrak{p}} \qquad (7)$$

Damit läßt sich der Impulssatz (3) dann aussprechen als sogenannter

$$\text{Massenmittelpunktsatz} \quad \sum \sum \Re_{ij}^a = \Re^a = m \, \ddot{\mathfrak{x}}_S, \qquad (8)$$

und das ist formal genau das NEWTONsche Grundgesetz (6.1) für den
Massenmittelpunkt S, der allerdings im allgemeinen mit keinem der
einzelnen Massenpunkte zusammenfallen wird, sondern eben nur ein
gedachter Punkt ist, der nichtsdestoweniger eine wohlbestimmte
Bahn beschreibt (s. Abb. 9.3). Der Massenmittelpunktsatz (8) läßt
sich in Worten so formulieren: „Der Massenmittelpunkt S bewegt sich
so, als ob die Gesamtmasse m des Punkthaufens in ihm vereinigt wäre

und die Summe aller äußeren Kräfte (eingeprägte und Reaktionen) an ihm angriffe."

Besonders einfach zu übersehen ist die freie Bewegung des Massenmittelpunktes S im Schwerefeld. Die Summe aller äußeren Kräfte besteht aus den einzelnen Gewichten allein

$$\mathfrak{R}^a = \sum m_j \, \mathfrak{g} = \mathfrak{g} \sum m_j = \mathfrak{g}\, m, \tag{9}$$

somit sagt der Massenmittelpunktsatz (8):

$$\mathfrak{R}^a = m\, \mathfrak{g} = m\, \ddot{\mathfrak{x}}_S \to \ddot{\mathfrak{x}}_S = \mathfrak{g} = \text{const.} \tag{10}$$

Der Massenmittelpunkt S bewegt sich demnach auf einer Parabel (Abb. 9.4), unabhängig von der Bewegung der einzelnen Massenpunkte. Deshalb behält z. B. der Schwerpunkt einer Granate auch nach deren

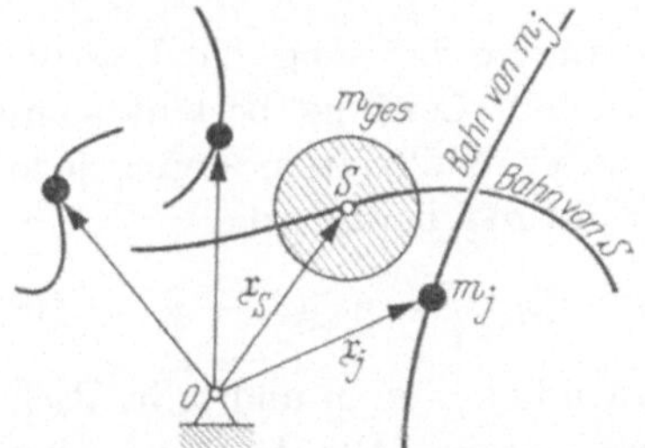

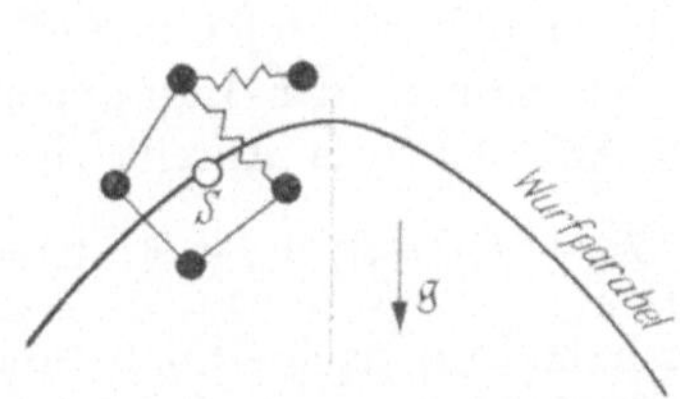

Abb. 9.3. Der Massenmittelpunkt S fällt im allgemeinen mit keiner der Einzelmassen zusammen. Trotzdem ist er ein wohldefinierter Punkt mit einer durch die angreifenden Kräfte genau festgelegten Bahnkurve.

Abb. 9.4. Unbekümmert um die noch so komplizierte Bewegung der einzelnen Massenpunkte beschreibt der Massenmittelpunkt S im Schwerefeld (bei Abwesenheit von Reibkräften) seine parabolische Bahn.

Zerplatzen seine parabolische Bahn (im luftleeren Raume) bei, und zwar so lange, bis der erste Splitter am Boden aufschlägt. Dann nämlich tritt die Reaktion am Boden als neue äußere Kraft zum System hinzu, wodurch sich die Kräftesumme und damit die Beschleunigung des Schwerpunktes verändert. Auch ein Hoch- oder Weitspringer kann nach dem Absprung durch noch so geschickte Bewegungen die parabolische Bahn seines Schwerpunktes nicht beeinflussen; er kann lediglich — und gerade darin besteht seine Technik — den Schwerpunkt innerhalb des Körpers günstig verlagern.

Wenn die Summe der äußeren Kräfte verschwindet, so ist nach (3) der Impuls $\mathfrak{p}$ und damit nach (6) auch die Geschwindigkeit $\dot{\mathfrak{x}}_S$ des Schwerpunktes S konstant; der Schwerpunkt macht eine geradlinig-gleichförmige Bewegung oder befindet sich in Ruhe.

Aufgabe 9.1: Schwerpunktbewegung eines Feder-Masse-Systems.
Aufgabe 9.2: Platzende Granate.

9.2 Leistung, Arbeit und kinetische Energie.

Als kinetische Energie eines Punkthaufens bezeichnen wir die Summe der kinetischen Energien der einzelnen Massenpunkte:

$$E_{\mathrm{ges}} = \tfrac{1}{2} \sum m_i \mathfrak{v}_i^2 = \tfrac{1}{2} \sum m_i \dot{\mathfrak{r}}_i^2. \tag{11}$$

Ebenso wird als Gesamtleistung L die Summe aller Einzelleistungen definiert

$$L_{\mathrm{ges}} = \sum L_i = \sum \mathfrak{K}_i \, \mathfrak{v}_i. \tag{12}$$

Da nun für jeden einzelnen Massenpunkt der Leistungssatz $L = \mathfrak{K} \, \mathfrak{v} = \dot{E}$ gilt, ergibt die Addition aller dieser Gleichungen

$$L_{\mathrm{ges}} = \sum L_i = \sum \mathfrak{K}_i \, \mathfrak{v}_i = \sum \dot{E}_i = \dot{E}_{\mathrm{ges}}, \tag{13}$$

und dies ist die Verallgemeinerung des Leistungssatzes (6.20): „Die Gesamtleistung ist gleich der zeitlichen Ableitung der kinetischen Gesamtenergie des Punkthaufens."

Wir bezeichnen nun als innere bzw. äußere Leistung die Leistung der inneren bzw. äußeren Kräfte. Die innere Leistung besteht somit aus der Summe der Leistungen von lauter Nullpaaren, deren jedes nach Abb. 9.5 zwei Anteile zur Gesamtleistung beisteuert:

$$L_i + L_j = \mathfrak{K}_{ij} \, \mathfrak{v}_i - \mathfrak{K}_{ij} \, \mathfrak{v}_j = K_{ij} \, \tilde{v}_i - K_{ij} \, \tilde{v}_j = K_{ij}(\tilde{v}_i - \tilde{v}_j). \tag{14}$$

Hier haben wir nach Abb. 9.5 die Geschwindigkeiten $\mathfrak{v}_i$ und $\mathfrak{v}_j$ in Richtung der Kraft $\mathfrak{K}_{ij}$ und senkrecht dazu zerlegt. Die Leistung eines

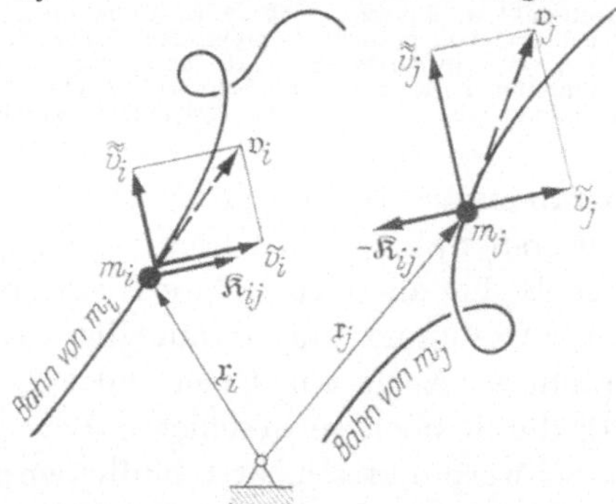

Abb. 9.5. Zur Leistung eines Nullpaares.

Nullpaares verschwindet also genau dann, wenn $\tilde{v}_i = \tilde{v}_j$ ist. Dies ist z. B. dann der Fall, wenn man die beiden Punkte m_i und m_j starr miteinander verbindet; die beiden Kräfte $\mathfrak{K}_{ij}$ und $- \mathfrak{K}_{ij}$ sind dann innere Reaktionen, die die geometrische Bedingung der Starrheit erzwingen. Ebenso wie die Leistung der äußeren verschwindet somit auch die Leistung der inneren Reaktionen. Integriert man daher die Gl. (14), so fallen alle inneren Reaktionen heraus, und der Arbeitssatz (6.26) lautet nun: „Die Arbeit der inneren und äußeren eingeprägten

Kräfte ist gleich der Differenz der kinetischen Gesamtenergie des Punkthaufens.''

Mitunter ist es zweckmäßig, den Ortsvektor $\mathfrak{r}_i$ zum Massenpunkt m_i nach Abb. 9.6 in die beiden Anteile

$$\mathfrak{r}_i = \mathfrak{r}_F + \mathfrak{r}_i \tag{15}$$

zu zerlegen, wo F ein beliebiger Punkt ist. Differenzieren wir die Gl. (15) nach der Zeit, so wird

$$\dot{\mathfrak{r}}_i = \dot{\mathfrak{r}}_F + \dot{\mathfrak{r}}_i = \mathfrak{v}_F + \dot{\mathfrak{r}}_i \tag{16}$$

und weiter

$$\dot{\mathfrak{r}}_i^2 = \mathfrak{v}_F^2 + 2\,\mathfrak{v}_F\,\dot{\mathfrak{r}}_i + \dot{\mathfrak{r}}_i^2 , \tag{17}$$

womit sich die kinetische Energie (11) auch so schreiben läßt:

$$2E = \sum m_i\,\mathfrak{v}_i^2 = \mathfrak{v}_F^2 \sum m_i + 2\,\mathfrak{v}_F \sum m_i\,\dot{\mathfrak{r}}_i + \sum m_i\,\dot{\mathfrak{r}}_i^2 , \tag{18}$$

oder, weil nach (6) $\sum m_i\,\dot{\mathfrak{r}}_i = m\,\dot{\mathfrak{r}}_S$ ist:

$$2E = m\,\mathfrak{v}_F^2 + 2m\,\mathfrak{v}_F\,\dot{\mathfrak{r}}_S + \sum m_i\,\dot{\mathfrak{r}}_i^2 . \tag{19}$$

Wählen wir insbesondere $F = S$, so ist $\mathfrak{r}_S = \overrightarrow{SS} = 0 = \text{const}$, somit $\dot{\mathfrak{r}}_S = 0$, und (19) geht über in

$$2E = m\,\mathfrak{v}_S^2 + \sum m_i\,\dot{\mathfrak{r}}_i^2 . \tag{20}$$

Damit haben wir die kinetische Energie des Massenpunkthaufens in zwei Anteile aufgespalten. Der erste Summand ist die kinetische Energie der Schwerpunktsbewegung; der zweite Anteil rührt von der Bewegung der Massenpunkte relativ zum Schwerpunkt her.

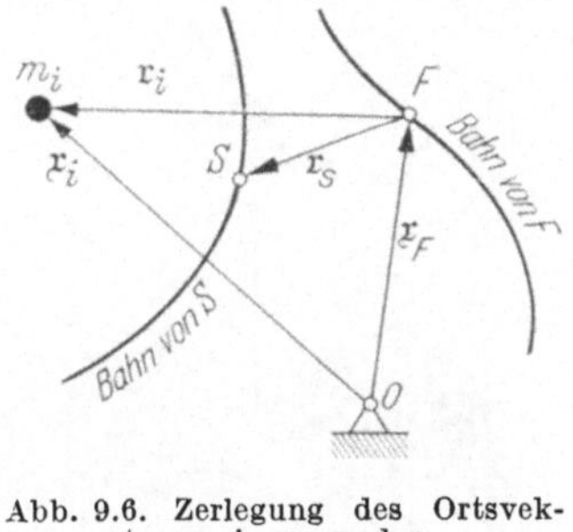

Aber auch Leistung und Arbeit lassen sich nun mit Hilfe von (15) in zwei Anteile aufspalten. Zunächst ist:

$$L_i = \mathfrak{K}_i\,\mathfrak{v}_i = \mathfrak{K}_i(\mathfrak{v}_F + \dot{\mathfrak{r}}_i), \tag{21}$$

und daraus folgt durch Summation

Abb. 9.6. Zerlegung des Ortsvektors $\mathfrak{r}_i$ in $\mathfrak{r}_F$ und $\mathfrak{r}_i$.

$$L_{\text{ges}} = \sum L_i = \sum \mathfrak{K}_i\,\mathfrak{v}_F + \sum \mathfrak{K}_i\,\dot{\mathfrak{r}}_i , \tag{22}$$

also, wenn wir die Kräftesumme wieder kurz mit $\mathfrak{R} = \sum \mathfrak{K}_i$ bezeichnen,

$$L_{\text{ges}} = \mathfrak{R}\,\mathfrak{v}_F + \sum \mathfrak{K}_i\,\dot{\mathfrak{r}}_i . \tag{23}$$

Dies integrieren wir über t und bekommen auch die Gesamtarbeit in der Form

$$A_{\text{ges}} = \int L_{\text{ges}}\,dt = \int \mathfrak{R}\,d\mathfrak{r}_F + \sum \int \mathfrak{K}_i\,d\mathfrak{r}_i , \tag{24}$$

wobei über alle inneren und äußeren eingeprägten Kräfte zu summieren ist; innere und äußere Reaktionen leisten keine Arbeit und fallen daher aus allen diesen Gleichungen heraus.

9.3 Zweimassensystem ohne äußere Kräfte. Wenn auf den Massenpunkthaufen keine äußeren Kräfte wirken, bewegt sich nach dem Impulssatz der Schwerpunkt S gleichförmig-geradlinig oder ist in Ruhe. Besteht der Punkthaufen nur aus $n = 2$ Massen, so wird mit den beiden Differenzvektoren $\mathfrak{d}_1$ und $\mathfrak{d}_2$ nach Abb. 9.7 wegen $\ddot{\mathfrak{x}}_S = 0$:

$$\mathfrak{x}_S + \mathfrak{d}_1 = \mathfrak{x}_1; \quad \mathfrak{x}_S + \mathfrak{d}_2 = \mathfrak{x}_2, \tag{25}$$

$$\ddot{\mathfrak{d}}_1 = \ddot{\mathfrak{x}}_1; \quad \ddot{\mathfrak{d}}_2 = \ddot{\mathfrak{x}}_2, \tag{26}$$

und damit lautet das NEWTONsche Grundgesetz für jede der beiden Massen:

$$m_1 \ddot{\mathfrak{x}}_1 = m_1 \ddot{\mathfrak{d}}_1 = \quad \mathfrak{K} = \quad K\,\mathfrak{a} \quad \Big| \quad m_2 \tag{27}$$

$$m_2 \ddot{\mathfrak{x}}_2 = m_2 \ddot{\mathfrak{d}}_2 = -\,\mathfrak{K} = -\,K\,\mathfrak{a} \quad \Big| -m_1 \tag{28}$$

$$m_1 m_2(\ddot{\mathfrak{x}}_1 - \ddot{\mathfrak{x}}_2) = m_1 m_2(\ddot{\mathfrak{d}}_1 - \ddot{\mathfrak{d}}_2) = (m_1 + m_2)\,K\,\mathfrak{a} \quad \longleftarrow \tag{29}$$

Führen wir hier den Differenzenvektor $\mathfrak{d} = \mathfrak{d}_2 - \mathfrak{d}_1$ und die sog. reduzierte Masse m_{red} ein, so schreibt sich die letzte Gleichung in der Form

$$m_{\text{red}}\,\ddot{\mathfrak{d}} = -\,K\,\mathfrak{a}; \quad m_{\text{red}} = \frac{m_1 m_2}{m_1 + m_2}, \tag{30}$$

und dies ist genau die Bewegungsgleichung für einen Massenpunkt mit der Masse m_{red}, auf den die Zentralkraft $\mathfrak{K} = -\,K\,\mathfrak{a}$ wirkt. Sind

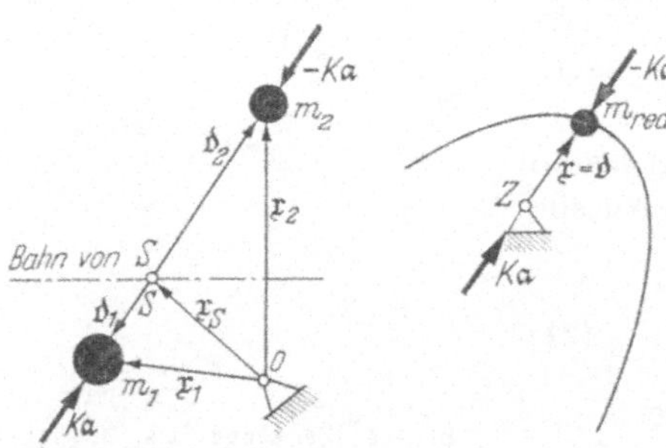

Abb. 9.7. Ein Zweimassensystem ohne äußere Kräfte läßt sich formal zurückführen auf die Bewegung einer Einzelmasse in einem Zentralkraftfeld.

die inneren Kräfte z. B. Feder- oder Gavitationskräfte, so können wir alle Ergebnisse aus den Abschn. 7.4 und 7.5 direkt übernehmen, wenn wir nur dort m durch m_{red} ersetzen. Da die Bahnkurve im Zentralkraftfeld eben ist, bleibt auch der Differenzvektor $\mathfrak{d}$ dauernd einer festen Ebene parallel, was nun aber nicht mehr bedeutet, daß auch die Bahnkurven der Massen m_1 und m_2 ebene Kurven sind. Dies ist nur dann der Fall, wenn auch die geradlinige Bahn von S zufällig in die Ebene von $\mathfrak{d}$ fällt, was durch geeignete Anfangsbedingungen natürlich stets zu erreichen ist.

Wir engen jetzt das Problem noch weiter ein, indem wir voraussetzen, daß die beiden Massen m_1 und m_2 sich auf der gleichen geraden

Linie aa bewegen und innere Kräfte nur während ihrer gegenseitigen Berührung wirksam sind. Zunächst sei der Schwerpunkt S in Ruhe. Dann verschwindet der Gesamtimpuls $\mathfrak{p}$ und daher auch sein Betrag p:

$$p = m\,v_s = m_1\,v_1 + m_2\,v_2 = 0 \rightarrow m_1\,v_1 = -\,m_2\,v_2. \tag{31}$$

Wenn die Massen sich aufeinander zu bewegen, so kommt es zu einem sog. geraden zentralen Stoß. Sie prallen im gemeinsamen Schwerpunkt S aufeinander und kehren beide um. Ihre Geschwindigkeiten ändern somit das Vorzeichen. Falls Reibkräfte wirksam sind, multiplizieren sie sich außerdem mit dem sogenannten Stoßfaktor ε, wobei die Gl.(31) erhalten bleibt:

$$\tilde{v}_1 = -\,\varepsilon\,v_1, \quad \tilde{v}_2 = -\,\varepsilon\,v_2; \quad m_1\,\tilde{v}_1 = -\,m_2\,\tilde{v}_2. \tag{32}$$

Die kinetischen Energien vor und nach dem Stoß sind

$$E = \frac{m_1}{2}\,v_1^2 + \frac{m_2}{2}\,v_2^2; \quad \tilde{E} = \frac{m_1}{2}\,(-\,\varepsilon\,v_1)^2 + \frac{m_2}{2}\,(-\,\varepsilon\,v_2)^2 = \varepsilon^2\,E. \tag{33}$$

Die während des Zusammenstoßes geleistete Arbeit der inneren Kräfte ist gleich der Differenz der kinetischen Energien

$$A = \tilde{E} - E = (\varepsilon^2 - 1)\,E. \tag{34}$$

Beim sog. vollelastischen Stoß ist diese Arbeit Null, somit $E = \tilde{E}$ und $\varepsilon = 1$. Ist dagegen $\varepsilon = 0$ und somit $A = -E$, so wird nach (32) $\tilde{v}_1 = \tilde{v}_2 = 0$; beide Kugeln bleiben im Schwerpunkt S liegen; ihre kinetische Energie E ist von der inneren Arbeit der Reibkräfte völlig aufgezehrt worden. Solch ein Stoß heißt vollplastisch. Im allgemeinen liegt der Stoßfaktor ε zwischen 0 und 1, bei Stahl- und Elfenbeinkugeln ist etwa $\varepsilon = 2/3$.

Ist der Schwerpunkt S nicht in Ruhe, sondern bewegt sich gleichförmig-geradlinig auf der Geraden aa, so sind v_1 und v_2 in (32) und (33) durch die relativen Geschwindigkeiten $\dot{r}_1$ und $\dot{r}_2$ bezüglich des Schwerpunktes zu ersetzen. Es wird daher

$$\tilde{\dot{r}}_1 = -\,\varepsilon\,\dot{r}_1, \quad \tilde{\dot{r}}_2 = -\,\varepsilon\,\dot{r}_2. \tag{35}$$

Nach Abb. 9.8 hat man bei vollelastischem Stoß lediglich die Strecken $\dot{r}_1$ und $\dot{r}_2$ an der Geraden $v_S = \text{const}$ im $v\text{-}t$-Diagramm und entsprechend die Strecken a_1 und a_2 an der Geraden ss im $s\text{-}t$-Diagramm zu spiegeln. Ist $\varepsilon < 1$, so müssen die gespiegelten Größen noch mit ε multipliziert werden (s. die gestrichelten Linien in Abb. 9.8). Bei vollplastischem Stoß schließlich wird wegen $\varepsilon = 0$ einfach $\tilde{v}_1 = \tilde{v}_2 = v_S$; beide Kugeln rollen mit gleicher Geschwindigkeit auf der Geraden aa dahin.

Wäre die Stoßzeit gleich Null, so gäbe es im $v\text{-}t$-Diagramm Sprünge, im $s\text{-}t$-Diagramm Knicke. Da aber die Stoßzeit $\varDelta t$ in Wirklichkeit endlich ist, sind diese Sprünge bzw. Knicke durch Verbindungskurven gemildert. Bei Gültigkeit des HOOKEschen Gesetzes z. B. handelt es sich einfach um eine halbe harmonische Schwingung, die bei Anwesen-

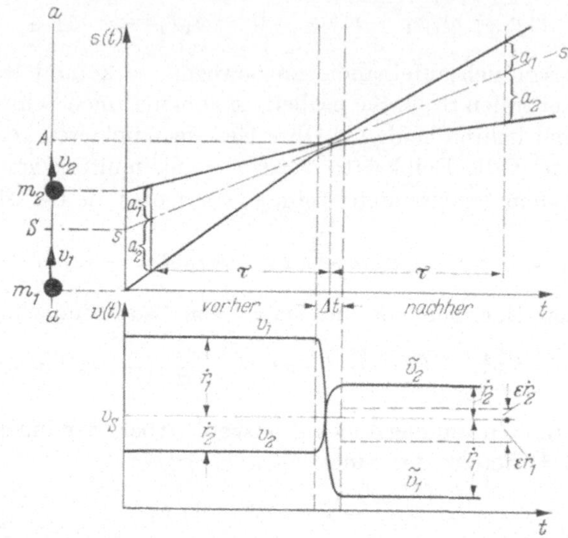

Abb. 9.8. Die Diagramme $s(t)$ und $v(t)$ für den geraden Stoß zweier Massen.

heit von Reibkräften gedämpft wird. Aus der Stoßzeit Δt und dem Stoßfaktor ε kann man dann rückwärts auf die Elastizität der Kugeln schließen.

Aufgabe 9.3: Gerader zentraler Stoß dreier Kugeln.

9.4 Kinetostatik. Die Berechnung der inneren Kräfte eines Punkteverbandes geht nach dem gleichen Muster vor sich wie im statischen Fall; man spricht daher geradezu von Kinetostatik. Voraussetzung ist allerdings, daß vorher die Beschleunigungen $\ddot{\mathfrak{r}}_i$ der Massenpunkte m_i ermittelt werden, eine Aufgabe, die im allgemeinen äußerst kompliziert ist. Ihre Lösung gelingt nur dann mit einfachen Mitteln, wenn der Verband aus einer durchgehenden Kette besteht und nur einen Freiheitsgrad besitzt; zwei Voraussetzungen, die bei vielen technisch wichtigen Problemen erfüllt sind.

Aufgabe 9.4: Innere Kraft eines Zweimassensystems.
Aufgabe 9.5: Innere Kräfte zwischen den Wagen eines Eisenbahnzuges.
Aufgabe 9.6: Zweimassensystem mit starrer innerer Bindung.
Aufgabe 9.7: Gleichförmig rotierende Kette.

9.5 Die lineare Schwingung mit mehreren Zwangskräften. Wir kommen nochmals auf die im Abschn. 7.7 behandelte Zwangsschwingung zurück, doch fesseln wir nun nicht nur eine, sondern n Massen nach

Abb. 9.9 an einen festen Punkt 0. Alle Massen, Federn und Dämpfungen seien einander gleich, doch greife an jeder Masse eine andere Zwangskraft $\Re_i$ an. Die Bewegungsgleichung für eine beliebige Masse mit dem Ortsvektor $\mathfrak{x}_i$ ist demnach:

$$m\,\ddot{\mathfrak{x}}_i = -d\,\dot{\mathfrak{x}}_i - c\,\mathfrak{x}_i + \Re_i; \qquad i = 0, 1, 2, \ldots, n-1. \tag{36}$$

Addition dieser n Gleichungen gibt den Schwerpunktsatz

$$m\,n\,\ddot{\mathfrak{x}}_s = \sum m\,\ddot{\mathfrak{x}}_i = -\sum c\,\mathfrak{x}_i - \sum d\,\dot{\mathfrak{x}}_i + \sum \Re_i, \tag{37}$$

oder, da wir die konstanten Größen m, d, c vor die Summen ziehen können:

$$m\,(n\,\ddot{\mathfrak{x}}_s) = m\sum \ddot{\mathfrak{x}}_i = -c\sum \mathfrak{x}_i - d\sum \dot{\mathfrak{x}}_i + \sum \Re_i, \tag{38}$$

und das bedeutet, daß der Summenvektor

$$n\,\mathfrak{x}_s = \sum \mathfrak{x}_i = \mathfrak{x} \tag{39}$$

der Gleichung

$$m\,\ddot{\mathfrak{x}} + d\,\dot{\mathfrak{x}} + c\,\mathfrak{x} = \sum \Re_i = 0 + \Re_1 + \Re_2 + \cdots + \Re_{n-1} \tag{40}$$

gehorcht. Die Abb. 9.9 zeigt die Äquivalenz der beiden Schwingungssysteme (a) und (b), die praktisch folgendes bedeutet: Greifen an einer Einzelmasse mehrere Zwangskräfte $\Re_i$ nach (40) an, so setzt sich der

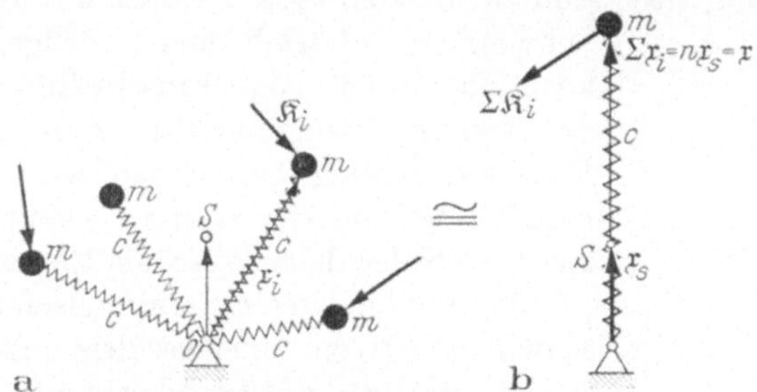

Abb. 9.9. Zum Überlagerungsprinzip der linearen Schwingung.

Lösungsvektor $\mathfrak{x}$ additiv aus den n Lösungsvektoren $\mathfrak{x}_i$ von (36) zusammen, und dies ist nichts anderes als ein Sonderfall des die gesamte lineare Mechanik beherrschenden Überlagerungsprinzips, das wir in der Statik bereits ausgiebig angewandt haben.

Eine besondere Rolle spielt auf der rechten Seite von (40) der erste Summand 0, zu dem die im Abschn. 7.6 diskutierte freie Schwingung gehört. Diese ist somit ebenfalls eine Lösung der Gl. (7.93) und wird daher im Gegensatz zur erzwungenen Schwingung als Eigenschwingung bezeichnet. Sie hält nach (7.75) auch gerade zwei willkürliche Konstanten $\mathfrak{a}$ und $\mathfrak{b}$ zum Anpassen an gegebene Anfangsbedingungen bereit.

Nach dem Überlagerungssatz ist die allgemeine Lösung der Schwingungsgleichung (7.93) die Summe aus Eigenschwingung $\mathfrak{x}_{\text{hom}}$ (7.75) und Zwangsschwingung $\mathfrak{x}_{\text{zw}}$:

$$\mathfrak{x}(t) = \mathfrak{x}_{\text{hom}} + \mathfrak{x}_{\text{zw}} = e^{-\delta t}[\mathfrak{a} \cos\varrho\, t + \mathfrak{b} \sin\varrho\, t] + \mathfrak{x}_{\text{zw}}. \qquad (41)$$

Projiziert man dies auf die x-Achse, so wird im allgemeinen Fall nach (7.100):

$$x(t) = e^{-\delta t}[a \cos\varrho\, t + b \sin\varrho\, t] + \frac{K}{c\,W} \cos(\Omega t - \gamma - \varepsilon). \qquad (42)$$

Bei Resonanz dagegen ist (7.100) durch (7.106) zu ersetzen, und in der Eigenschwingung wird $e^{-\delta t} = 1$ und $\varrho = \nu$, weil $\delta = 0$ ist; das gibt:

$$x(t) = [a \cos\nu\, t + b \sin\nu\, t] + \left(\hat{r} + \frac{K\,t}{2m\,\nu}\right) \sin(\nu\, t - \gamma), \qquad (43)$$

oder wenn wir die Integrationskonstanten a, b und $\hat{r}$ zu zwei neuen unabhängigen Konstanten A und B zusammenziehen:

$$x(t) = A \cos\nu\, t + B \sin\nu\, t + \frac{K\,t}{2m\,\nu} \sin(\nu\, t - \gamma). \qquad (44)$$

Die Übersicht (7.107) macht diese Additionen anschaulich. Da die Eigenschwingung (a) allmählich abklingt, besteht die resultierende Schwingung (c) nach dem im allgemeinen nur kurz dauernden sog. Einschwingvorgang aus der Zwangsschwingung (b) allein, die nun als Dauerschwingung bezeichnet wird. Im Resonanzfall bei verschwindender Dämpfung überlagert sich der harmonischen Eigenschwingung (d) die mit der Zeit t anwachsende Zwangsschwingung (f) zu einer resultierenden Zwangsschwingung (g), die den gleichen Charakter wie (f) hat.

Schließlich müssen wir noch die ungedämpfte Schwingung für den Fall $\Omega \neq \nu$ untersuchen. Eine solche Überlagerung zweier oder auch mehrerer harmonischer Schwingungen mit verschiedenen Kreisfrequenzen nennt man eine Schwebung. Nach Abb. 9.10 laufen die beiden zur Zwangsschwingung und zur Eigenschwingung gehörigen Ortsvektoren $\mathfrak{x}_1 = A_1 \mathfrak{f}_1$ und $\mathfrak{x}_2 = A_2 \mathfrak{f}_2$ gleichförmig um und addieren sich zum resultierenden Ortsvektor $\mathfrak{x} = A \mathfrak{f}$, es gilt somit

$$\mathfrak{x} = \mathfrak{x}_1 + \mathfrak{x}_2 = A \mathfrak{f}, \qquad \mathfrak{x}^2 = \mathfrak{x}_1^2 + 2\mathfrak{x}_1 \mathfrak{x}_2 + \mathfrak{x}_2^2 = A^2 \cdot 1, \qquad (45)$$

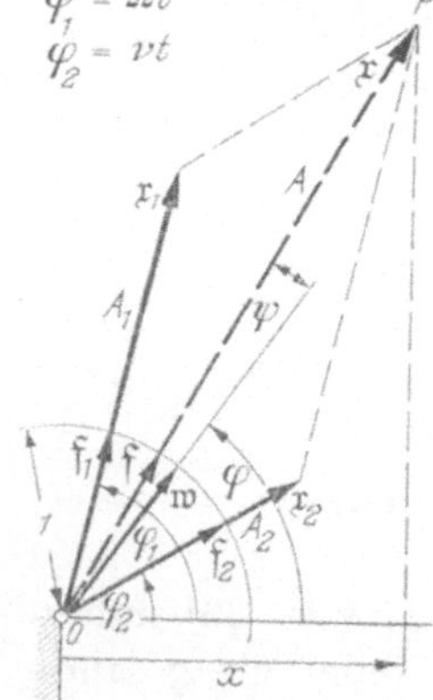

Abb. 9.10. Eigenschwingung und Zwangsschwingung bei fehlender Dämpfung. Es resultiert eine sog. Schwebung.

und daraus folgt, da A_1 und A_2 die Beträge von $\mathfrak{x}_1$ und $\mathfrak{x}_2$ sind:

$$\begin{aligned} A^2 &= A_1^2 + 2A_1 A_2 \cos(\varphi_1 - \varphi_2) + A_2^2 \\ &= A_1^2 + 2A_1 A_2 \cos(\Omega - \nu)t + A_2^2. \end{aligned} \qquad (46)$$

Die zeitabhängige Amplitude $A = |\mathfrak{x}|$ schwankt somit periodisch mit der Kreisfrequenz $\Delta = \Omega - \nu$ zwischen dem Maximalwert $A_1 + A_2$ und dem Minimalwert $|A_1 - A_2|$; dieser wird angenommen, wenn die beiden Vektoren $\mathfrak{x}_1$ und $\mathfrak{x}_2$ der Abb. 9.10 um $180°$ gegeneinander verdreht sind, jener, wenn sie in die gleiche Richtung fallen. Die Länge A des Vektors $\mathfrak{x}$ beschreibt somit die im Feld e der Übersicht (7.107) gestrichelte Kurve $+A(t)$ und $-A(t)$. Des weiteren führen wir noch den Einheitsvektor $\mathfrak{w}$ ein, der den Winkel $\varphi_1 - \varphi_2$ zwischen $\mathfrak{x}_1$ und $\mathfrak{x}_2$ halbiert; $\mathfrak{w}$ läuft somit mit der konstanten Winkelgeschwindigkeit $\bar{\omega} = (\Omega + \nu)/2$ um. Die gesuchte Projektion des Ortsvektors auf die x-Achse wird nun $x = A \cos(\varphi + \psi) = A \cos(\bar{\omega}\, t + \psi)$, was sich nach dem Additionstheorem auch so schreiben läßt:

$$x(t) = A\,[\cos\bar{\omega}\, t \cos\psi - \sin\bar{\omega}\, t \sin\psi]; \qquad \bar{\omega} = \frac{\Omega + \nu}{2}. \qquad (47)$$

Da der Winkel ψ zwischen den Vektoren $\mathfrak{x}$ und $\mathfrak{w}$ im allgemeinen nicht konstant ist, sind die Nulldurchgänge der Funktion $x(t)$ nach (7.107e) auch nicht äquidistant; dies tritt nur ein im Sonderfall $A_1 = A_2$, der sogenannten einfachen Schwebung.

Wenn nun an der Masse m eine Summe

$$K(t) = \sum K_i \cos(\Omega_i\, t - \gamma_i) \qquad (48)$$

von harmonischen Zwangskräften angreift, so setzt sich nach dem Überlagerungsprinzip die Funktion $x(t)$ aus einer Summe von harmonischen Einzelbewegungen zusammen:

$$x(t) = e^{-\delta t}[a \cos\varrho\, t + b \sin\varrho\, t)] + \frac{1}{c} \sum \frac{K_i}{W_i} \cos(\Omega_i\, t - \gamma_i - \varepsilon_i). \qquad (49)$$

Die Größen W_i und ε_i werden nach (7.97) und (7.96) berechnet; die Integrationskonstanten a und b sind an die Anfangsbedingungen anzupassen, falls man sich für den Einschwingvorgang interessiert.

Bei den meisten technischen Anwendungen ist die Zwangskraft $K(t)$ zwar periodisch mit der Schwingungsdauer T, aber nicht mehr harmonisch. In diesem Fall läßt sich $K(t)$ nach (3.19) in eine FOURIER-Summe mit den Kreisfrequenzen $\Omega_1 = \Omega$, $\Omega_2 = 2\Omega$, $\Omega_3 = 3\Omega, \ldots$ zerlegen. Die Abb. 9.11 zeigt als Beispiel eine Treppenfunktion, die durch die ersten Glieder einer solchen Reihe schon einigermaßen gut angenähert wird.

Solange eine einzelne Zwangskraft $K(t) = K \cos(\Omega\, t - \gamma)$ an der Masse angreift, ist die Funktion $x(t)$ nach (7.100) ein getreues Abbild der Funktion $K(t)$, das lediglich um den Faktor $1/c\,W$ gestreckt und um den Winkel ε phasenverschoben ist. Diese Abbildungstreue geht indessen bei mehreren Zwangskräften nach (48) und (49) verloren, weil sowohl die Vergrößerungsfaktoren $V_i = 1/W_i$ wie die Phasenwinkel ε_i voneinander verschieden sind. Nun ist eine solche Abbildungstreue in vielen Gebieten der Schwingungstechnik, besonders in der Elektroakustik, sehr erwünscht, und man ist daher bestrebt, sie wenig-

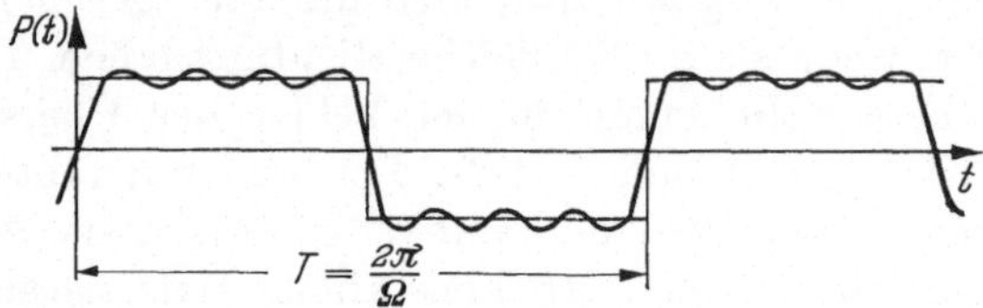

Abb. 9.11. Annäherung einer periodischen Treppenfunktion durch eine Summe von Kreisfunktionen, sog. FOURIER-Zerlegung.

stens angenähert zu verwirklichen. Da die Kräfte $K_1, K_2, K_3, \ldots$ einer FOURIER-Summe im allgemeinen rasch abnehmen, kommt es vor allem darauf an, die ersten drei oder vier Glieder dieser Reihe möglichst verzerrungsfrei wiederzugeben, d. h., für diese die Phasenwinkel ε_i und die Vergrößerungsfaktoren $V_i = 1/W_i$ möglichst konstant zu halten, und dies wird erreicht, wenn in Abb. 7.22 der Punkt O der zum Scheitelpunkt A gehörige Krümmungsmittelpunkt wird, weil sich dann in der Nähe von A die Länge des Vektors W wenig ändert. Nun hat die zum Krümmungsmittelpunkt O gehörige Ordinate $\overline{OD}$ einer Parabel die Länge $\overline{OA}\sqrt{2}$, also führt unsere Forderung auf die sogenannte Abstimmvorschrift

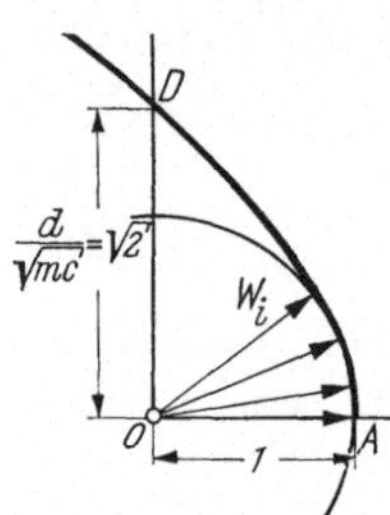

Abb. 9.12. Die Parabel der Abb. 7.22 ist hier so abgestimmt, daß die Vektoren $W_i = K_i/c\,r$ in der Nähe von A ungefähr die gleiche Länge haben.

$$\overline{OD} = \frac{d}{\sqrt{m\,c}} = \sqrt{2} \quad \text{bzw.} \quad d^2 = 2\,m\,c. \tag{50}$$

Diese spezielle Parabel zeigt die Abb. 9.12. Man erkennt, daß die Längen $W_i = 1/V_i$ in der Nachbarschaft von A nahezu konstant sind. Die zugehörige, in Abb. 7.25 kräftig hervorgehobene Vergrößerungsfunktion V hat demnach im Nullpunkt eine waagerechte Tangente. Wenn die Abstimmvorschrift (50) ihren Zweck erfüllen soll, muß natürlich dafür gesorgt sein, daß der Quotient Ω/ν möglichst klein ist, damit auch die Werte $2\Omega/\nu, 3\Omega/\nu, \ldots$ noch nahe genug bei A bleiben. Dies wird durch möglichst große Werte von ν, also durch eine starke Feder und eine kleine Masse erreicht.

Aufgabe 9.8: Gedämpftes Schwingungssystem mit zwei Zwangskräften.

9.6 Systeme mit veränderlicher Masse. Die Masse im NEWTONschen Grundgesetz (6.1) und im daraus folgenden Massenmittelpunktsatz (8) ist eine absolut unveränderliche Größe, solange man aus der Gesamtheit des Universums sich in jedem Augenblick denselben Teil herausgeschnitten denkt. Es gibt aber auch eine andere Betrachtungsweise, bei der die Masse veränderlich wird, nämlich als Folge eines anders als bisher geübten Schnittprinzips, das in dieser neuen Form besonders in der Hydromechanik, aber auch in der Mechanik der Rakete eine wichtige Rolle spielt.

Die Abb. 9.13 zeigt einen Massenpunkthaufen zur Zeit t_1 und $t_2 = t_1 + \Delta t$, an dem zunächst keine äußeren Kräfte angreifen mögen. Von der Masse $m(t)$ lösen sich stetig Massenteilchen Δm ab, was nur

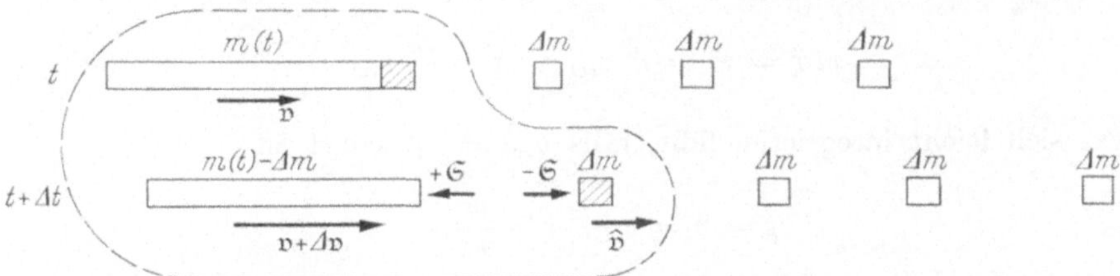

Abb. 9.13. Zum Raketenprinzip: Die Relativgeschwindigkeit der abgestoßenen Masse Δm ist nach rechts gerichtet, somit wird der Restkörper gebremst.

infolge eines inneren Nullpaares $\mathfrak{S}$; $-\mathfrak{S}$ geschehen kann, und dieses läßt sich aus dem Impulssatz berechnen. Der zur herausgeschnittenen Masse m gehörige Impulsvektor ist $\mathfrak{p}_1 = m\,\mathfrak{v}$ zur Zeit t_1 und $\mathfrak{p}_2 = (m - \Delta m)\,(\mathfrak{v} + \Delta\mathfrak{v}) + \Delta m\,\hat{\mathfrak{v}}$ zur Zeit t_2. Dabei ist $\hat{\mathfrak{v}}$ die Geschwindigkeit des ausgestoßenen Massenteilchens Δm und $\mathfrak{v} + \Delta\mathfrak{v}$ die Geschwindigkeit der verbleibenden Masse $m - \Delta m$. Die Differenz der Impulse ist nun

$$\left.\begin{aligned}
\Delta\mathfrak{p} = \mathfrak{p}_2 - \mathfrak{p}_1 &= [(m - \Delta m)\,(\mathfrak{v} + \Delta\mathfrak{v}) + \Delta m\,\hat{\mathfrak{v}}] - [m\,\mathfrak{v}] \\
&= m\,\Delta\mathfrak{v} - \Delta m\,(\mathfrak{v} - \hat{\mathfrak{v}} + \Delta\mathfrak{v}).
\end{aligned}\right\} \quad (51)$$

Dividieren wir diese Gleichung durch Δt und gehen zur Grenze über, so wird wegen $\lim(-\Delta m/\Delta t) = \dot{m}$:

$$\lim \frac{\Delta\mathfrak{p}}{\Delta t} = \dot{\mathfrak{p}} = m\,\dot{\mathfrak{v}} - \dot{m}\,(\hat{\mathfrak{v}} - \mathfrak{v}) = m\,\dot{\mathfrak{v}} - \dot{m}\,\mathfrak{v}_{\mathrm{rel}} \qquad (52)$$

mit der sogenannten Relativgeschwindigkeit $\mathfrak{v}_{\mathrm{rel}} = \hat{\mathfrak{v}} - \mathfrak{v}$. Nach dem NEWTONschen Grundgesetz gilt jetzt für den in Abb. 9.13 eingerahmten Körper mit der konstanten (!) Masse m der Impulssatz $\dot{\mathfrak{p}} = \sum \mathfrak{K}_i^a$, wo die $\mathfrak{K}_i^a$ die an der Masse m angreifenden äußeren Kräfte sind. Nach (52) ist somit

$$\dot{\mathfrak{p}} = m(t)\,\dot{\mathfrak{v}} - \dot{m}\,\mathfrak{v}_{\mathrm{rel}} = m(t)\,\ddot{\mathfrak{x}} - \dot{m}\,\mathfrak{v}_{\mathrm{rel}} = \sum \mathfrak{K}_i^a. \qquad (53)$$

Diese Gleichung läßt sich mit der die Abtrennung der Massenteilchen bewirkenden sogenannten

$$\text{Schubkraft } \mathfrak{S} = \dot{m}\,(\hat{\mathfrak{v}} - \mathfrak{v}) = \dot{m}\,\mathfrak{v}_{\text{rel}} \tag{54}$$

nun kürzer folgendermaßen formulieren:

$$m(t)\,\ddot{\mathfrak{x}} = \sum \mathfrak{K}_i^a + \mathfrak{S}, \tag{55}$$

und dies ist die gesuchte Bewegungsgleichung der Rakete. Wenn die Raketenmasse abnimmt, ist $\dot{m}$ negativ, die Schubkraft $\mathfrak{S}$ hat dann die Gegenrichtung von $\mathfrak{v}_{\text{rel}}$.

Das Wesentliche der Raketenbewegung tritt bereits hervor, wenn die Schubkraft allein wirkt. Die Bewegungsgleichung (55) wird dann

$$m\,\ddot{\mathfrak{x}} = \mathfrak{S} = \dot{m}\,\mathfrak{v}_{\text{rel}}, \qquad \ddot{\mathfrak{x}} = \frac{\dot{m}}{m}\,\mathfrak{v}_{\text{rel}}, \tag{56}$$

was sich leicht integrieren läßt, falls $\mathfrak{v}_{\text{rel}} = \mathfrak{c} = \text{const}$ ist:

$$\dot{\mathfrak{x}} = \mathfrak{v} = \mathfrak{v}_0 + \mathfrak{c}\ln\frac{m}{m_0}. \tag{57}$$

Wir nehmen nun an, auch der Massenschwund sei konstant, was bei fast allen praktischen Raketenproblemen zutrifft; die Masse nimmt dann linear ab nach dem in Abb. 9.14 skizzierten Gesetz

$$m(t) = m_0\left(1 - \frac{t}{\tau}\right); \quad -\dot{m} = \frac{m_0}{\tau}. \tag{58}$$

Der Raketenkörper hat die unveränderliche Masse m_r; die Treibmasse m_f werde in T sec ausgestoßen. Beim Start ist somit $m(0) = m_0 = m_r + m_f$,

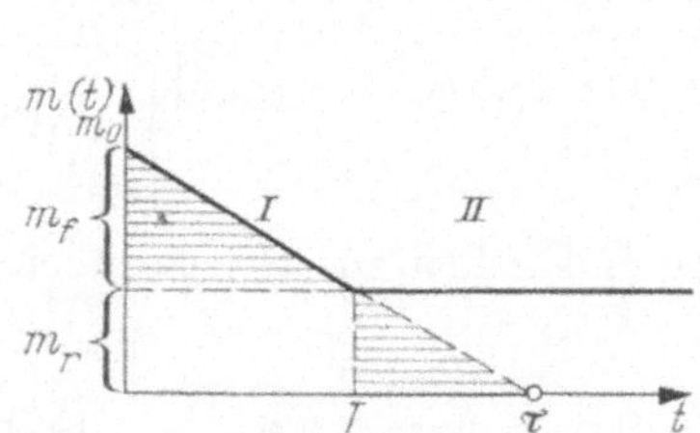

Abb. 9.14. Lineare Massenabnahme bei einer Rakete.

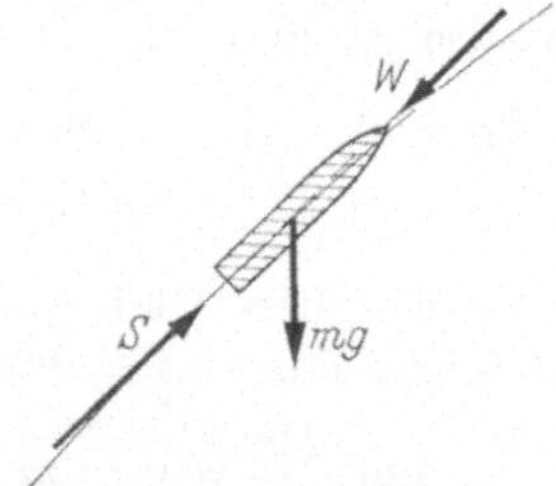

Abb. 9.15. Rakete auf gekrümmter Bahn mit Schubkraft, Widerstandskraft und Gewicht.

bei Brennschluß dagegen $m(T) = m_r$. Die Zeit τ berechnet sich dann auf Grund der beiden schraffierten einander ähnlichen Dreiecke der Abb. 9.14 zu

$$= \imath\,\frac{m_0}{m_f}\,T. \tag{59}$$

Auch der Betrag S der Schubkraft $\mathfrak{S}$ ist nun konstant, nämlich nach (58) und (59):

$$S = -\dot{m}\,c = \frac{m_0}{\tau}\,c = m_f\frac{c}{T} = \text{const.} \tag{60}$$

Jetzt setzen wir (58) in (57) ein, das ergibt die Geschwindigkeit

$$\dot{\mathfrak{x}} = \mathfrak{v}_0 + \mathfrak{c}\ln\left(1 - \frac{t}{\tau}\right), \tag{61}$$

und daraus folgt durch Produktintegration auch die Bahnkurve

$$\mathfrak{x} = \mathfrak{x}_0 + \mathfrak{v}_0\,t - \mathfrak{c}\left[t + (\tau - t)\ln\left(1 - \frac{t}{\tau}\right)\right]. \tag{62}$$

Bei Brennschluß ist $t = T$, also wird wegen (59) aus (61) und (62):

$$\dot{\mathfrak{x}}(T) = \mathfrak{v}_0 + \mathfrak{c}\ln\left(1 - \frac{T}{\tau}\right) = \mathfrak{v}_0 + \mathfrak{c}\ln\left(1 - \frac{m_f}{m_0}\right) = \mathfrak{v}_0 - \mathfrak{c}\ln\frac{m_0}{m_r}, \tag{63}$$

$$\left.\begin{aligned}
\mathfrak{x}(T) &= \mathfrak{x}_0 + \mathfrak{v}_0\,T - \mathfrak{c}\left[T + \left(\frac{m_0}{m_f}\,T - T\right)\ln\left(1 - \frac{m_f}{m_0}\right)\right] \\
&= \mathfrak{x}_0 + \mathfrak{v}_0\,T - \mathfrak{c}\,T\left[1 - \frac{m_r}{m_f}\ln\frac{m_0}{m_r}\right].
\end{aligned}\right\} \tag{64}$$

Von jetzt ab verschwindet die Schubkraft, also ist die Rakete kräftefrei und bewegt sich daher geradlinig und gleichförmig mit der Geschwindigkeit $\dot{\mathfrak{x}}(T) = \mathfrak{v}$ weiter.

Wenn außer der Schubkraft auf die Rakete noch die als konstant anzusehende Schwerkraft wirkt, ist die Integration genau so einfach; sie wird erst schwieriger, wenn eine Luftwiderstandskraft $\mathfrak{W}$ nach Abb. 9.15 hinzutritt, und wenn, was bei größeren Raketenbahnen notwendig wird, auch noch die Veränderlichkeit der Gravitationskraft berücksichtigt werden soll. Interessiert man sich nicht für die Absolutbahn der Rakete, sondern für ihre Bahn relativ zur rotierenden Erde, so sind nach §27 noch die Fliehkraft und die CORIOLIS-Kraft hinzuzufügen.

Das Raketenprinzip auf seine einfachste Form gebracht zeigt die Abb. 9.16: Eine gespannte Feder treibt zwei Massen auseinander; der Schwerpunkt S bleibt dabei zwar in

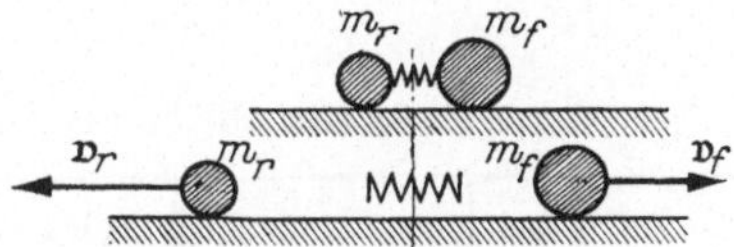

Abb. 9.16. Einfachstes Modell einer Rakete mit gespannter Feder.

Ruhe, aber die Massen m_r und m_f — bei einer wirklichen Rakete also Trägermasse und Treibmasse — geraten in beschleunigte Bewegung. Insofern stellt die Raketenbewegung gegenüber allen bisher betrachteten Bewegungsarten wie Gehen, Fahren, Schwimmen in Luft und Wasser etwas gänzlich Neues dar, da die Rakete sich nicht an einem anderen

Körper oder Medium abstoßen muß — wozu immer eine Reaktionskraft, meist eine Haftkraft, erforderlich ist — sondern völlig auf sich gestellt im leeren Weltraum manövrierfähig bleibt. Der Schwerpunkt S des aus Raketenrestkörper und ausgestoßenen Brenngasen bestehenden Gesamtsystems gehorcht natürlich dem NEWTONschen Grundgesetz wie jeder andere Punkthaufen auch, denn die Schubkräfte fallen als innere Nullpaare aus der Kräftesumme heraus.

Aufgabe 9.9: Gefäß mit ausströmendem Wasser.
Aufgabe 9.10: Rakete mit konstanter Beschleunigung.
Aufgabe 9.11: Rakete im Senkrechtflug.

Tabellen

Tabelle 1. *Reib- und Haftziffern*

	Haftziffer μ	Reibziffer f
Stahl auf Stahl	0,15 ⋯ 0,33	0,15
Stahl auf Grauguß oder Bronze	0,19	0,18
Stahl auf Eis	0,027	0,014
Holz auf Eis	—	0,035
Holz auf Stein	0,7	0,3
Holz auf Holz	0,4 ⋯ 0,6	0,2 ⋯ 0,4
Holz auf Metall	0,6 ⋯ 0,7	0,4 ⋯ 0,5

Tabelle 2. *Spezifische Gewichte* [Pond/cm³]

Platin	21,45	Schwefelsäure (100 %ig, bei 20 °C)		1,83
Gold	19,25	Wasser (bei 4 °C)		1,00
Quecksilber	13,60	Erdöl (bei 20 °C)		0,7 ⋯ 1,04
Blei	11,34	Holz		0,4 ⋯ 0,9
Eisen, Stahl	7,86	Kork		0,2 ⋯ 0,35
Aluminium	2,70	Schnee		0,12 ⋯ 0,95
Basalt	2,60 ⋯ 3,30	Sauerstoff		$1,42895 \cdot 10^{-3}$
Sandstein	2,59 ⋯ 2,71	Luft	bei 0 °C und	$1,2928 \;\; \cdot 10^{-3}$
Glas	2,4 ⋯ 3,0	Helium	760 mm Hg	$0,1785 \;\; \cdot 10^{-3}$
Beton	1,9 ⋯ 2,8	Wasserstoff		$0,08987 \cdot 10^{-3}$

Elemente der Vektorrechnung

Summe und Produkt von Vektoren

Ein Vektor ist eine gerichtete Größe, die durch Angabe von Länge (Betrag), Richtung und Richtungssinn eindeutig bestimmt ist. Vektoren werden im allgemeinen mit deutschen (gotischen) Buchstaben bezeichnet; $|\mathfrak{a}|$ oder auch a stellt den Betrag, $\mathfrak{a}^0$ den Einheitsvektor in Richtung von $\mathfrak{a}$ dar, also gilt

$$\mathfrak{a} = a\, \mathfrak{a}^0. \tag{A 1}$$

Der Vektor $-\mathfrak{a}$ hat die gleiche Länge und Richtung wie $\mathfrak{a}$, aber den umgekehrten Richtungssinn.

Die Multiplikation mit einem skalaren Faktor f bedeutet die Multiplikation der Länge des Vektors $\mathfrak{a}$ mit f; die Richtung bleibt dabei erhalten:

$$f\, \mathfrak{a} = f\, a\, \mathfrak{a}^0. \tag{A 2}$$

Ist f negativ, so kehrt sich der Richtungssinn von $\mathfrak{a}$ um.

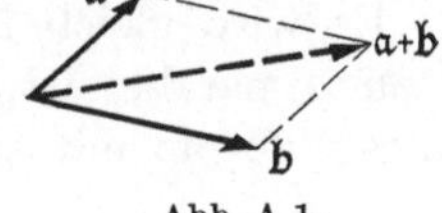

Abb. A 1.

Die Summe zweier Vektoren ist nach Abb. A 1 definiert: Man zeichne die beiden Vektoren $\mathfrak{a}$ und $\mathfrak{b}$ und ergänze die Figur zu einem Parallelogramm; die gestrichelte Diagonale dieses Parallelogramms ist dann die Vektorsumme $\mathfrak{a} + \mathfrak{b}$.

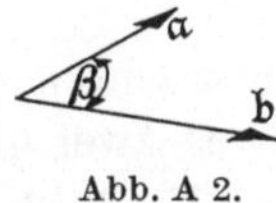

Abb. A 2.

Es gibt zwei verschiedene Produkte von Vektoren, das innere oder skalare Produkt und das äußere oder vektorielle Produkt.

Das innere (oder skalare) Produkt zweier Vektoren $\mathfrak{a}$ und $\mathfrak{b}$ ist eine reine Zahl, nämlich

$$\mathfrak{a}\, \mathfrak{b} = |\mathfrak{a}|\, |\mathfrak{b}|\, \cos\beta = a\, b\, \cos\beta, \tag{A 3}$$

wo β den Winkel zwischen $\mathfrak{a}$ und $\mathfrak{b}$ bedeutet (Abb. A 2). Das skalare Produkt ist vertauschbar:

$$\mathfrak{a}\, \mathfrak{b} = \mathfrak{b}\, \mathfrak{a}. \tag{A 4}$$

Das innere Produkt verschwindet, wenn entweder $\mathfrak{a}$ oder $\mathfrak{b}$ gleich Null ist, oder $\mathfrak{a}$ auf $\mathfrak{b}$ senkrecht steht, denn dann ist $\cos\beta = 0$. Es ist positiv für $0 \leq \beta < \frac{\pi}{2}$ und negativ für $\frac{\pi}{2} < \beta \leq \pi$. Das skalare Produkt eines Vektors mit sich selbst ist

$$\mathfrak{a}\,\mathfrak{a} = \mathfrak{a}^2 = a\,a\,\cos 0 = a^2, \tag{A 5}$$

also ist der Betrag (die Länge) eines Vektors gegeben durch

$$|\mathfrak{a}| = a = + \sqrt{\mathfrak{a}^2}. \tag{A 6}$$

Das äußere (oder vektorielle) Produkt zweier Vektoren $\mathfrak{a}$ und $\mathfrak{b}$ ist der Vektor:

$$\mathfrak{c} = \mathfrak{a} \times \mathfrak{b}; \quad |\mathfrak{c}| = a\,b\,\sin\beta, \tag{A 7}$$

der so definiert ist: $\mathfrak{c}$ steht auf $\mathfrak{a}$ und $\mathfrak{b}$ senkrecht, seine Länge c ist gleich $|\mathfrak{c}| = a\,b\,\sin\beta$, und der Richtungssinn ist so festgelegt, daß $\mathfrak{a}$, $\mathfrak{b}$ und $\mathfrak{c}$ in dieser Reihenfolge ein Rechtssystem bilden. Der Betrag c ist offenbar gleich dem Flächeninhalt des Parallelogramms, das von $\mathfrak{a}$ und $\mathfrak{b}$ aufgespannt wird (Abb. A 3). Das äußere Produkt ist nicht vertauschbar; es gilt vielmehr:

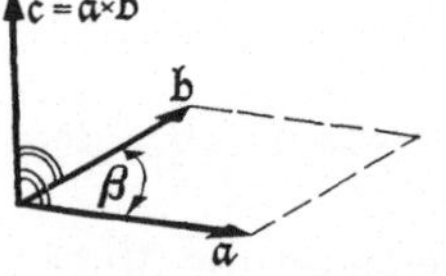

Abb. A 3.

$$\mathfrak{a} \times \mathfrak{b} = -\,\mathfrak{b} \times \mathfrak{a}. \tag{A 8}$$

Es wird gleich Null, wenn entweder $\mathfrak{a}$ oder $\mathfrak{b}$ verschwindet, oder $\mathfrak{a}$ zu $\mathfrak{b}$ parallel ist, denn dann wird $\sin\beta = 0$. Das äußere Produkt eines Vektors mit sich selbst ist Null, da $\sin 0 = 0$ ist:

$$\mathfrak{a} \times \mathfrak{a} = 0 \tag{A 9}$$

Wir betrachten nun die mehrfachen Produkte von drei Vektoren, von denen es zwei gibt: das doppelte äußere Produkt und das gemischte (Spat-) Produkt.

Das doppelte äußere Produkt dreier Vektoren $\mathfrak{a}$, $\mathfrak{b}$ und $\mathfrak{c}$ ist wieder ein Vektor, und zwar gilt:

$$\mathfrak{a} \times (\mathfrak{b} \times \mathfrak{c}) = \mathfrak{d} = (\mathfrak{a}\,\mathfrak{c})\,\mathfrak{b} - (\mathfrak{a}\,\mathfrak{b})\,\mathfrak{c}. \tag{A 10}$$

Da $\mathfrak{d}$ laut Definition des einfachen äußeren Produktes auf dem Vektor $\mathfrak{b} \times \mathfrak{c}$ senkrecht stehen muß, dieser selbst aber seinerseits auf $\mathfrak{b}$ und $\mathfrak{c}$ senkrecht steht, liegt $\mathfrak{d}$ in der Ebene von $\mathfrak{b}$ und $\mathfrak{c}$, muß sich also als Linearkombination von $\mathfrak{b}$ und $\mathfrak{c}$ darstellen lassen, was (A 10) gerade ausdrückt.

Das gemischte Produkt oder Spatprodukt ist eine Zahl, die gleich dem Volumen V des von den drei Vektoren $\mathfrak{a}$, $\mathfrak{b}$ und $\mathfrak{c}$ aufgespannten Parallelkantes (Spates) ist. Die Länge von $\mathfrak{a} \times \mathfrak{b}$ stellt = die Grundfläche G des von $\mathfrak{a}$ und $\mathfrak{b}$ gebildeten Parallelogramms dar, und $\mathfrak{f}\,\mathfrak{c}$ $= G\,c\,\cos\gamma = G\,h$ (Grundfläche mal Höhe) ist gleich dem Volumen des Spates nach Abb. A 4:

$$(\mathfrak{a} \times \mathfrak{b})\mathfrak{c} = V = G\,h = (\,\mathfrak{a}\,\mathfrak{b}\,\mathfrak{c})\,, \qquad (\text{A 11})$$

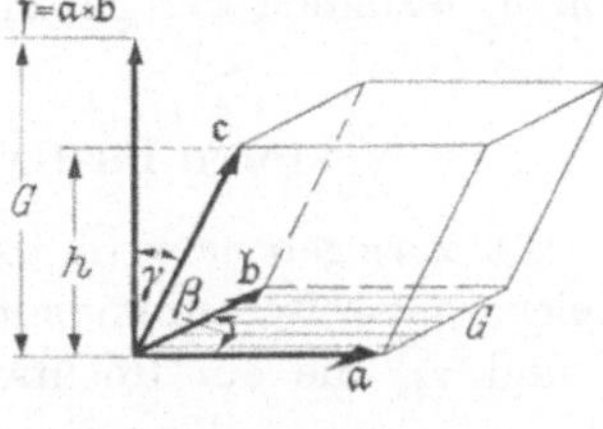

Abb. A 4.

wobei $(\mathfrak{a}\,\mathfrak{b}\,\mathfrak{c})$ nur eine andere Schreibweise für $(\mathfrak{a} \times \mathfrak{b})\mathfrak{c}$ ist. Das Volumen ist Null, wenn alle drei Vektoren in einer Ebene liegen, insbesondere dann, wenn zwei von ihnen überhaupt einander gleich sind:

$$\mathfrak{a}\,(\mathfrak{a} \times \mathfrak{b}) = -\,\mathfrak{a}\,(\mathfrak{b} \times \mathfrak{a}) = 0\,. \quad (\text{A 12})$$

Weiter gilt die Regel der zyklischen Vertauschung:

$$\mathfrak{a}\,(\mathfrak{b} \times \mathfrak{c}) = \mathfrak{b}\,(\mathfrak{c} \times \mathfrak{a}) = \mathfrak{c}\,(\mathfrak{a} \times \mathfrak{b}) \quad \text{bzw.} \quad (\mathfrak{a} \times \mathfrak{b})\,\mathfrak{c} = (\mathfrak{b} \times \mathfrak{c})\,\mathfrak{a} = (\mathfrak{c} \times \mathfrak{a})\,\mathfrak{b}$$

oder

$$(\mathfrak{a}\,\mathfrak{b}\,\mathfrak{c}) = (\mathfrak{b}\,\mathfrak{c}\,\mathfrak{a}) = (\mathfrak{c}\,\mathfrak{a}\,\mathfrak{b})\,. \qquad (\text{A 13})$$

Zerlegung eines Vektors

Die Zerlegung eines Vektors $\mathfrak{v}$ in Richtung eines vorgegebenen Vektors $\mathfrak{u}$ und senkrecht dazu (Abb. A 5) geschieht auf folgende Weise:

$$\mathfrak{v}_{||\mathfrak{u}} = \frac{\mathfrak{v}\,\mathfrak{u}}{\mathfrak{u}^2} \cdot \mathfrak{u} \qquad (\text{A 14})$$

$$\mathfrak{v}_{\perp\mathfrak{u}} = \frac{\mathfrak{u} \times (\mathfrak{v} \times \mathfrak{u})}{\mathfrak{u}^2} = \frac{\mathfrak{v}\,\mathfrak{u}^2}{\mathfrak{u}^2} - \frac{\mathfrak{u}\,\mathfrak{v}}{\mathfrak{u}^2}\,\mathfrak{u} = \mathfrak{v} - \mathfrak{v}_{||\mathfrak{u}}\,. \qquad (\text{A 15})$$

Ist insbesondere $\mathfrak{u}$ ein Einheitsvektor ($\mathfrak{u}^2 = 1$), so gilt einfach:

$$\mathfrak{v}_{||\mathfrak{u}} = (\mathfrak{v}\,\mathfrak{u})\,\mathfrak{u}\,, \qquad (\text{A 16})$$

$$\mathfrak{v}_{\perp\mathfrak{u}} = \mathfrak{u} \times (\mathfrak{v} \times \mathfrak{u}) = \mathfrak{v} - (\mathfrak{u}\,\mathfrak{v})\,\mathfrak{u} = \mathfrak{v} - \mathfrak{v}_{||\mathfrak{u}}\,. \qquad (\text{A 17})$$

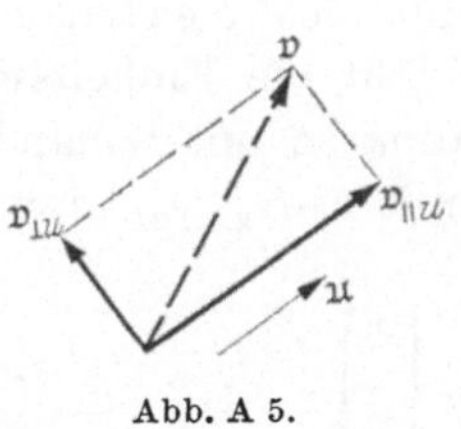

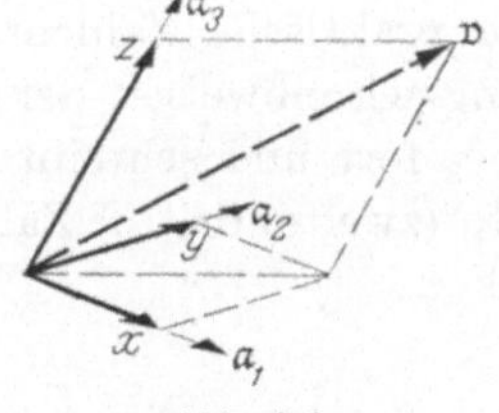

Abb. A 5. $\qquad\qquad\qquad\qquad$ Abb. A 6.

Zerlegung eines Vektors $\mathfrak{v}$ in die Richtungen dreier vorgegebener Vektoren $\mathfrak{a}_1$, $\mathfrak{a}_2$ und $\mathfrak{a}_3$, die nicht in einer Ebene liegen (Abb. A 6):

$$\mathfrak{v} = x\,\mathfrak{a}_1 + y\,\mathfrak{a}_2 + z\,\mathfrak{a}_3,$$
$$x = \frac{(\mathfrak{v}\,\mathfrak{a}_2\,\mathfrak{a}_3)}{(\mathfrak{a}_1\,\mathfrak{a}_2\,\mathfrak{a}_3)}; \quad y = \frac{(\mathfrak{a}_1\,\mathfrak{v}\,\mathfrak{a}_3)}{(\mathfrak{a}_1\,\mathfrak{a}_2\,\mathfrak{a}_3)}; \quad z = \frac{(\mathfrak{a}_1\,\mathfrak{a}_2\,\mathfrak{v})}{(\mathfrak{a}_1\,\mathfrak{a}_2\,\mathfrak{a}_3)}\,. \left.\quad\right\} \qquad (\text{A 18})$$

Die Vektoren $\mathfrak{a}_i$ heißen Basisvektoren, die Vektoren $x\,\mathfrak{a}_1$, $y\,\mathfrak{a}_2$, $z\,\mathfrak{a}_3$ die Komponenten von $\mathfrak{v}$, und die Skalare x, y und z die Koordinaten von $\mathfrak{v}$ bezüglich der gewählten Basis $\mathfrak{a}_i$.

Vektoren im rechtwinkligen Koordinatensystem

Wir zerlegen nach (A 18) den beliebigen Vektor $\mathfrak{v}$ in die Richtungen dreier paarweise aufeinander senkrecht stehender Einheitsvektoren $\mathfrak{e}_1$, $\mathfrak{e}_2$ und $\mathfrak{e}_3$, die ein Rechtssystem bilden (Abb. A 7); sog. cartesisches Koordinatensystem. Dann gilt also:

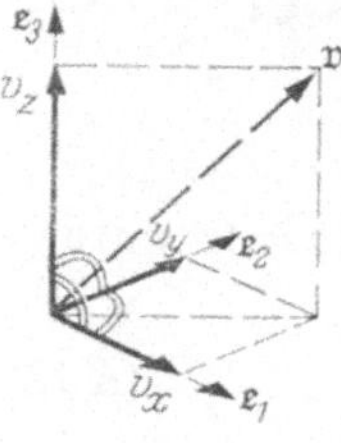
Abb. A 7.

$$\mathfrak{e}_1\,\mathfrak{e}_2 = \mathfrak{e}_1\,\mathfrak{e}_3 = \mathfrak{e}_2\,\mathfrak{e}_3 = 0; \quad \mathfrak{e}_1^2 = \mathfrak{e}_2^2 = \mathfrak{e}_3^2 = 1, \quad \text{(A 19)}$$

ferner nach (A 8):

$$\left.\begin{aligned}
\mathfrak{e}_1 \times \mathfrak{e}_2 &= -\mathfrak{e}_2 \times \mathfrak{e}_1 = \mathfrak{e}_3, \\
\mathfrak{e}_1 \times \mathfrak{e}_3 &= -\mathfrak{e}_3 \times \mathfrak{e}_1 = -\mathfrak{e}_2, \\
\mathfrak{e}_2 \times \mathfrak{e}_3 &= -\mathfrak{e}_3 \times \mathfrak{e}_2 = \mathfrak{e}_1.
\end{aligned}\right\} \quad \text{(A 20)}$$

Nach Abb. A 7 sind jetzt die Koordinaten gleich den Projektionen des Vektors $\mathfrak{v}$ auf die Richtungsvektoren $\mathfrak{e}_i$, also gilt

$$\mathfrak{v} = (\mathfrak{v}\,\mathfrak{e}_1)\,\mathfrak{e}_1 + (\mathfrak{v}\,\mathfrak{e}_2)\,\mathfrak{e}_2 + (\mathfrak{v}\,\mathfrak{e}_3)\,\mathfrak{e}_3 = v_x\,\mathfrak{e}_1 + v_y\,\mathfrak{e}_2 + v_z\,\mathfrak{e}_3. \quad \text{(A 21)}$$

Bilden wir nun das innere Produkt zweier Vektoren $\mathfrak{a}$ und $\mathfrak{b}$

$$\mathfrak{a}\,\mathfrak{b} = (a_x\,\mathfrak{e}_1 + a_y\,\mathfrak{e}_2 + a_z\,\mathfrak{e}_3)\,(b_x\,\mathfrak{e}_1 + b_y\,\mathfrak{e}_2 + b_z\,\mathfrak{e}_3), \quad \text{(A 22)}$$

so bleibt davon wegen (A 19) lediglich übrig:

$$\mathfrak{a}\,\mathfrak{b} = a_x\,b_x + a_y\,b_y + a_z\,b_z. \quad \text{(A 23)}$$

Insbesondere ist das Quadrat der Länge eines Vektors

$$\mathfrak{a}^2 = a_x^2 + a_y^2 + a_z^2 \quad \text{(Satz des Pythagoras).} \quad \text{(A 24)}$$

Für die praktische Zahlenrechnung empfiehlt sich meistens die sog. „Stellungsschreibweise" der Vektoren: Man läßt die Einheitsvektoren $\mathfrak{e}_1$, $\mathfrak{e}_2$, $\mathfrak{e}_3$ fort und schreibt dafür die Koordinaten untereinander auf; die erste (zweite, dritte) Zahl ist also noch mit $\mathfrak{e}_1$ ($\mathfrak{e}_2$, $\mathfrak{e}_3$) multipliziert zu denken:

$$\mathfrak{r} = x\,\mathfrak{e}_1 + y\,\mathfrak{e}_2 + z\,\mathfrak{e}_3 = \begin{bmatrix} x \\ y \\ z \end{bmatrix}. \quad \text{(A 25)}$$

Das innere Produkt nach (A 23) schreibt sich dann z. B. so:

$$\mathfrak{a}\,\mathfrak{b} = \begin{bmatrix} 3 \\ 0 \\ -2 \end{bmatrix} \begin{bmatrix} -1 \\ 5 \\ -2 \end{bmatrix} = 3(-1) + 0 \cdot 5 + (-2)(-2) = 1, \quad \text{(A 25a)}$$

und nach (A 3) ist:

$$a\,b = |a|\,|b|\,\cos\beta,$$

somit

$$\cos\beta = \frac{a\,b}{|a|\,|b|} = \frac{1}{\sqrt{13}\,\sqrt{30}} = 0{,}050\,64$$

nach (A 24), und daraus folgt $\beta = 87{,}1°$.

Nun bilden wir das äußere Produkt zweier Vektoren a und b. Zunächst wird

$$c = a \times b = (a_x\,e_1 + a_y\,e_2 + a_z\,e_3) \times (b_x\,e_1 + b_y\,e_2 + b_z\,e_3)$$

$$= a_x\,b_x\,e_1 \times e_1 + a_x\,b_y\,e_1 \times e_2 + a_x\,b_z\,e_1 \times e_3$$

$$+ a_y\,b_x\,e_2 \times e_1 + a_y\,b_y\,e_2 \times e_2 + a_y\,b_z\,e_2 \times e_3$$

$$+ a_z\,b_x\,e_3 \times e_1 + a_z\,b_y\,e_3 \times e_2 + a_z\,b_z\,e_3 \times e_3, \qquad \text{(A 26)}$$

und daraus folgt wegen (A 9) und (A 20):

$$a \times b = \begin{bmatrix} (a_y\,b_z - a_z\,b_y) \\ -(a_x\,b_z - a_z\,b_x) \\ (a_x\,b_y - a_y\,b_x) \end{bmatrix} = c. \qquad \text{(A 27)}$$

Praktisch geht man daher so vor: Die beiden Vektoren a und b werden nebeneinander geschrieben; verdeckt man nun die ersten Zahlen beider Vektoren, so bleibt eine zweireihige Determinante sichtbar, deren Wert gerade gleich der ersten Koordinate des gesuchten Vektors c ist; genauso verfährt man mit den übrigen Koordinaten, hat aber zum Schluß noch die zweite mit dem Minuszeichen zu versehen. Zum Beispiel wird:

$$a \times b = \begin{bmatrix} 3 \\ 0 \\ -2 \end{bmatrix} \times \begin{bmatrix} -1 \\ 5 \\ -2 \end{bmatrix} = \begin{bmatrix} 0(-2) - (-2)\cdot 5 \\ -[3(-2) - (-2)(-1)] \\ 3\cdot 5 - \quad 0\,(-1) \end{bmatrix} = \begin{bmatrix} 10 \\ 8 \\ 15 \end{bmatrix} = c.$$

$$\text{(A 27a)}$$

Und daraus berechnet sich der Betrag nach (A 6) zu

$$|a \times b| = |c| = \sqrt{10^2 + 8^2 + 15^2} = \sqrt{389} = 19{,}723.$$

Nun ist nach (A 7)

$$\sin\beta = \frac{|a \times b|}{|a|\cdot|b|} = \frac{\sqrt{389}}{\sqrt{13}\,\sqrt{30}} = 0{,}9974,$$

und in der Tat ist $\sin^2\beta + \cos^2\beta = 0{,}9974^2 + 0{,}05064^2 = 1$, wie es sein muß.

Bei mehrfachen Produkten geht man entsprechend vor; beim doppelt äußeren Produkt wird zuerst das in Klammern stehende einfache äußere Produkt gebildet und dann mit diesem das zweite. Beim Spatprodukt ist erst das äußere, dann das innere Produkt zu berechnen; führt man dies in der Stellungsschreibweise durch, so bemerkt man, daß das Spatprodukt nichts anderes ist als die Determinante aus den drei Vektoren $\mathfrak{a}$, $\mathfrak{b}$, $\mathfrak{c}$; (A 18) stellt somit die CRAMERsche Regel dar.

Differentiation und Integration von Vektoren

Hängt ein Vektor von einer oder von mehreren skalaren Veränderlichen ab, so lassen sich Ableitungen und Integrale genauso definieren wie bei den skalaren Funktionen. Es gelten dann alle sonst angewandten Regeln, wie Produktregel, Kettenregel usw. Wir betrachten nun den einfachsten Fall, daß der Vektor von einer einzigen skalaren Veränderlichen u abhängt; die Ableitung nach u bezeichnen wir der Kürze halber mit einem über die zu differenzierende Größe gesetzten Punkt. Den veränderlichen Vektor $\mathfrak{x}$ schreiben wir in der Form $\mathfrak{x} = r\,\mathfrak{a}$, wo r die Länge des Vektors und $\mathfrak{a}$ der Einheitsvektor seiner Richtung ist. Nun unterscheiden wir drei Fälle:

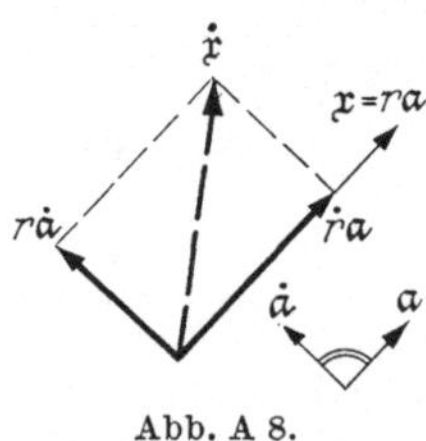

Abb. A 8.

1. Die Länge r des Vektors $\mathfrak{x}$ ist konstant, aber die Richtung veränderlich,
2. die Richtung $\mathfrak{a}$ von $\mathfrak{x}$ ist konstant und die Länge veränderlich,
3. Richtung und Länge von $\mathfrak{x}$ sind veränderlich.

1. Länge konstant, Richtung veränderlich:

$$\mathfrak{x}^2 = r^2 = \text{const} \neq 0; \quad 2\,\mathfrak{x}\,\dot{\mathfrak{x}} = 0, \quad \text{d. h.} \quad \dot{\mathfrak{x}} \perp \mathfrak{x}. \qquad \text{(A 28)}$$

Der Änderungsvektor eines Vektors von konstantem Betrage steht somit immer senkrecht auf diesem selbst.

2. Richtung konstant, Länge veränderlich:

$$\mathfrak{x} = r\,\mathfrak{a}; \quad \dot{\mathfrak{x}} = \dot{r}\,\mathfrak{a} \quad \text{d. h.} \quad \dot{\mathfrak{x}} \,\|\, \mathfrak{a}, \quad \text{somit auch} \quad \dot{\mathfrak{x}} \,\|\, \mathfrak{x}. \qquad \text{(A 29)}$$

Der Änderungsvektor eines Vektors von konstanter Richtung ist immer parallel zu diesem selbst.

3. Richtung und Länge veränderlich:

$$\mathfrak{x} = r\,\mathfrak{a}, \quad \dot{\mathfrak{x}} = \dot{r}\,\mathfrak{a} + r\,\dot{\mathfrak{a}}. \qquad \text{(A 30)}$$

Der Änderungsvektor hat zwei Komponenten: Die zu $\mathfrak{a}$ parallele Komponente $\dot{r}\,\mathfrak{a}$ ändert den Betrag, die zu $\mathfrak{a}$ senkrechte $r\,\dot{\mathfrak{a}}$ die Richtung von $\mathfrak{x}$; $\mathfrak{x}$ und $\dot{\mathfrak{x}}$ bilden jetzt einen von $0°$ und $90°$ verschiedenen Winkel miteinander (Abb. A 8).

Nach der Produktregel gilt ferner für zwei beliebige Vektoren $\mathfrak{x}$ und $\mathfrak{y}$

$$(\mathfrak{x}\,\mathfrak{y})^{\boldsymbol{\cdot}} = \dot{\mathfrak{x}}\,\mathfrak{y} + \mathfrak{x}\,\dot{\mathfrak{y}}; \qquad (\mathfrak{x}\times\mathfrak{y})^{\boldsymbol{\cdot}} = \dot{\mathfrak{x}}\times\mathfrak{y} + \mathfrak{x}\times\dot{\mathfrak{y}}, \qquad\text{(A 31)}$$

insbesondere wird $(\mathfrak{x}\times\dot{\mathfrak{x}})^{\boldsymbol{\cdot}} = \dot{\mathfrak{x}}\times\dot{\mathfrak{x}} + \mathfrak{x}\times\ddot{\mathfrak{x}} = 0 + \mathfrak{x}\times\ddot{\mathfrak{x}}$ nach (A 9), und damit gilt die oft gebrauchte Formel

$$\mathfrak{x}\times\ddot{\mathfrak{x}} = (\mathfrak{x}\times\dot{\mathfrak{x}})^{\boldsymbol{\cdot}}. \qquad\text{(A 32)}$$

In einem festen Koordinatensystem $\mathfrak{e}_1$, $\mathfrak{e}_2$, $\mathfrak{e}_3$ lassen sich einfach die Koordinaten einzeln für sich differenzieren und integrieren, z. B. ist

$$\mathfrak{x}(u) = \begin{bmatrix} u \\ 3\,u^2 \\ 0 \end{bmatrix}; \quad \dot{\mathfrak{x}} = \begin{bmatrix} 1 \\ 6\,u \\ 0 \end{bmatrix}; \quad \int \mathfrak{x}\,du = \begin{bmatrix} u^2/2 + c_x \\ u^3\ \ + c_y \\ 0\ \ + c_z \end{bmatrix} = \mathfrak{z}(u) + \mathfrak{c}.$$

Bei der Integration treten somit drei willkürliche Konstanten auf, die man zu einem konstanten Vektor $\mathfrak{c}$ zusammenfassen kann.

Raumkurven und begleitendes Dreibein

Eine Raumkurve wird am einfachsten beschrieben durch den Ortsvektor $\mathfrak{x}(s)$ als Funktion der Bogenlänge s. Irgendwo auf der Kurve erhält s den Wert Null und zählt nach der einen Seite positiv, nach der anderen negativ (Abb. A 9). Die Ableitung nach der Bogenlänge werde mit einem $(')$ bezeichnet, dann ist

$$d\mathfrak{x}/ds = \mathfrak{x}' = \mathfrak{t} \qquad\text{(A 33)}$$

ein Vektor der Länge 1 in Tangentenrichtung, der sog. Tangenteneinheitsvektor, der stets in Richtung wachsender Bogenlänge zeigt. Weiter ist

$$\mathfrak{x}'' = \mathfrak{t}' = k\,\mathfrak{n} = \frac{1}{\varrho}\,\mathfrak{n} \qquad\text{(A 34)}$$

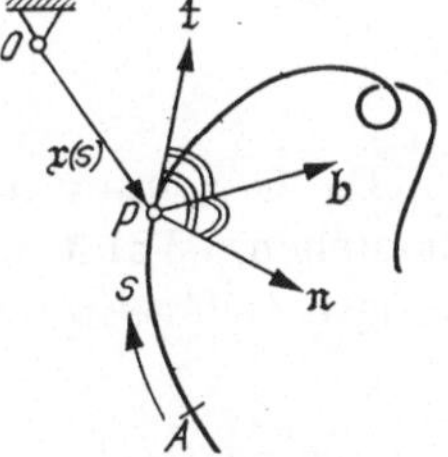

Abb. A 9.

Da $\mathfrak{t}$ ein Einheitsvektor ist, kann der Änderungsvektor $d\mathfrak{t}$ nur auf $\mathfrak{t}$ senkrecht stehen (A 28), muß also normal zur Bahnkurve sein. Der Einheitsvektor $\mathfrak{n}$ in der Richtung von $\mathfrak{t}'$ heißt der Hauptnormalenvektor, der Betrag von $\mathfrak{t}'$ die Krümmung $|\mathfrak{t}'| = k = 1/\varrho$. Die Krümmung ist als Vektorbetrag stets positiv, ebenso der Krümmungsradius $\varrho = 1/k$. Ist die Kurve schwach gekrümmt, so ändert sich der Tangenteneinheitsvektor nur wenig im Verhältnis zur Bogenlänge s; der Betrag von $d\mathfrak{t}/ds$, eben die Krümmung k, ist dann nur klein, und umgekehrt. Bei der geraden Linie ist insbesondere $\mathfrak{t} = \text{const}$, daher $d\mathfrak{t} = 0$. Wird die Bahnkurve in umgekehrter

Richtung durchlaufen, so ändert sich dt/ds, also auch $\mathfrak{n}$ nicht, da ja t und s beide ihr Vorzeichen wechseln. Trägt man in Richtung von $\mathfrak{n}$ die Länge ϱ ab, so ist dadurch ein Punkt M als Krümmungsmittelpunkt der Kurve festgelegt. Der Kreis um M in der durch t und $\mathfrak{n}$ aufgespannten sog. Schmiegebene mit dem Radius ϱ nähert die Kurve im Punkte P besonders gut an.

Führen wir nun noch den zu t und $\mathfrak{n}$ senkrechten Binormalenvektor

$$\mathfrak{b} = t \times \mathfrak{n} \tag{A 35}$$

ein, so ist jedem Kurvenpunkt ein begleitendes Dreibein t, $\mathfrak{n}$, $\mathfrak{b}$ zugeordnet, das als Basissystem oft gute Dienste leistet (sog. natürliche Koordinaten). Die drei von diesem Dreibein aufgespannten Ebenen heißen Normalebene ($\mathfrak{n}$, $\mathfrak{b}$), Schmiegebene (t, $\mathfrak{n}$) und Streckebene (t, $\mathfrak{b}$). Ebene Kurven sind dadurch ausgezeichnet, daß der Binormalenvektor $\mathfrak{b}$ und damit die zu $\mathfrak{b}$ normale Schmiegebene konstant ist; die Kurve verläuft dann ganz in der Schmiegebene.

Differenziert man nicht nach der Bogenlänge s, sondern nach irgendeinem anderen Parameter u (was der Punkt andeutet), so wird:

$$\dot{\mathfrak{r}} = \dot{s}\, t; \quad \ddot{\mathfrak{r}} = \ddot{s}\, t + \frac{\dot{s}^2}{\varrho}\, \mathfrak{n}. \tag{A 36}$$

Der Vektor $\dot{\mathfrak{r}}$ hat zwar noch die Tangentenrichtung, ist aber kein Einheitsvektor mehr, und $\ddot{\mathfrak{r}}$ liegt irgendwo in der Schmiegebene, ohne mit dem Hauptnormalenvektor $\mathfrak{n}$ zusammenzufallen.

Gerade und Ebene

Die Gleichung der geraden Linie läßt sich auf verschiedene Weise darstellen. Wählt man zwei ihrer Punkte P_0 und P_1 mit den zugehörigen Ortsvektoren $\mathfrak{r}_0$ und $\mathfrak{r}_1$, so gilt

$$\mathfrak{r}(u) = \mathfrak{r}_0 + u(\mathfrak{r}_1 - \mathfrak{r}_0). \tag{A 37}$$

Dabei ist u ein skalarer Parameter, der im Punkte P_0 den Wert $u = 0$ und im Punkte P_1 den Wert $u = 1$ annimmt.

Mit dem Einheitsvektor t und der Bogenlänge s, die vom Punkte P_0 aus in Richtung t positiv zählt, gilt nach Abb. A 10:

$$\mathfrak{r}(s) = \mathfrak{r}_0 + s\, t. \tag{A 38}$$

Multipliziert man diese Gleichung von rechts äußerlich mit dem Vektor t, so ergibt sich als dritte Darstellung der Geraden:

$$\mathfrak{r} \times t = \mathfrak{r}_0 \times t = \text{const} \quad \text{oder} \quad (\mathfrak{r} - \mathfrak{r}_0) \times t = 0. \tag{A 39}$$

Die Gleichung der Ebene. Im beliebigen Punkt P_0 der Ebene führen wir nach Abb. A 11 zwei Einheitsvektoren e_1 und e_2 ein. Der Ortsvektor $\overrightarrow{OP} = \mathfrak{x}$ lautet dann

$$\mathfrak{x} = \mathfrak{x}_0 + u\,e_1 + v\,e_2. \tag{A 40}$$

Multiplizieren wir diese Gleichung mit dem Normalenvektor $\mathfrak{n}$ skalar, so wird wegen $e_1\,\mathfrak{n} = e_2\,\mathfrak{n} = 0$

$$\mathfrak{x}\,\mathfrak{n} = \mathfrak{x}_0\,\mathfrak{n} = \text{const} \quad \text{oder} \quad (\mathfrak{x} - \mathfrak{x}_0)\,\mathfrak{n} = 0. \tag{A 41}$$

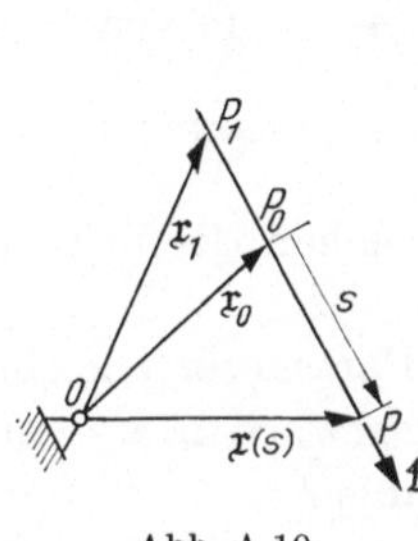

Abb. A 10.

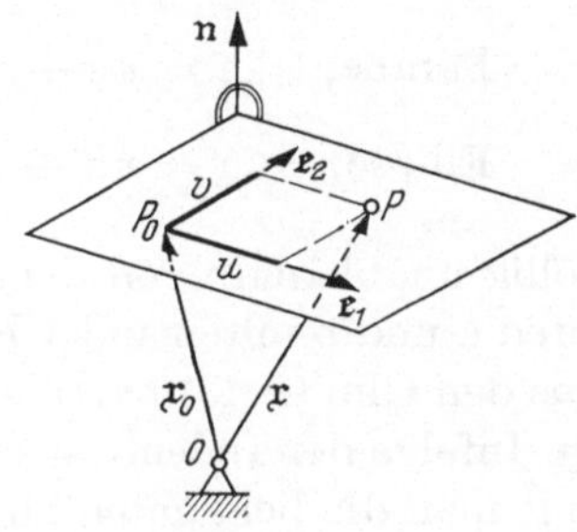

Abb. A 11.

Kegelschnitte

Kegelschnitte werden am einfachsten definiert mit Hilfe des Brennpunktes Z und der Leitlinie ll nach Abb. A 12. Für jeden Punkt P des Kegelschnittes gilt: $\overline{ZP}/\overline{GP} = \text{const} = \varepsilon$, somit $\overline{PG} = r/\varepsilon$, wenn $\overline{PZ} = r$ ist. Der Wert ε heißt die numerische Exzentrizität, und zwar handelt es sich um eine Hyperbel, Parabel oder Ellipse, je nachdem, ob $\varepsilon > 1$, $\varepsilon = 1$ oder $\varepsilon < 1$ ist. Speziell der Kreis hat als Sonderfall der Ellipse die numerische Exzentrizität $\varepsilon = 0$; seine Leitlinie liegt im Unendlichen.

Nach Abb. A 12 ist nun $\overline{ZK} + \overline{KH} = \overline{BL}$ $= p/\varepsilon$. Setzt man hier $\overline{ZK} = r\cos\varphi$ und $\overline{KH} = r/\varepsilon$ ein, so entsteht nach leichter Umformung die sogenannte Polargleichung des Kegelschnittes in der Form

$$r = \frac{p}{1 + \varepsilon\cos\varphi}. \tag{A 42}$$

Beim Kreis ist $\varepsilon = 0$, somit nach (A 42) $r = p = \text{const}$.

Zu einer einfachen vektoriellen Darstellung der Kegelschnitte gelangt man folgendermaßen: Zunächst gilt für jede beliebige ebene Kurve die Darstellung $\mathfrak{r} = x\,\mathfrak{a} + y\,\mathfrak{b}$, wo x und y die Koordinaten, $x\,\mathfrak{a}$ und $y\,\mathfrak{b}$ die Komponenten und $\mathfrak{a}$ und $\mathfrak{b}$ zwei beliebige Einheitsvektoren sind, die natürlich nicht in die gleiche Richtung fallen dürfen. Führt man einen Parameter α ein, um dessen geometrische Bedeutung man sich zunächst nicht zu kümmern braucht, so gelten die Gleichungen

$$\text{Hyperbel} \quad \mathfrak{r} = x\,\mathfrak{a} + y\,\mathfrak{b} = (a\cosh\alpha)\,\mathfrak{a} + (b\sinh\alpha)\,\mathfrak{b}, \qquad (A\,43)$$

$$\text{Parabel} \quad \mathfrak{r} = x\,\mathfrak{a} + y\,\mathfrak{b} = \qquad (a\,\alpha^2)\,\mathfrak{a} + \qquad (b\,\alpha)\,\mathfrak{b}, \qquad (A\,44)$$

$$\text{Ellipse} \quad \mathfrak{r} = x\,\mathfrak{a} + y\,\mathfrak{b} = (a\cos\alpha)\,\mathfrak{a} + (b\sin\alpha)\,\mathfrak{b}, \qquad (A\,45)$$

die völlig unabhängig von dem Winkel sind, welchen die beiden Basisvektoren $\mathfrak{a}$ und $\mathfrak{b}$ miteinander bilden.

Aus den Gln. (A 43) bis (A 45) läßt sich der Parameter α leicht eliminieren. Infolge der Indentität $\cos^2\alpha + \sin^2\alpha = 1$ bzw. $\cosh^2\alpha - \sinh^2 = 1$ gewinnt man die bekannten impliziten Darstellungen:

$$\text{Hyperbel} \quad \frac{x^2}{a^2} - \frac{y^2}{b^2} = 1, \qquad (A\,46)$$

$$\text{Parabel} \quad a\,x^2 - b^2\,y = 0, \qquad (A\,47)$$

$$\text{Ellipse} \quad \frac{x^2}{a^2} + \frac{y^2}{b^2} = 1. \qquad (A\,48)$$

Setzt man in (A 44) bzw. (A 47) $\alpha = 0$, so wird auch $\mathfrak{r} = 0$. Der Punkt 0 der Abb. A 14 ist somit ein Punkt der Parabel. Setzt man in

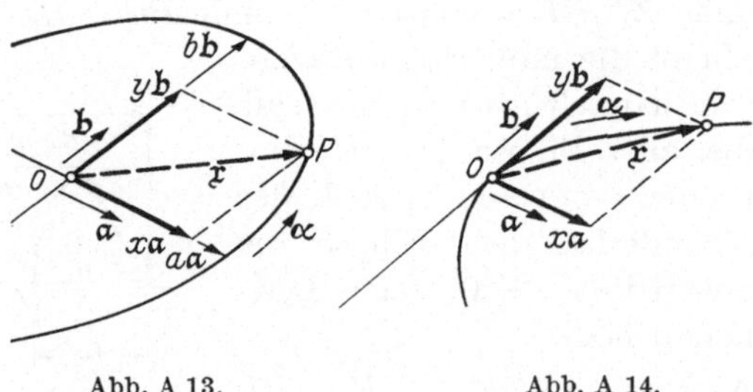

Abb. A 13.   Abb. A 14.

(A 43) und (A 45) dagegen $\alpha = 0$, so wird wegen $\cosh 0 = \cos 0 = 1$ und $\sinh 0 = \sin 0$ $\mathfrak{r} = a\,\mathfrak{a}$; man zeigt leicht, daß $a\,\mathfrak{a}$ ebenso wie $b\,\mathfrak{b}$ ein konjugierter Halbmesser ist. Wenn speziell die Basisvektoren $\mathfrak{a}$ und $\mathfrak{b}$ aufeinander senkrecht stehen, sind es die halben Hauptachsen der Ellipse bzw. der Hyperbel. Ist außerdem $a = b$, so handelt es sich um einen Kreis.

Aufgaben

Vorbemerkung zu den Aufgaben

Die Aufgaben sind abschnittweise zusammengefaßt. Innerhalb eines Abschnittes steigert sich im allgemeinen ihre Schwierigkeit, auch werden Erläuterungen und Zwischenrechnungen zum Schluß des Abschnittes hin spärlicher, weil die Durcharbeit der ersten Aufgaben vorausgesetzt wird. Etwa ein Zehntel der Aufgaben sind von hohem Schwierigkeitsgrad und nicht für den Anfänger gedacht. Diese Aufgaben sind durch einen Stern * gekennzeichnet.

Formeln aus dem Textteil werden im allgemeinen so zitiert, wie sie dort auftreten. Wenn zum Beispiel in der Aufgabe 5.2 die Formel (13) erscheint, so bedeutet dies Formel (13) aus dem Abschnitt 5. Nur bei Textformeln aus anderen Abschnitten wird die Abschnittsnummer hinzugefügt. Die gleiche Formel (13) aus dem Abschnitt 5 würde demnach zum Beispiel bei der Aufgabe 7.2 als (5.13) zitiert, um Verwechslungen zu vermeiden.

Folgende Arbeitsweise wird dem Lernenden empfohlen:

Erste Stufe: Die ganze Aufgabe wird durchgelesen, jede Formelzeile nachgerechnet. Zweite Stufe: Die Formeln werden verdeckt, der Text dient lediglich als Leitfaden, nach dem die Rechnung selbständig angefertigt wird. Dritte Stufe: Text und Formeln werden beiseitegelegt, der Leser versucht, die Aufgabe ohne Zuhilfenahme des Buches zu lösen. Vierte und letzte Stufe: Der Leser sucht sich seine Aufgaben in der technischen Praxis selbst. Um dieses stufenweise Eindringen in den Stoff zu ermöglichen, wurde in fast allen Aufgaben der erläuternde Begleittext von der eigentlichen Rechnung getrennt.

Einige allgemeine Richtlinien sind für den Anfänger vielleicht nützlich:

1. Zeichnung. Eine gute Zeichnung ist die halbe Lösung. Groß genug zeichnen und alle zu der Rechnung notwendigen Längen, Winkel, Kräfte usw. maßstabsgerecht eintragen.

2. Koordinatenwahl. Grundsätzlich ist jedes Koordinatensystem erlaubt, doch kann unzweckmäßige Wahl die Lösung erheblich erschweren. Wenn möglich, operiere man stets im ersten Quadranten der x-y-Ebene, weil dann Ausdrücke wie $\sin\alpha$ und $\cos\alpha$ positiv bleiben. Besonders merke man: die Ausdrücke x, $\dot{x}$, $\ddot{x}$; K_x sind unter allen Umständen in der gleichen Richtung positiv zu zählen, ebenso y, $\dot{y}$, $\ddot{y}$; K_y auch φ, $\dot{\varphi}$, $\ddot{\varphi}$; M usw.

3. Zahlenrechnungen. Zahlen werden erst ganz zum Schluß eingesetzt. Anderenfalls geht die Allgemeinheit der Aufgabe verloren, und es schmuggeln sich unvermeidliche Abrundungsfehler ein. Jeder Buchstabe einer Gleichung ist ein Symbol, das durch Zahl und Dimension ersetzt werden muß, z. B. $K = 4{,}2$ kp, $\alpha = 0{,}71$ Rad, $a = 7$ cm und dergleichen. Ein einfaches Beispiel möge dies erläutern: Gegeben sind die Größen $a = 50$ m, $b = 30$ m und $t = 4$ sec.; die Bahngeschwindigkeit $v = (a + b)/t$ ist zu berechnen. Die zugehörige Gleichung sieht dann genaugenommen so aus;

$$v = \frac{a + b}{t} = \frac{50\,\text{m} + 30\,\text{m}}{4\,\text{sec}} = \frac{80}{4}\,\frac{\text{m}}{\text{sec}} = 20\,\frac{\text{m}}{\text{sec}}.$$

Üblich und zweckmäßig dagegen ist folgende abkürzende Schreibweise

$$v = \frac{a + b}{t} = \frac{50 + 30}{4} = 20\,\frac{\text{m}}{\text{sec}}.$$

Hier erscheint die Dimension nur einmal am Schluß der Zeile und fehlt somit bei der Zwischenrechnung. Noch besser ist es, überhaupt mit dimensionslosen Größen zu rechnen; hierzu ist man bei der Programmierung für digitale Rechenautomaten ohnedies gezwungen.

Aufgabe 1.1. a) Wie hängen die beiden Maßeinheiten km/h und cm/sec zusammen?

b) Ein Fußgänger geht 6 km in der Stunde, wie groß ist seine Geschwindigkeit, gemessen in m/sec?

a) Es ist

$$v = \frac{1\ \text{km}}{1\ \text{h}} = \frac{1000\ \text{m}}{3600\ \text{sec}} = \frac{1\ \text{m}}{3{,}6\ \text{sec}}, \tag{a}$$

also

$$1\ \frac{\text{km}}{\text{h}} = \frac{1}{3{,}6}\ \frac{\text{m}}{\text{sec}}; \qquad 1\ \frac{\text{m}}{\text{sec}} = 3{,}6\ \frac{\text{km}}{\text{h}}. \tag{b}$$

b) Damit läßt sich die zweite Frage leicht beantworten:

$$6\ \frac{\text{km}}{\text{h}} = 6\ \frac{1}{3{,}6}\ \frac{\text{m}}{\text{sec}} = \frac{10}{6}\ \frac{\text{m}}{\text{sec}} = 1{,}67\ \frac{\text{m}}{\text{sec}}. \tag{c}$$

Aufgabe 1.2. Gegeben ist die Funktion $s(t) = A + B\,t + p\,t^3$. Die beiden Integrationskonstanten A und B sind anzupassen

a) an die Anfangsbedingungen $s(0) = s_0$ und $\dot{s}(0) = v_0$,

b) an die Randbedingungen $s(0) = s_0$ und $\dot{s}(1) = v_1$.

a) Wir setzen in $s(t)$ und in $\dot{s}(t)$ die Bedingungen ein, errechnen die Konstanten A und B und bekommen damit die Funktionen (c).

$$s(t) = A + Bt + pt^3; \quad s(0) = A + B \cdot 0 + p \cdot 0^3 = s_0 \rightarrow A = s_0 \tag{a}$$

$$\dot{s}(t) = B + 3p\,t^2; \quad \dot{s}(0) = B + 3p \cdot 0^2 \quad\ \ = v_0 \rightarrow B = v_0 \tag{b}$$

$$s(t) = s_0 + v_0\,t + p\,t^3; \quad \dot{s}(t) = v_0 + 3p\,t^2 \tag{c}$$

b) Ganz ähnlich erhalten wir für die geforderten Randbedingungen:

$$s(0) = A + B \cdot 0 + p \cdot 0^3 = s_0 \rightarrow A = s_0 \tag{d}$$

$$\dot{s}(1) = B + 3p \cdot 1^2 \qquad = v_1 \rightarrow B = v_1 - 3p \tag{e}$$

$$s(t) = s_0 + (v_1 - 3p)\,t + p\,t^3; \quad \dot{s}(t) = (v_1 - 3p) + 3p\,t^2 \tag{f}$$

Aufgabe 1.3. Ein Sprinter läuft 100 m in 11,0 sec. Auf den ersten 10 m sei die Beschleunigung konstant, auf den übrigen 90 m gleich Null.

Wie groß ist die Geschwindigkeit V im zweiten Teil der Strecke?

Wir zeichnen das v-t-Diagramm der Abb. a. Zur konstanten Beschleunigung im Bereich I gehört nach Abb. 1.4 eine ansteigende gerade Linie durch den Nullpunkt, im Bereich II dagegen eine Horizontale mit konstantem Betrag V. Unbekannt

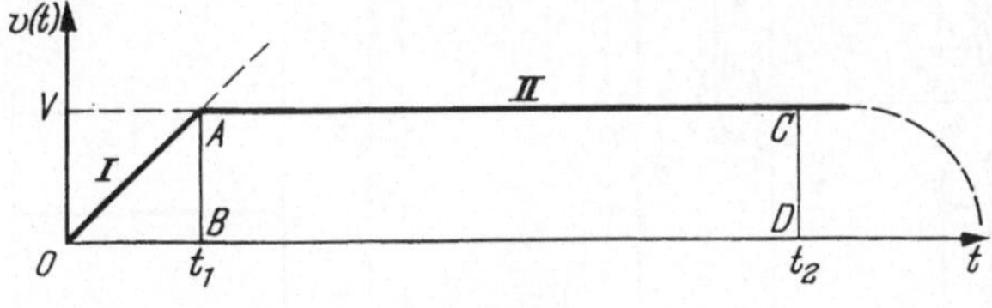

Abb. 1.3 a

sind die Zeit t_1, die zur Weglänge $s_1 = 10$ m gehört, und die konstante Geschwindigkeit V. Gegeben sind die beiden Wegmarken $s_1 = 10$ m und $s_2 = 100$ m. Der Flächeninhalt unter der v-t-Kurve ist gleich der zurückgelegten Weglänge, diese Flächen sind in (a) und (b) leicht zu berechnen, womit zwei Gleichungen für die Unbekannten V und t_1 vorliegen. Wir multiplizieren (a) mit dem Faktor 2 und addieren zur Gl. (b), wodurch die von t_1 freie Gl. (c) entsteht, aus der wir V in (d) ausrechnen. Die Gl. (a) liefert dann auch die Zeit t_1.

$$\text{Dreieck } OAB: \qquad s_1 = \frac{1}{2} V t_1 \quad \Big|\ 2 \qquad\qquad \text{(a)}$$

$$\text{Viereck } ABCD: \quad \underline{s_2 - s_1 = V(t_2 - t_1) \ \Big|\ 1} \qquad\qquad \text{(b)}$$

$$s_2 + s_1 = V t_2 \qquad\qquad \text{(c)}$$

$$V = \frac{s_2 + s_1}{t_2} = \frac{100 + 10}{11}\ \frac{\text{m}}{\text{sec}} = 10\ \frac{\text{m}}{\text{sec}} \qquad\qquad \text{(d)}$$

$$\text{(a)} \to t_1 = \frac{2 s_1}{V} = \frac{2 \cdot 10}{10}\ \frac{\text{m}}{\text{m/sec}} = 2\ \text{sec.} \qquad\qquad \text{(e)}$$

Aufgabe 1.4. Ein Förderkorb fährt aus der Ruhe heraus mit der konstanten Bahnbeschleunigung w_a so lange an, bis er die maximale Geschwindigkeit V erreicht hat, mit der er seine Fahrt fortsetzt. Auf dem letzten Teil der Gesamtwegstrecke S bremst er dann mit der konstanten Bahnbeschleunigung w_b bis zum Stillstand ab. Man zeichne die sechs kinematischen Diagramme.

Gegeben: $w_a = 0{,}4\ \text{m/sec}^2$; $V = 8\ \text{m/sec}$; $w_b = -0{,}5\ \text{m/sec}^2$; $S = 544\ \text{m}$.

Wir gehen aus vom Geschwindigkeits-Zeit-Diagramm, das laut Aufgabenstellung die Gestalt der Abb. b, haben muß. Die Steigung der Kurve $\dot{s}(t)$ stellt die Bahnbeschleunigung $\ddot{s}(t)$ dar, woraus wir in (a) und (b) die Zeitintervalle t_1 und $t_3 - t_2$ berechnen können. Andererseits ist die Fläche unter der Kurve $\dot{s}(t)$ gleich der Bogenlänge, woraus in (c) und (d) die zugehörigen Wegintervalle s_1

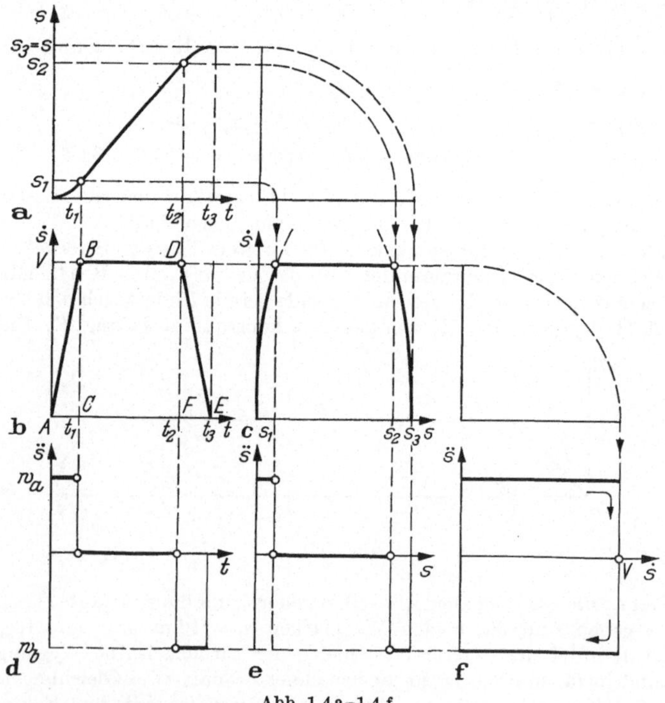

Abb. 1.4a–1.4f.

und $s_3 - s_2$ folgen. Da die Gesamtlänge S gegeben ist, können wir nun in (e) die mittlere Weglänge $s_2 - s_1$ und daraus in (f) auch die zugehörige Zeit $t_2 - t_1$ berechnen. Schließlich folgt noch die Gesamtzeit t_3 in (g).

Damit ist die Zeiteinteilung der drei Bereiche bekannt und der schwierigste Teil der Aufgabe erledigt, denn nun lassen sich nach Abb. 1.4 die sechs Diagramme leicht zusammensetzen. Man beachte, daß die Bahnbeschleunigung Sprünge und Knicke, die Bahngeschwindigkeit höchstens Knicke, die Bogenlänge dagegen weder Sprünge noch Knicke aufweisen kann. Das $\ddot{s}$-s-Diagramm hat einen isolierten Punkt bei $\dot{s} = V$; dort ist während des ganzen mittleren Wegabschnittes $\ddot{s} = 0$.

$$\text{Bereich} \quad \text{I: } \tan\alpha = \frac{\overline{BC}}{\overline{AC}} = w_a = \frac{V}{t_1} \to t_1 = \frac{V}{w_a} = \frac{8}{0{,}4} = 20 \text{ sec}, \tag{a}$$

$$\text{Bereich III: } \tan\beta = \frac{\overline{DF}}{\overline{EF}} = |w_b| = \frac{V}{t_3 - t_2} \to t_3 - t_2 = \frac{V}{|w_b|} = \frac{8}{0{,}5} = 16 \text{ sec}, \tag{b}$$

$$\text{Bereich} \quad \text{I: Fläche } ABC: \; s_1 = t_1 \, V/2 = 20 \cdot 8/2 = 80 \text{ m}, \tag{c}$$

$$\text{Bereich III: Fläche } DEF: \; s_3 - s_2 = (t_3 - t_2)\, V/2 = 16 \cdot 8/2 = 64 \text{ m}, \tag{d}$$

$$s_2 - s_1 = S - s_1 - (s_3 - s_2) = (544 - 80 - 64)\,\text{m} \tag{e}$$
$$= 400 \text{ m}.$$

$$\text{Bereich} \quad \text{II: Fläche } BCDF: s_2 - s_1 = V(t_2 - t_1)$$
$$\to t_2 - t_1 = (s_2 - s_1)/V = 400/8 = 50 \text{ sec}, \tag{f}$$
$$t_3 = 20 + 50 + 16 = 86 \text{ sec}. \tag{g}$$

Aufgabe 1.5. Bei einer Kriechbewegung vom Typ $\ddot{s} = -\delta\dot{s}$ nimmt die Bahngeschwindigkeit v in $T = 3$ sec auf die Hälfte ab. Wie groß ist das Dämpfungsmaß δ?

Wir setzen im v-t-Diagramm $v(T) = v_0/2$ ein, gewinnen daraus durch Logarithmieren die Gl. (b) und schließlich das Dämpfungsmaß δ in (c).

$$v(T) = v_0\, e^{-\delta T} = v_0/2 \tag{a}$$
$$e^{-\delta T} = 0{,}5 \to -\delta T = \ln 0{,}5 \tag{b}$$
$$\delta = \frac{-\ln 0{,}5}{T} = \frac{0{,}693}{3} = 0{,}231 \text{ sec}^{-1}. \tag{c}$$

Aufgabe 1.6. Beim Start eines Autos auf gerader Bahn wächst die Geschwindigkeit v innerhalb der Zeit t_1 von Null auf v_1 an und behält dann diesen Wert bei. Wie groß ist die während der Zeit t_1 zurückgelegte Wegstrecke s_1 für lineares bzw. sinusförmiges Anwachsen von v?

Gegeben:

$t_1 = 20$ sec; $\quad v_1 = 108$ km/h $= 30$ m/sec.

Die Fläche unter der Kurve $\dot{s}(t)$ ist gleich der gesuchten Wegstrecke. Wenn die Geschwindigkeit linear anwächst, ist diese Fläche ein Dreieck nach (a). Bei sinusförmigem Anwachsen könnte man die Funktion $\dot{s}(t)$ integrieren, doch kommt man einfacher zum Ziel, wenn man bedenkt, daß das Auto zwischen den Zeiten 0 und t_1 ein Viertel einer harmonischen Schwingung macht. Deren maximale Geschwindigkeit ist nach (32) $v_{\max} = r\,v$, und die Schwingungsdauer ist nach (30) $T = 2\pi/v = 4\,t_1$, woraus sich die Amplitude (b) leicht berechnen läßt.

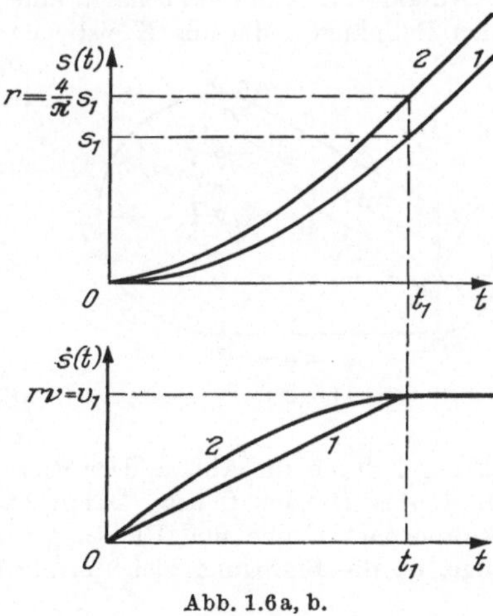

Abb. 1.6a, b.

Die Kurve $s(t)$ verläuft parabolisch bzw. cosinusförmig. Sie geht ohne Knick in die gerade Linie über, deren Steigung gleich v_1 ist, siehe Abb. a.

$$\text{Dreieck:}\quad s_1 = \frac{1}{2}\, t_1\, v_1 = \frac{1}{2} \cdot 20\,\text{sec} \cdot 30\,\frac{\text{m}}{\text{sec}} = 300\,\text{m,} \tag{a}$$

$$v_1 = r\,v \rightarrow r = \frac{v_1}{v} = v_1\,\frac{T}{2\,\pi} = v_1\,\frac{4\,t_1}{2\,\pi} = \left(\frac{1}{2}\,t_1\,v_1\right)\frac{4}{\pi} = s_1\,\frac{4}{\pi} = 382\,\text{m.} \tag{b}$$

Aufgabe 2.1. Kann auf gekrümmter Bahnkurve die Beschleunigung $\ddot{\mathfrak{r}}$ wenigstens zeitweise gleich Null sein?

Aus $\ddot{\mathfrak{r}} = \ddot{s}\,\mathfrak{t} + \dfrac{\dot{s}^2}{\varrho}\,\mathfrak{n} = 0$ folgt

a) $\ddot{s} = 0$, was bedeutet, daß die Kurve $\dot{s}(t)$ eine horizontale Tangente besitzt wie in den Punkten A, B, C und D der Abb. a und

b) $\dot{s}^2/\varrho = 0$, d. h., entweder $\dot{s} = v = 0$, das wäre der Punkt B in Abb. a oder $\varrho = \infty$, das sind Wende- oder Flachpunkte der Bahnkurve.

Zusammengefaßt: Auf beliebiger Bahnkurve muß gleichzeitig $\ddot{s} = 0$ und

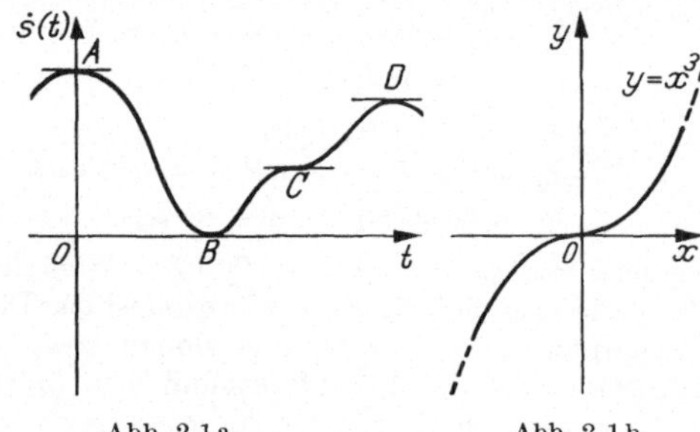

Abb. 2.1a.   Abb. 2.1b,

$\ddot{s} = 0$ sein. Durcheilt aber der Punkt P gerade einen Wendepunkt seiner Bahn, so genügt es, daß in diesem Augenblick $\ddot{s} = 0$ ist.

Beispiel: Harmonische Schwingung auf der kubischen Parabel $y = x^3$ mit dem Zentrum in O, siehe Abb. b.

Aufgabe 2.2. Ein Punkt macht eine gleichförmige Bewegung auf einer geschlossenen Bahnkurve, die aus Kreisbögen und Geraden zusammengesetzt ist (Auto auf Rennbahn, Abb. a). Es sind maßstäblich zu zeichnen:

a) Für einige Punkte der Bahn die zugehörigen Geschwindigkeitsvektoren.

b) Der Hodograph der Geschwindigkeit.

c) Die zugehörigen Beschleunigungsvektoren.

d) Der Hodograph der Beschleunigung.

a) Der Geschwindigkeitsvektor $\mathfrak{v} = \dot{s}\,\mathfrak{t}$ hat die Richtung $\mathfrak{t}$ der Bahntangente und den Betrag $\dot{s}$. Beides ist gegeben: $\dot{s} = v = \text{const}$ in der Aufgabenstellung und die Tangentenrichtung $\mathfrak{t}$ durch die Abb. a. Der Richtungssinn von $\mathfrak{v}$ ist der der Fahrtrichtung von A über B nach C usw. Damit lassen sich in Abb. b die Geschwindigkeitsvektoren nach Größe und Richtung einzeichnen. Sie sind sämtlich von gleicher Länge, da die Bewegung gleichförmig ist.

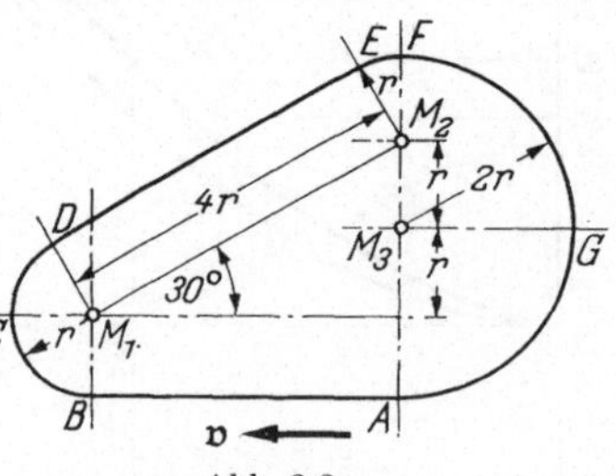

Abb. 2.2a.

b) Nun tragen wir von einem Ursprung 0_1 die Geschwindigkeiten der Abb. b nach Größe und Richtung ab; ihre Spitzen liegen dann auf dem Geschwindigkeitshodographen, der hier ein Kreis um 0_1 mit dem Radius v sein muß, weil ja alle Vektoren $\mathfrak{v}$ die gleiche Länge v haben. Auf diesem Kreis vermerken wir die

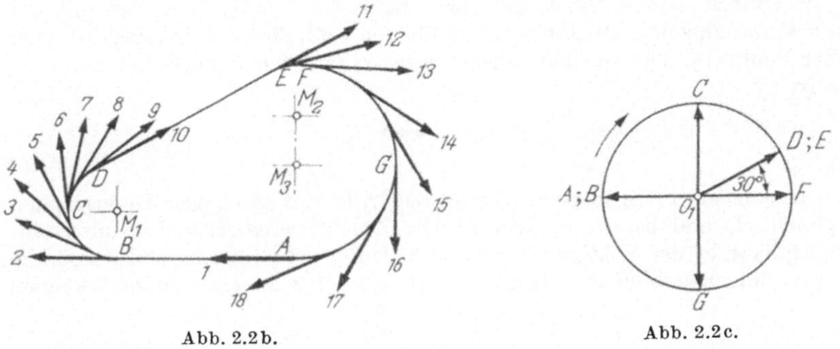

Abb. 2.2b.   Abb. 2.2c.

charakteristischen Punkte $A, B, \ldots G$ der Bahn in Abb. c. Auf den Bahnstrecken AB und DE ist nicht nur der Betrag, sondern auch die Richtung der Geschwindigkeit konstant; das äußert sich im Hodographen darin, daß der Vektor $\mathfrak{v}$ auf dem Kreis am Orte $A; B$ bzw. $D; E$ eine Zeitlang stehenbleibt.

c) Da die Bewegung gleichförmig ist, verschwindet die Bahnbeschleunigung, es ist daher $\ddot{\mathfrak{x}} = \ddot{\mathfrak{x}}_N = (v^2/\varrho)\,\mathfrak{n}$. In den Bereichen AB und DE verschwindet auch die Normalbeschleunigung, da dort $\varrho = \infty$ ist. In den Bereichen BD und EF ist $\varrho = r$, im Bereich FA ist $\varrho = 2r$. In diesem Bereich sind daher die Normalbeschleunigungsvektoren nur halb so groß wie in den Bereichen BD und EF, siehe Abb. d, wo einige Vektoren $\ddot{\mathfrak{x}}_N$ senkrecht zur Bahn und nach innen gerichtet eingetragen sind.

d) Nun wählen wir einen zweiten Ursprung 0_2 und tragen von dort aus die gezeichneten Beschleunigungsvektoren $\ddot{\mathfrak{x}}$ nach Größe und Richtung ab; das ergibt den Beschleunigungshodographen nach Abb. e. Der Hodograph besteht aus zwei Halbkreisen und dem Nullpunkt 0_2 selbst. Wesentlich ist wieder die Zuordnung

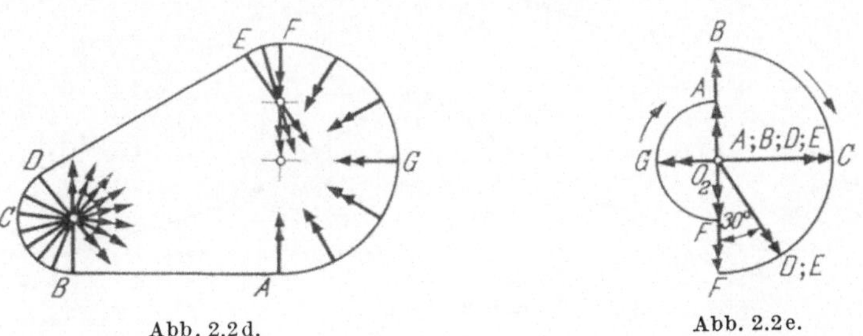

Abb. 2.2d.   Abb. 2.2e.

zu den Punkten $A, B, \ldots G$ der Bahnkurve. Auf den Strecken AB und DE verschwindet die Gesamtbeschleunigung, also bestehen die zugehörigen Abschnitte auf dem Beschleunigungshodographen allein aus dem Nullpunkt 0_2. An den Stellen A, B, D, E und F ändert sich nach Abb. d der Beschleunigungsvektor sprunghaft, was auch im Hodographen deutlich zu erkennen ist.

Zum Schluß überzeuge man sich noch, daß die Beschleunigungsvektoren, soweit sie nicht Null sind, die Tangentenrichtung der entsprechenden Punkte des Geschwindigkeitshodographen haben, wie es sein muß.

Aufgabe 2.3. Gegeben sind die vier Geschwindigkeitshodographen der Abb. a bis d. Es handelt sich jedesmal um einen Kreis vom Radius $a\,\omega$, der mit der Winkelgeschwindigkeit ω gleichförmig durchlaufen wird, doch mit unterschiedlicher Lage der Punkte 0_1. Man zeichne näherungsweise die zugehörigen Bahnkurven.

Es ist

$$\mathfrak{v} = \dot{\mathfrak{x}} = \frac{d\,\mathfrak{x}}{dt} \approx \frac{\varDelta\,\mathfrak{x}}{\varDelta t}, \quad \text{also} \quad \mathfrak{v}_i\,\varDelta t = \varDelta\,\mathfrak{x}_i,$$

was wir uns schon in (15) klargemacht hatten. Alle vier gegebenen Hodographen sind periodisch und bereits in acht gleiche Zeitintervalle $\varDelta t = T/8$ unterteilt. Die Multiplikation der Vektoren $\mathfrak{v}_i$ mit $\varDelta t$ bedeutet lediglich eine Maßstabsänderung; wir brauchen bloß $a\,\omega$ durch $a\,\omega\,\varDelta t = a\,\omega\,T/8$ zu ersetzen und können

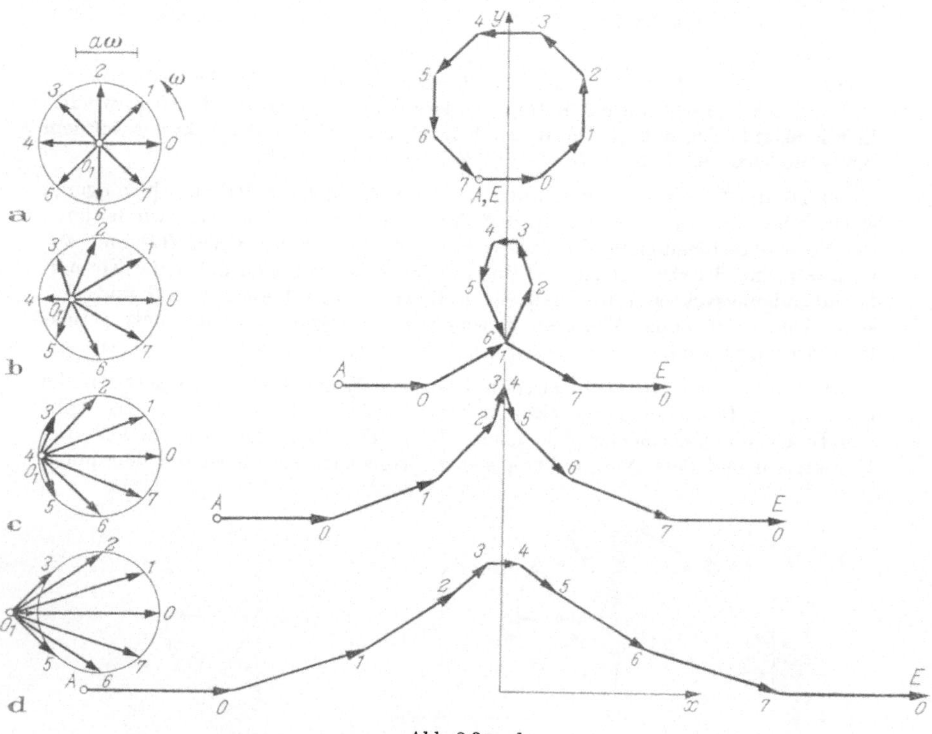

Abb. 2.3 a—d.

die gegebenen Vektoren $\mathfrak{v}_i$ aneinanderfügen, wobei der Anfangspunkt A ganz beliebig ist. Die vier Bahnkurven sind: Kreis, verschlungene, spitze und gestreckte Zykloide; man vergleiche die Aufgabe 2.5.

Aufgabe 2.4. Infolge einer konstanten Winkelbeschleunigung ε wird die Drehzahl n einer rotierenden Scheibe innerhalb von T sec von n_1 auf n_2 gebracht.

a) Man zeichne die drei kinematischen Diagramme über der Zeit.

b) Wie groß ist die Winkelbeschleunigung ε in U/min²?

c) Wieviel positive bzw. negative Umdrehungen vollführt die Scheibe während der Zeit T?

Gegeben: $n_1 = 3000$ U/min,
$\qquad n_2 = -2000$ U/min, $T = 50$ sec.

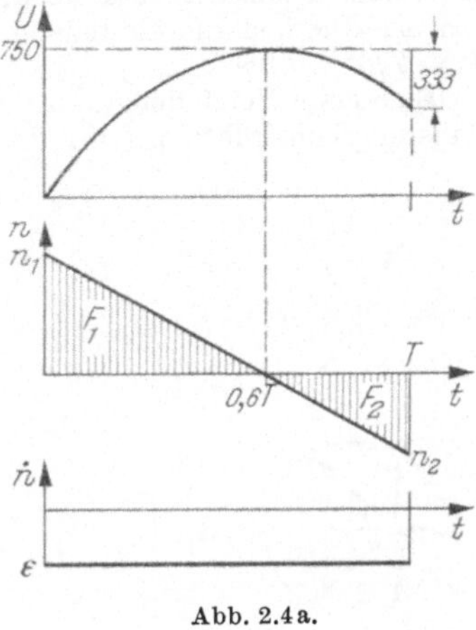

Abb. 2.4a.

Da die Winkelbeschleunigung konstant ist, muß die Winkelgeschwindigkeit $\dot\alpha$ und damit die Drehzahl n linear und der Winkel α selbst und damit die Anzahl der Umdrehungen parabolisch über der Zeit verlaufen (s. Abb. a). Die Drehzahlen n_1 und n_2 verhalten sich wie $3:2$, also wird auch das Zeitintervall T in diesem Verhältnis geteilt. Zur Zeit $t = 0,6\,T$ ist somit die Drehgeschwindigkeit gleich Null; die Scheibe kehrt ihre Bewegungsrichtung um.

Die Drehbeschleunigung berechnen wir nun in (a) als Steigung der Funktion $n(t)$ und die Anzahl der Umdrehungen als Flächeninhalte F_1 und F_2 in (b) und (c). Damit alles in U bzw. U/min² herauskommt, müssen wir $T = 5/6$ min einsetzen.

$$\varepsilon = \frac{n_2 - n_1}{T} = \frac{-2000 - 3000}{5/6}\ \frac{\text{U/min}}{\text{min}} = -6000\ \frac{\text{U}}{\text{min}^2}\,, \tag{a}$$

$$F_1 = \frac{1}{2}\,n_1 \cdot 0,6\,T = 0,3\,n_1\,T = 0,3 \cdot 3000\ \frac{5}{6}\ \text{U} = +750\ \text{U}, \tag{b}$$

$$F_2 = \frac{1}{2}\,n_2 \cdot 0,4\,T = 0,2\,n_2\,T = 0,2\,(-2000)\ \frac{5}{6}\ \text{U} = -\frac{1000}{3}\ \text{U} \approx -333\ \text{U}. \tag{c}$$

Aufgabe 2.5. Der Beschleunigungsvektor einer Punktbewegung hat den konstanten Betrag $a\,\omega^2$ und dreht sich mit der konstanten Winkelgeschwindigkeit $\dot\alpha = \omega$ um den festen Punkt 0_2. Man diskutiere die zugehörigen Klassen der Bahnkurven.

Zu dem gegebenen Hodographen gehört nach (35) offenbar die gleichförmige Kreisbewegung, aber nicht nur diese; denn auch alle Bahnkurven der Form (a) mit konstanten Vektoren $\mathfrak{r}_0$ und $\tilde{\mathfrak{v}}$ führen zum gleichen Beschleunigungshodo-

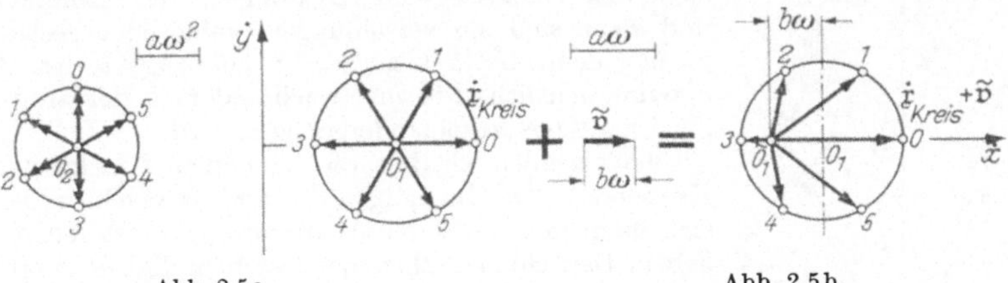

Abb. 2.5a.   Abb. 2.5b.

graphen. Da nun der Vektor $\mathfrak{r}_0$ lediglich eine Parallelverschiebung der Bahnkurve bedeutet, können wir ohne Einschränkung der Allgemeinheit $\mathfrak{r}_0 = 0$ wählen und bekommen somit als Hodographen des Orts- und Geschwindigkeitsvektors die

Kurven (b), die je nach Wahl von $\tilde{v}$ ganz verschieden ausfallen können, s. Abb. d, wo wir in positiver $\dot{x}$-Richtung die Strecke $v_x = b\,\omega$ hinzugefügt haben. Die Gleichung des Geschwindigkeitshodographen und der Bahnkurve lassen sich damit in (c) und (d) leicht hinschreiben; die Abb. d oben unterrichtet über die Zählung von $\omega\,t = \alpha$ und die Einteilung der Bewegung in sechs gleiche Zeitabschnitte $\Delta t = T/6 = \pi/3\omega$.

Eine erste Vorstellung von der Form der Bahnkurve gewinnen wir nach der Näherungskonstruktion (15), die für $b = 0$, $a/2$, a und $3a/2$ in Aufgabe 2.3

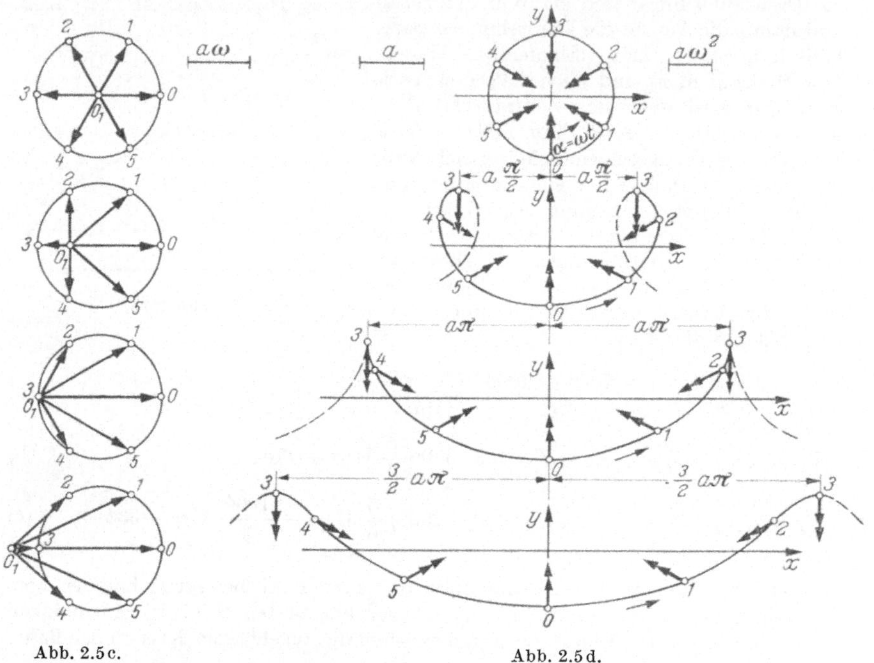

Abb. 2.5 c.   Abb. 2.5 d.

bereits durchgeführt wurde. Beliebig genau bekommt man diese Kurven, wenn man in (d) hinreichend viele Werte für $\alpha = \omega\,t$ einsetzt (s. Abb. d). Die so entstehenden Kurven sind Zykloiden oder Rollkurven, und zwar sind sie verschlungen, spitz oder gestreckt, je nachdem, ob $b < a$, $b = a$ oder $b > a$ ist. Man erkennt deutlich, wie mit wachsendem b der zu $b = 0$ gehörige Kreis auseinandergebogen wird.

Jetzt wählen wir die Geschwindigkeit $\tilde{v}$ senkrecht zur Kreisebene. Geschwindigkeits- und Ortsvektor lassen sich dann in (e) mit der Abkürzung $v_z = c\,\omega$ leicht angeben. Den Hodographen der Geschwindigkeit zeigt die Abb. e. Die Bahnkurve ist eine gerade Schraubenlinie mit der Periode $T = 2\pi/\omega$, also der Ganghöhe $h = c\,\omega\,T = 2\pi\,c$. Wählt man schließlich $\tilde{v}$ ganz beliebig, so ent-

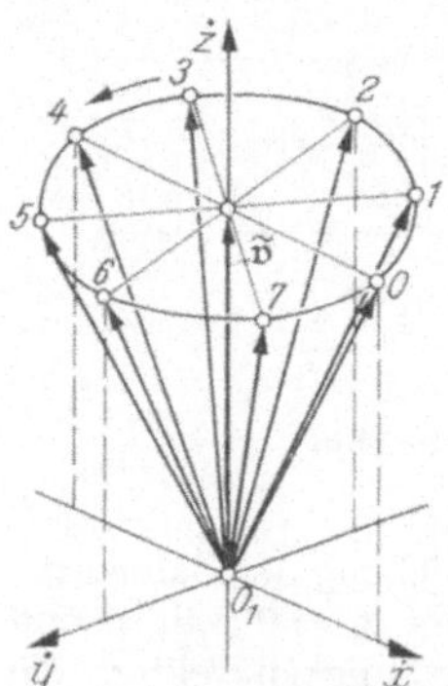

Abb. 2.5 e.

stehen Schraubenlinien auf schiefen Zylindern, deren Projektionen in die x-y-Ebene gerade die in Abb. d betrachteten Zykloiden sind.

$$\mathfrak{x}(t) = \mathfrak{x}_{\text{Kreis}} + \mathfrak{x}_0 + \mathfrak{v}\,t \rightarrow \ddot{\mathfrak{x}}(t) = \ddot{\mathfrak{x}}_{\text{Kreis}} + 0 + 0, \tag{a}$$

$$\mathfrak{x}(t) = \mathfrak{x}_{\text{Kreis}} + \mathfrak{v}\,t \qquad \rightarrow \dot{\mathfrak{x}}(t) = \dot{\mathfrak{x}}_{\text{Kreis}} + \mathfrak{v}, \tag{b}$$

$$\dot{\mathfrak{x}}(t) = \dot{\mathfrak{x}}_{\text{Kreis}} + \begin{bmatrix} b\,\omega \\ 0 \end{bmatrix} = \begin{bmatrix} a\,\omega\cos\omega t + b\,\omega \\ a\,\omega\sin\omega t \end{bmatrix}, \tag{c}$$

$$\int \dot{\mathfrak{x}}\,dt = \mathfrak{x}(t) = \mathfrak{x}_{\text{Kreis}} + \mathfrak{v}\,t = \begin{bmatrix} a\sin\omega t + b\,\omega t \\ -a\cos\omega t \end{bmatrix}, \tag{d}$$

$$\dot{\mathfrak{x}} = \begin{bmatrix} a\,\omega\cos\omega t \\ a\,\omega\sin\omega t \\ c\,\omega \end{bmatrix}; \qquad \mathfrak{x} = \begin{bmatrix} a\sin\omega t \\ -a\cos\omega t \\ c\,\omega t \end{bmatrix} = \begin{bmatrix} a\sin\alpha \\ -a\cos\alpha \\ c\,\alpha \end{bmatrix}. \tag{e}$$

Aufgabe 2.6. Ein Punkt P vollführt auf der aus drei Kreisbögen und einem Geradenstück zusammengesetzten Kurve der Abb. a eine harmonische Schwingung zwischen den Punkten A und E mit dem Zentrum in C. Die Beschleunigung $w = |\ddot{\mathfrak{x}}|$ ist über der Bogenlänge s aufzutragen.

Gegeben:
$$\widehat{AB} = \overline{BC} = \widehat{CD} = \widehat{DE} = a/2.$$

Die Amplitude der Schwingung ist $r = \widehat{CD} + \widehat{DE} = a$. Damit läßt sich nach (1.28) das Geschwindigkeitsquadrat in (a) hinschreiben; den gestrichelten parabolischen Verlauf der dimensionslosen Funktion $v^2/a^2\,v^2$ zeigt die Abb. b.

Die Normalbeschleunigung hat den Betrag v^2/ϱ. Die Krümmungsradien sind in den vier Bereichen AB, BC, CD, DE der Reihe nach a, ∞, a, $a/2$. Wir müssen somit die gestrichelte Parabel durch 1, ∞, 1, $1/2$ dividieren und bekommen damit die stark ausgezogene unstetige Kurve der Abb. b.

Die Tangentialbeschleunigung hat den Betrag $\ddot{s} = -v^2 s$ nach (1.24). Die dimensionslose Funktion $\ddot{s}/a\,v^2$ verläuft somit linear nach Abb. c. Nun läßt sich nach (45) in (b) der Betrag des Beschleunigungsvektors leicht berechnen.

In den Umkehrpunkten A und E sowie im Bereich BC verschwindet die Normalbeschleunigung, dort ist daher $w = \ddot{s}$; im Zentrum C dagegen ist wegen $\ddot{s} = 0$ einfach $w = v^2/\varrho$, s. Abb. d. Im Punkt D ($s = +a/2$) ist $\ddot{s} = -a\,v^2/2$ und

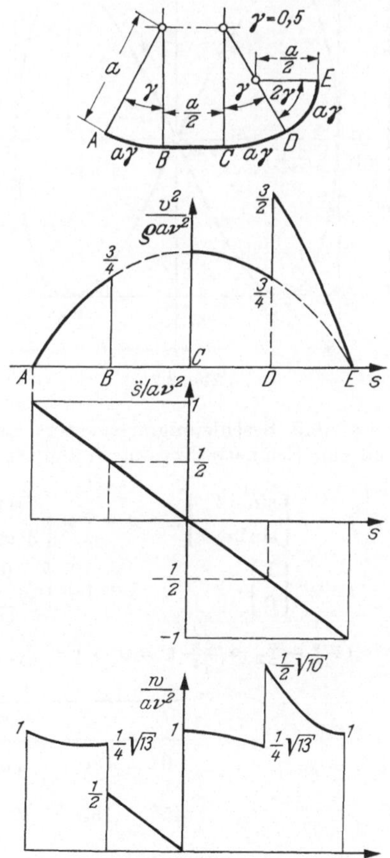

Abb. 2.6 a—d.

$v^2/\varrho = a\,v^2 \cdot 3/4$ bzw. $a\,v^2 \cdot 3/2$, woraus man nach (b) noch leicht die Werte für den Punkt D in (c) berechnet. Einige weitere Werte sind in Abb. d eingetragen.

$$\dot{s}^2 = v^2 = v^2(a^2 - s^2) = a^2\,v^2\left(1 - \frac{s^2}{a^2}\right), \tag{a}$$

$$w = |\ddot{\mathfrak{x}}| = +\sqrt{\ddot{s}^2 + \left(\frac{\dot{s}^2}{\varrho}\right)^2} \quad \text{bzw.} \quad \frac{w}{a\,v^2} = +\sqrt{\left(\frac{\ddot{s}}{a\,v^2}\right)^2 + \left(\frac{\dot{s}^2}{\varrho\,a\,v^2}\right)^2}, \tag{b}$$

$$w_D = \frac{\sqrt{13}}{4}\,a\,v^2 \quad \text{bzw.} \quad w_D = \frac{\sqrt{10}}{2}\,a\,v^2. \tag{c}$$

Aufgabe 2.7. Eine Bahnkurve ist gegeben in der Parameterdarstellung $x = r\sin\omega\,t$, $y = r\sin2\omega\,t$. Man zeichne die Bahn und berechne einige Krümmungsradien dazu.

Zunächst differenzieren wir den Ortsvektor zweimal nach t und haben damit Orts-, Geschwindigkeits- und Beschleunigungsvektor in (a). Hieraus läßt sich nach (47) bis (49) der Krümmungsradius ϱ berechnen, doch wird die formelmäßige Durchführung kompliziert, weshalb man besser vorher geeignete Werte von $\omega\,t$ einsetzt. Zum Beispiel geht für $\omega\,t = \pi/2$ (a) in (b) über, woraus zunächst $\ddot{\mathfrak{x}}_T = 0$, also $\ddot{\mathfrak{x}} = \ddot{\mathfrak{x}}_N$ und somit ϱ aus (49) in (c) folgt. Führt man die gleiche Rechnung für einige andere Werte von $\omega\,t$ durch, so ergeben sich die Krümmungsradien der kleinen Tabelle (d).

Da die Werte von $\sin\omega\,t$ und $\sin2\omega\,t$ zwischen $+1$ und -1 schwanken, kann die Bahnkurve nur im skizzierten Quadrat der Abb. a liegen. Man zeichne auch die Hodographen des Geschwindigkeits- und Beschleunigungsvektors. Es ergibt sich eine nach oben offene Parabel und eine Schmetterlingskurve ähnlich wie die der Abb. a.

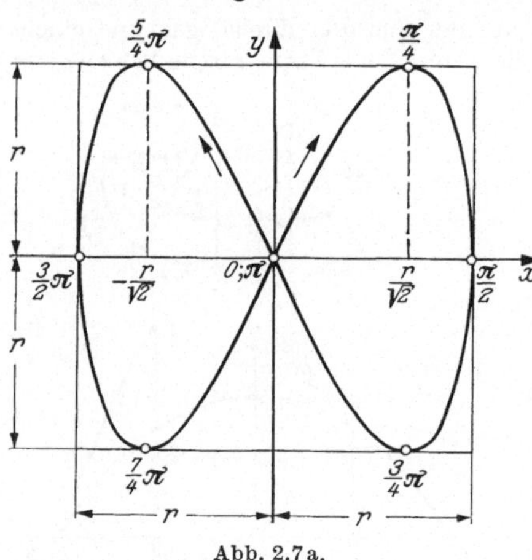

Abb. 2.7a.

$$\mathfrak{x} = r\begin{bmatrix} \sin\omega\,t \\ \sin2\omega\,t \end{bmatrix}, \quad \dot{\mathfrak{x}} = r\,\omega\begin{bmatrix} \cos\omega\,t \\ 2\cos2\omega\,t \end{bmatrix}, \quad \ddot{\mathfrak{x}} = -r\,\omega^2\begin{bmatrix} \sin\omega\,t \\ 4\sin2\omega\,t \end{bmatrix} \tag{a}$$

$$\mathfrak{x} = r\begin{bmatrix} 1 \\ 0 \end{bmatrix}, \quad \dot{\mathfrak{x}} = r\,\omega\begin{bmatrix} 0 \\ 2(-1) \end{bmatrix}, \quad \ddot{\mathfrak{x}} = -r\,\omega^2\begin{bmatrix} 1 \\ 4\cdot 0 \end{bmatrix} \tag{b}$$

$$(47) \rightarrow \ddot{\mathfrak{x}}_T = \frac{\ddot{\mathfrak{x}}\dot{\mathfrak{x}}}{\dot{\mathfrak{x}}^2}\,\dot{\mathfrak{x}} = 0 \rightarrow \ddot{\mathfrak{x}} = \ddot{\mathfrak{x}}_N, \quad (49) \rightarrow \varrho = \frac{\dot{\mathfrak{x}}^2}{|\ddot{\mathfrak{x}}_N|} = \frac{4r^2\,\omega^2}{r\,\omega^2} = 4r. \tag{c}$$

$\alpha = \omega\,t$				ϱ	
$0°$	$180°$	$360°$		∞	
$45°$	$135°$	$225°$	$315°$	$\dfrac{r}{8}$	(d)
$90°$	$270°$			$4r$	

Aufgabe 3.1. In welcher Höhe h wiegt ein Gegenstand nur noch halb soviel wie auf der Erdoberfläche?

Das Gewicht eines Körpers ist nach (7) $\tilde{G} = G R^2/r^2$, wobei G das (mittlere) Gewicht auf der Erdoberfläche ist. Nun soll $\tilde{G} = G/2$ sein, also ist

$$\tilde{G} = \frac{G}{2} = \frac{G R^2}{r^2} \rightarrow r^2 = 2 R^2 \rightarrow r = \sqrt{2} \cdot R$$

Hier setzen wir $r = R + h$ ein, und bekommen mit dem mittleren Erdradius R (5):

$$r = R + h = \sqrt{2}\,R \rightarrow h = (\sqrt{2} - 1)\,R = 0{,}414\,R = 0{,}414 \cdot 6371\ \text{km} = 2638\ \text{km}.$$

Aufgabe 3.2. Man berechne die gegenseitige Anziehungskraft zweier Lokomotiven vom Gewicht G und der Entfernung r ihrer Mittelpunkte.

Gegeben: $G = 50\,000$ kp, $r = 2000$ cm.

Da die Gewichte der Lokomotiven und nicht ihre Massen gegeben sind, erweitern wir das allgemeine Gravitationsgesetz (2) mit g^2 und bekommen, weil insbesondere $m_1 = m_2 = m$ ist, die Gl. (a). Hier setzen wir nun die gegebenen Werte G und r, außerdem die mittlere Erdbeschleunigung g aus (5) und die universelle Gravitationskonstante Γ (2) ein und bekommen damit das Ergebnis (b). Die Kraft ist winzig klein und entspricht etwa dem Gewicht einer Stecknadel.

$$K = \frac{(m_1\,g)\,(m_2\,g)}{g^2\,r^2}\,\Gamma = \left(\frac{G}{g\,r}\right)^2 \Gamma,$$

$$K = \left(\frac{50\,000}{981 \cdot 2000}\right)^2 \left(\frac{\text{kp sec}^2}{\text{cm cm}}\right)^2 \cdot 0{,}065\,25 \left(\frac{\text{cm}^4}{\text{kp sec}^4}\right) \tag{b}$$

$$= \left(\frac{25}{981}\right)^2 \cdot 0{,}065\,25\ \text{kp} = 0{,}042\ \text{Pond}.$$

Aufgabe 4.1. Das skizzierte Kräftesystem ist zur Kräftesumme zusammenzufassen.

a) Zeichnerische Lösung: Wir fügen die gegebenen Kräfte in beliebiger Reihenfolge, etwa wie in Abb. b, aneinander und erhalten so die Kräftesumme $\Re =$

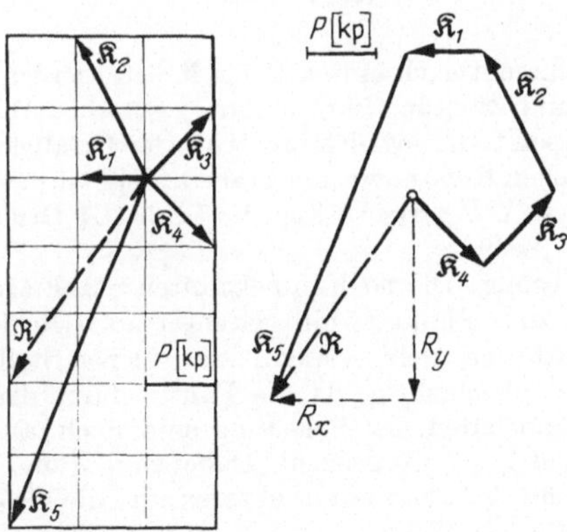

Abb. 4.1a, b.

$\Re_1 + \Re_2 + \cdots + \Re_5$. Die rechtwinkligen Komponenten der Kräftesumme sind $R_x = -2P$ und $R_y = -3P$, wenn wir wie üblich x nach rechts und y nach oben positiv zählen, siehe Abb. b.

b) Rechnerische Lösung: Wir schreiben die Gl. (2) in Komponenten hin und bekommen dasselbe Ergebnis:

$$\Sigma \Re = \begin{bmatrix} -1 \\ 0 \end{bmatrix} P + \begin{bmatrix} -1 \\ 2 \end{bmatrix} P + \begin{bmatrix} 1 \\ 1 \end{bmatrix} P + \begin{bmatrix} 1 \\ -1 \end{bmatrix} P + \begin{bmatrix} -2 \\ -5 \end{bmatrix} P = \begin{bmatrix} -2 \\ -3 \end{bmatrix} P \quad \text{(a)}$$

Frage: Wieviel verschiedene Kraftecke gibt es zu dieser Aufgabe? Man zeichne einige davon und überzeuge sich, daß immer dieselbe Kräftesumme $\Re$ resultiert!

Aufgabe 4.2. Der Punkt C des skizzierten Zweibeins wird belastet durch eine waagerecht wirkende Feder und durch ein Gewicht der Masse m. Man ermittle die Stabkräfte $\mathfrak{A}$ und $\mathfrak{B}$.

a) zeichnerisch, b) rechnerisch.

Gegeben: $w = a$, $c\,w = 2\,m\,g = 40$ kp.

a) Zeichnerische Lösung: Da die Feder gedehnt wird, wirkt die Federkraft $\mathfrak{F}$ nach links und hat den Betrag $c\,w = c\,a = 40$ kp. Das Gewicht vom Betrage

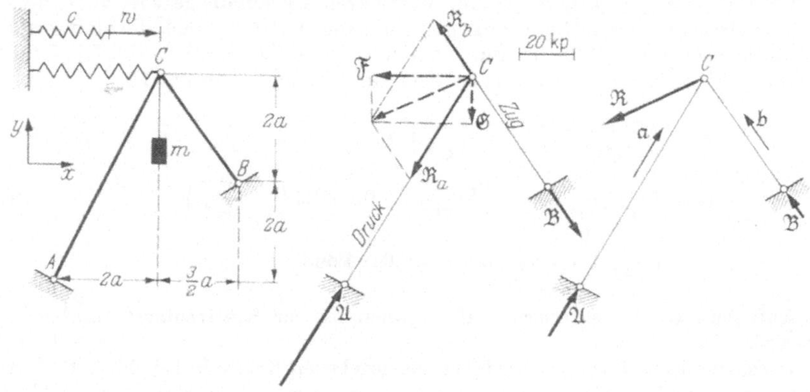

Abb. 4.2 a—c.

$m\,g = 20$ kp wirkt senkrecht nach unten. Beide Kräfte werden in einem geeigneten Maßstab nach Größe und Richtung in C angetragen und in Abb. b zu ihrer Kräftesumme $\Re$ zusammengesetzt, die sogleich mit Hilfe der Parallelogrammkonstruktion in die beiden vorgegebenen Richtungen der Stäbe zerlegt wird. Es ist dann $-\Re_a = \mathfrak{A}$ und $-\Re_b = \mathfrak{B}$; im Stab CB herrscht Zug, im Stab CA Druck. Die Beträge sind $|\mathfrak{A}| \approx 50$ kp, und $|\mathfrak{B}| \approx 30$ kp.

b) Rechnerische Lösung: Die noch unbekannten Stabkräfte $\mathfrak{A}$ und $\mathfrak{B}$ nehmen wir wie in Abb. c als zum Punkt C hin gerichtet an. (Ob das wirklich zutrifft, können wir vorher natürlich nicht wissen.) An welcher Stelle wir die Kräfte $\mathfrak{A}$ und $\mathfrak{B}$ einzeichnen, ist gleichgültig, da die Kräfte durch den Stab verschieblich sind. Die beiden Komponenten der Belastung sind nach (a) bekannt, die beiden Stabkräfte $\mathfrak{A} = \bar{A}\,\mathfrak{a}$ und $\mathfrak{B} = \bar{B}\,\mathfrak{b}$ gesucht. Dabei sind $\bar{A}$ und $\bar{B}$ noch unbekannte skalare Zahlen und $\mathfrak{a}$ und $\mathfrak{b}$ irgend zwei Vektoren, die die gleiche Richtung haben wie $\mathfrak{A}$ und $\mathfrak{B}$. Zum Beispiel können wir die Vektoren $\overrightarrow{AC}$ und $\overrightarrow{BC}$ oder, da es auf die Länge nicht ankommt, auch die bequemeren Vektoren $\mathfrak{a}$ und $\mathfrak{b}$ nach (b) wählen,

die man erhält, wenn man aus $\overrightarrow{AC}$ den Faktor $2a$ und aus $\overrightarrow{BC}$ den Faktor $a/2$ herauszieht. Dies ist zwar nicht unbedingt erforderlich, erleichtert aber die nachfolgende Rechnung, wovon man sich überzeugen möge.

Nun schreiben wir die Gleichgewichtsbedingung am Knoten C in (c) in allgemeiner Vektorform und anschließend in (d) und (e) nochmals in Komponenten hin, wobei wir die Vektorzerlegung (a) und (b) benutzen. Durch Multiplikation mit geeigneten Faktoren und anschließende Addition entstehen aus (d) und (e) die entkoppelten Gln. (f) und (g) mit den Lösungen (h), womit dann auch die Kräfte (i) bekannt sind. Da $\tilde{B}$ negativ ist, wirkt die Kraft $\mathfrak{B}$ nicht von B nach C, wie angenommen, sondern in umgekehrter Richtung. Die Beträge von $\mathfrak{A}$ und $\mathfrak{B}$ berechnen wir in (j) und (k). Man vergleiche die zeichnerische Lösung.

$$\mathfrak{R} = \begin{bmatrix} R_x \\ R_y \end{bmatrix} = \begin{bmatrix} -cw \\ -mg \end{bmatrix} = \begin{bmatrix} -40\ \mathrm{kp} \\ -20\ \mathrm{kp} \end{bmatrix} \tag{a}$$

$$\overrightarrow{AC} = \begin{bmatrix} 2a \\ 4a \end{bmatrix}, \quad \overrightarrow{BC} = \begin{bmatrix} -1{,}5a \\ 2a \end{bmatrix} \rightarrow \mathfrak{a} = \begin{bmatrix} 1 \\ 2 \end{bmatrix}, \quad \mathfrak{b} = \begin{bmatrix} -3 \\ 4 \end{bmatrix} \tag{b}$$

$$\sum \mathfrak{R}_i = \mathfrak{R} + \mathfrak{A} + \mathfrak{B} = \mathfrak{R} + \tilde{A}\,\mathfrak{a} + \tilde{B}\,\mathfrak{b} = 0, \tag{c}$$

$$-40\ \mathrm{kp} + 1\tilde{A} - 3\tilde{B} = 0 \quad | \quad -2 \quad 4 \tag{d}$$

$$-20\ \mathrm{kp} + 2\tilde{A} + 4\tilde{B} = 0 \quad | \quad 1 \quad 3 \tag{e}$$

$$60\ \mathrm{kp} \qquad\quad + 10\tilde{B} = 0 \tag{f}$$

$$-220\ \mathrm{kp} + 10\tilde{A} \qquad\quad = 0 \tag{g}$$

$$\tilde{A} = 22\ \mathrm{kp}, \quad \tilde{B} = -6\ \mathrm{kp}. \tag{h}$$

$$\mathfrak{A} = \tilde{A}\,\mathfrak{a} = 22\ \mathrm{kp} \begin{bmatrix} 1 \\ 2 \end{bmatrix} = \begin{bmatrix} 22 \\ 44 \end{bmatrix} \mathrm{kp}; \quad \mathfrak{B} = \tilde{B}\,\mathfrak{b} = -6\ \mathrm{kp} \begin{bmatrix} -3 \\ 4 \end{bmatrix} = \begin{bmatrix} 18 \\ -24 \end{bmatrix} \mathrm{kp}. \tag{i}$$

$$A = |\mathfrak{A}| = |\tilde{A}|\sqrt{\mathfrak{a}^2} = 22\sqrt{1^2 + 2^2}\ \mathrm{kp} = 22\sqrt{5}\ \mathrm{kp} = 49{,}2\ \mathrm{kp}, \tag{j}$$

$$B = |\mathfrak{B}| = |\tilde{B}|\sqrt{\mathfrak{b}^2} = 6\sqrt{3^2 + (-4)^2}\ \mathrm{kp} = 6\sqrt{25}\ \mathrm{kp} = 30{,}0\ \mathrm{kp}. \tag{k}$$

Aufgabe 4.3. Im Punkte D des skizzierten Dreibeins hängt eine Masse m an einer Feder senkrecht herab. Man berechne die Stabkräfte.

Im Gegensatz zur Aufgabe 4.2 ist hier die Auslenkung w der Feder ohne Interesse; die Feder überträgt — ebenso wie ein unausdehnbarer Faden — lediglich

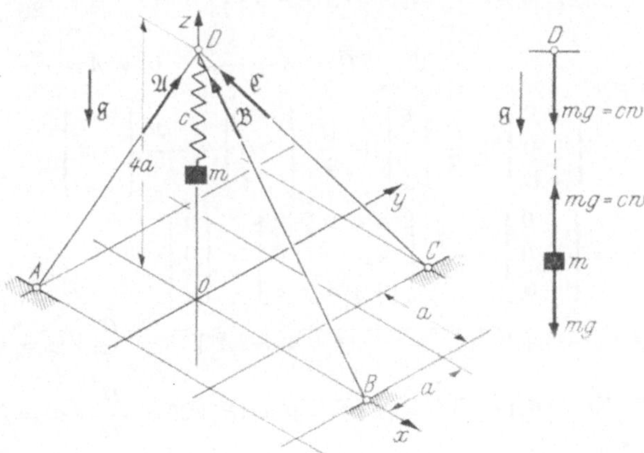

Abb. 4.3a.   Abb. 4.3b.

das Gewicht $G = mg$ der Masse auf den Punkt D, was die Abb. b im einzelnen
verdeutlicht. Wir schreiben nun die Gleichgewichtsbedingung (9) in (a) hin und
wählen als Richtungsvektoren $\mathfrak{a}$, $\mathfrak{b}$, $\mathfrak{c}$ die durch die Länge a dividierten Vektoren
$\overrightarrow{AD}$, $\overrightarrow{BD}$ und $\overrightarrow{CD}$ in (b). Damit läßt sich die Vektorgleichung (a) in ihrer Komponentenform (c) oder noch ausführlicher in (d) bis (f) schreiben. Um dieses Gleichungssystem zu lösen, kombinieren wir die Gln. (d) und (e) bzw. (d) und (f) so,
daß zwei Gln. (g) und (h) entstehen, welche die Unbekannte $\tilde{A}$ nicht mehr enthalten. Sodann gewinnt man aus (g) und (h) die Gl. (i), die auch frei von $\tilde{B}$ ist
und somit die Unbekannte $\tilde{C}$ liefert, worauf aus Gl. (g) $\tilde{B}$ und schließlich aus (e)
oder (d) oder (f) die letzte Unbekannte $\tilde{A}$ folgt, siehe (j) und (k).

Zur Kontrolle setzen wir die errechneten Werte $\tilde{A}$, $\tilde{B}$ und $\tilde{C}$ in (c) ein und
finden in (l) das Gleichgewicht bestätigt, da die Kräftesumme verschwindet. Alle
drei Kräfte sind, wie zu erwarten war, Druckkräfte. Ihre Beträge errechnen wir
nach Gl. (8) in (m) bis (o).

$$\sum \mathfrak{K}_i = \mathfrak{R} + \mathfrak{A} + \mathfrak{B} + \mathfrak{C} = \mathfrak{R} + \tilde{A}\,\mathfrak{a} + \tilde{B}\,\mathfrak{b} + \tilde{C}\,\mathfrak{c} = 0. \tag{a}$$

$$\frac{\overrightarrow{AD}}{a} = \mathfrak{a} = \begin{bmatrix} 1 \\ 1 \\ 4 \end{bmatrix}; \quad \frac{\overrightarrow{BD}}{a} = \mathfrak{b} = \begin{bmatrix} -2 \\ 0 \\ 4 \end{bmatrix}; \quad \frac{\overrightarrow{CD}}{a} = \mathfrak{c} = \begin{bmatrix} -1 \\ -2 \\ 4 \end{bmatrix}. \tag{b}$$

$$\begin{bmatrix} 0 \\ 0 \\ -G \end{bmatrix} + \tilde{A} \begin{bmatrix} 1 \\ 1 \\ 4 \end{bmatrix} + \tilde{B} \begin{bmatrix} -2 \\ 0 \\ 4 \end{bmatrix} + \tilde{C} \begin{bmatrix} -1 \\ -2 \\ 4 \end{bmatrix} = \begin{bmatrix} 0 \\ 0 \\ 0 \end{bmatrix}. \tag{c}$$

$$\tilde{A} - 2\tilde{B} - \tilde{C} = 0 \qquad 1 \qquad 4 \tag{d}$$

$$\tilde{A} \qquad\qquad - 2\tilde{C} = 0 \qquad -1 \tag{e}$$

$$-G + 4\tilde{A} + 4\tilde{B} + 4\tilde{C} = 0 \qquad\qquad -1 \tag{f}$$

$$- 2\tilde{B} + \tilde{C} = 0 \qquad\qquad 6 \tag{g}$$

$$G \qquad - 12\tilde{B} - 8\tilde{C} = 0 \qquad\qquad -1 \tag{h}$$

$$-G \qquad\qquad + 14\tilde{C} = 0 \tag{i}$$

$$\tilde{C} = \frac{G}{14}; \quad -2\tilde{B} + \tilde{C} = -2\tilde{B} + \frac{G}{14} = 0 \to \tilde{B} = \frac{G}{28} \tag{j}$$

$$\tilde{A} - 2\tilde{C} = \tilde{A} - \frac{2G}{14} = 0 \to \tilde{A} = \frac{G}{7} \tag{k}$$

$$\begin{bmatrix} 0 \\ 0 \\ -G \end{bmatrix} + \frac{G}{7} \begin{bmatrix} 1 \\ 1 \\ 4 \end{bmatrix} + \frac{G}{28} \begin{bmatrix} -2 \\ 0 \\ 4 \end{bmatrix} + \frac{G}{14} \begin{bmatrix} -1 \\ -2 \\ 4 \end{bmatrix}$$

$$= \begin{bmatrix} 0 \\ 0 \\ -G \end{bmatrix} + \frac{G}{28} \begin{bmatrix} 4 - 2 - 2 \\ 4 + 0 - 4 \\ 16 + 4 + 8 \end{bmatrix} = \begin{bmatrix} 0 \\ 0 \\ 0 \end{bmatrix} \tag{l}$$

$$A = |\mathfrak{A}| = |\tilde{A}| \sqrt{\mathfrak{a}^2} = |\tilde{A}| \sqrt{1^2 + 1^2 + 4^2} = |\tilde{A}| \sqrt{18} = \frac{G}{7} \sqrt{18} = 0{,}606\,G, \tag{m}$$

$$B = |\mathfrak{B}| = |\tilde{B}| \sqrt{\mathfrak{b}^2} = |\tilde{B}| \sqrt{(-2)^2 + 0^2 + 4^2} = |\tilde{B}| \sqrt{20} = \frac{G}{28} \sqrt{20} = 0{,}160\,G, \tag{n}$$

$$C = |\mathfrak{C}| = |\tilde{C}| \sqrt{\mathfrak{c}^2} = |\tilde{C}| \sqrt{(-1)^2 + (-2)^2 + 4^2} = |\tilde{C}| \sqrt{21} = \frac{G}{14} \sqrt{21} = 0{,}327\,G. \tag{o}$$

Wenn die Masse nicht ruht, sondern im Raume hin- und herschwingt, so sind die Stabkräfte Funktionen des Ortes und der Zeit. Es ist dann zweckmäßig, das Gleichungssystem (c) für eine beliebige Kraft $\Re$ mit den Komponenten P_1, P_2, P_3 aufzulösen, was auf die gleiche Weise geschieht wie in (d) bis (k). Diese Rechnung macht kaum viel mehr Mühe, hat aber den großen Vorteil, daß nun für jede Kraft $\Re$ das Ergebnis in allgemeiner Form vorliegt, siehe (p). Setzt man hier speziell $P_1 = P_2 = 0$ und $P_3 = -G$, so erhält man die Ergebnisse (m) bis (o) wieder.

$$\left.\begin{aligned}
A &= \frac{\sqrt{18}}{28}\,(-8P_1 - 4P_2 - 4P_3)\\[2mm]
B &= \frac{\sqrt{20}}{28}\,(12P_1 - 8P_2 - P_3)\\[2mm]
C &= \frac{\sqrt{21}}{28}\,(-4P_1 + 12P_2 - 2P_3)
\end{aligned}\right\} \tag{p}$$

Aufgabe 4.4. In welchem Bereich kann ein Massenpunkt in einer Kugelschale bei gegebener Haftziffer $\mu = \tan\alpha$ liegen bleiben?

Wir legen versuchsweise den Massenpunkt m in einem beliebigen Punkt C der Kugelschale. Das Gewicht $\mathfrak{G}$ vom Betrage $G = m\,g$ wirkt senkrecht nach unten,

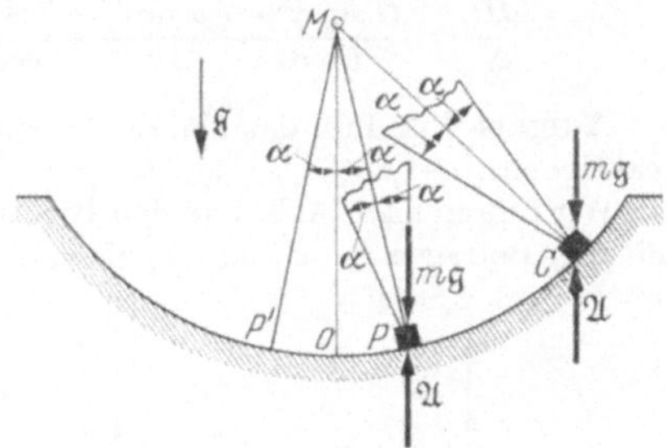

also muß die Auflagerkraft $\mathfrak{A}$ den gleichen Betrag haben und senkrecht nach oben wirken, damit Gleichgewicht herrscht. Jetzt zeichnen wir in C den Haftkegel und sehen nach, ob die Kraft $\mathfrak{A}$ darinnen liegt oder nicht. Dies ist im Punkte C offenbar nicht der Fall.

Jetzt wählen wir ein Stück tiefer den Punkt P so, daß die Mantellinie des Haftkegels in der Lotrechten liegt. Dann liegt auch die Auflagerkraft $\mathfrak{A}$ in der Mantellinie, Gleichgewicht ist also gerade eben möglich. Aus Symmetriegründen ist daher PP' die Schnittkurve

Abb. 4.4a.

des gesuchten Bereiches. Dieser Gleichgewichtsbereich ist offenbar jene Kugelkalotte, die ein Kegel mit der Achse MO und dem Öffnungswinkel α aus der Kugelfläche ausschneidet, siehe Abb. a.

Aufgabe 4.5. Eine Masse vom Gewicht G liegt auf einer schiefen Ebene und ist mit einer Feder der Länge l und der Federzahl c verbunden. Man berechne den Gleichgewichtsbereich für eine gegebene Haftziffer μ.

Gegeben: $G = 10$ kp, $c = 2$ kp/cm, $a = 8$ cm, $l = 10$ cm, $\mu = 0{,}5$, $\alpha = 30°$.

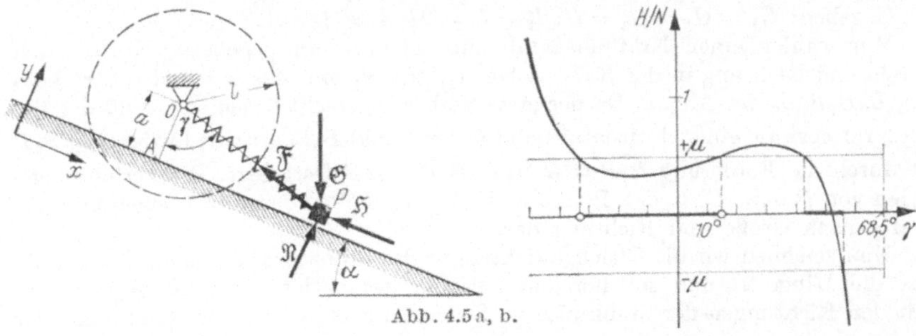

Abb. 4.5a, b.

An der Masse greifen nach Abb. a die beiden Reaktionskräfte $\mathfrak{N}$ und $\mathfrak{H}$, sowie das Gewicht $\mathfrak{G}$ und die Federkraft $\mathfrak{F}$ als eingeprägte Kräfte an. Aus den Gleichgewichtsbedingungen (a) und (b) berechnet man zunächst den Quotienten H/N in (c). HOOKEsches Gesetz vorausgesetzt, ist der Betrag der Federkraft $|\mathfrak{F}| = F = c\,w$. Die Federauslenkung w errechnet sich aus dem Dreieck $O\,A\,P$, und dies in (c) eingesetzt gibt den Quotienten H/N als Funktion des Winkels γ in (e) und Abb. b. Hier ziehen wir nun zwei Parallelen zur γ-Achse durch die Punkte $+\mu$ und $-\mu$, welche aus der Kurve H/N die kräftig herausgezeichneten Gleichgewichtsbereiche herausschneiden. Bei ideal glatter Unterlage ist $\mu = 0$; die Kurve H/N schneidet dann die γ-Achse im Gleichgewichtspunkt $\gamma = 52{,}5°$.

Die Funktion H/N hat für die Werte $\gamma = \pm 68{,}5°$ Pole. Was bedeutet dies?

$$\sum X_i = \quad G \sin\alpha - H - F\sin\gamma = 0 \to H = G\sin\alpha - F\sin\gamma, \qquad (a)$$

$$\sum Y_i = -G\cos\alpha + N + F\cos\gamma = 0 \to N = G\cos\alpha - F\cos\gamma. \qquad (b)$$

$$\frac{H}{N} = \frac{G\sin\alpha - F\sin\gamma}{G\cos\alpha - F\cos\gamma} = \frac{G\sin\alpha - c\,w\sin\gamma}{G\cos\alpha - c\,w\cos\gamma}, \qquad (c)$$

$$\cos\gamma = \frac{a}{w+l}, \quad w+l = \frac{a}{\cos\gamma}, \quad w = \frac{a}{\cos\gamma} - l, \qquad (d)$$

$$\frac{H}{N} = \frac{G\sin\alpha - c\,a\tan\gamma + c\,l\sin\gamma}{G\cos\alpha - c\,a + c\,l\cos\gamma}. \qquad (e)$$

Aufgabe 4.6. Für das skizzierte ebene Dreibein berechne man die Auflagerreaktionen.

Wir führen nach Abb. b in den Richtungen der drei Stäbe drei Reaktionskräfte mit den Beträgen S_1, S_2 und S_3 ein und stellen die Gleichgewichtsbedingungen in den beiden — hier schiefwinkligen — Richtungen x und y auf:

$$\sum X = S_2 - S_3 = 0, \qquad (a)$$

$$\sum Y = P - S_1 = 0, \qquad (b)$$

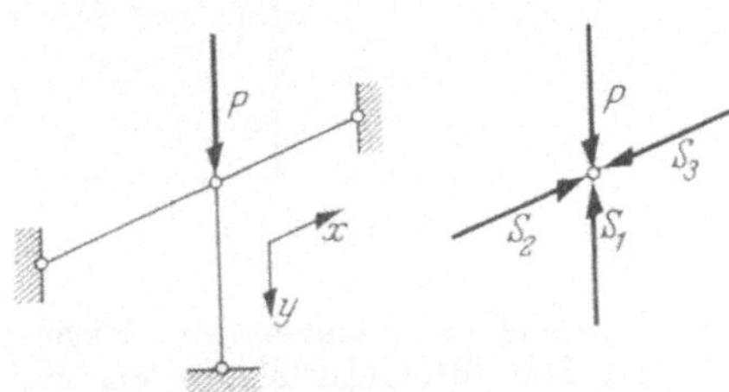

Abb. 4.6a, b.

woraus $S_2 = S_3$ und $S_1 = P$ folgt. Die Kraft S_1 läßt sich somit eindeutig ermitteln, während die Gl. (a) lediglich aussagt, daß $S_2 = S_3$ ist. Daß sich nicht sämtliche Stabkräfte eindeutig berechnen lassen, war von vornherein klar, da die Stützung statisch überbestimmt ist.

Aufgabe 5.1. Eine aus vier Stäben bestehende Gelenkkette wird durch drei Gewichte belastet. Die Kette ist so aufzuhängen, daß der erste Stab horizontal liegt und durch ihn die Kraft G bzw. $2G$ übertragen wird.

Gegeben: $G_1 = G_2 = G_3 = G$; $l_1 = l_2 = 2l$, $l_3 = l_4 = l$.

Wir wählen einen Kräftemaßstab und zeichnen die gegebenen Kräfte nach Größe und Richtung in der Reihenfolge $\mathfrak{K}_1$, $\mathfrak{K}_2$, $\mathfrak{K}_3$ ein; das ergibt den Streckenzug $B_0 B_1 B_2 B_3$ der Abb. a. Da der erste Stab waagerecht liegen soll, muß der Pol des Kraftecks auf einer Horizontalen durch den Punkt B_0 liegen; die Entfernung $\overline{B_0 P}$ ist durch die Forderung $\overline{B_0 P} = G$ bzw. $\overline{B_0 P'} = 2\,G$ festgelegt. Die Verbindungslinien von P bzw. P' zu den Punkten B_1, B_2, B_3 stellen dann die gesuchten Stabkräfte nach Größe und Richtung dar.

Nun zeichnen wir die Gleichgewichtsfigur des Stabzuges. Der erste Stab $A_0 A_1$ hat die Länge $2l$ und soll horizontal liegen, womit der Punkt A_1 gegeben ist. Mit den Richtungen der Stabkräfte im Seileck sind nun auch die Richtungen der

Stäbe bekannt, somit läßt sich der Stabzug durch Parallelverschiebung der „Seilstrahlen" PB_1, PB_2, PB_3 leicht einzeichnen. Die beiden äußeren Reaktionen $-\mathfrak{S}_0$ und $\mathfrak{S}_4$ sind gemeinsam mit den äußeren eingeprägten Kräften ebenfalls

Abb. 5.1a.   Abb. 5.1b.

in die Gleichgewichtsfigur eingezeichnet; alle fünf zusammen befinden sich im Gleichgewicht. Je flacher das Seil gespannt wird, um so größer werden offenbar die Seilkräfte, da der Pol P entsprechend weiter nach rechts rückt.

$+$ **Aufgabe 5.2.** Welche Kraft ist erforderlich, um den Punkt G der skizzierten Federanordnung um die Strecke a zu verschieben?

Gegeben: $c_1 = 5\ \mathrm{kp/cm}$; $c_2 = 2\ \mathrm{kp/cm}$; $a = 4\ \mathrm{cm}$.

Die linke Feder soll um die Strecke a gedehnt werden, dazu ist nach dem HOOKEschen Gesetz (3.10) die Kraft $P_1 = c_1 w_1 = c_1 a$ erforderlich. Die rechte Feder wird um die Strecke a zusammengedrückt, wozu die Kraft $P_2 = c_2 w_2 = c_2 a$ benötigt wird. Beide Kräfte sind nach rechts gerichtet, die Summenkraft ist somit

$$P = P_1 + P_2 = c_1 a + c_2 a = (c_1 + c_2)\, a$$

$$= (5 + 2)\mathrm{kp/cm} \cdot 4\,\mathrm{cm} = 28\ \mathrm{kp}. \qquad \text{(a)}$$

Die Federkräfte heben sich also nicht etwa teilweise auf, wie man auf den ersten Blick vermuten könnte (weil die eine Feder gedrückt, die andere gezogen wird), sondern addieren sich, was wir auch sofort aus Gl. (11) nach Abb. 5.10 hätten erkennen können, denn die Kräfte ändern sich nicht, wenn wir die beiden Federn wie in Abb. b auf der gleichen Seite anordnen: sogenannte Parallelschaltung.

Abb. 5.2a, b.

Aufgabe 5.3. Die Abb. a zeigt eine Anordnung von n gleichartigen Federn in entspannter Lage. Man berechne die Ersatzfederzahl für einen beliebigen Kraftangriffspunkt G.

Die Federn links und rechts von G sind nach Abb. 5.8 je für sich in Reihe geschaltet; für sie gilt daher Gl. (8), das Ersatzsystem zeigt die Abb. b. Hier sind nun nach Abb. 5.10 die beiden Federn parallel geschaltet, da beide um die gleiche Strecke w ausgelenkt werden, somit addieren sich nach (11) die Federzahlen,

Abb. 5.3 a.

Abb. 5.3 b.

Abb. 5.3 c.

Abb. 5.3 d.

und damit ist das gegebene System auf die einzige Ersatzfeder der Abb. c zurückgeführt. In Abb. d ist die Ersatzfederzahl für den Fall $n = 8$ als Funktion des Angriffspunktes G aufgetragen. Die Ersatzfeder wird zu den Rändern härter, was Anschauung und Experiment bestätigen.

$$\text{links:} \quad \sum_1^j \frac{1}{c_i} = \frac{j}{c} = \frac{1}{c_l} \; ; \qquad c_l = \frac{c}{j} , \tag{a}$$

$$\text{rechts:} \quad \sum_1^k \frac{1}{c_i} = \frac{k}{c} = \frac{1}{c_r} \; ; \qquad c_r = \frac{c}{k} . \tag{b}$$

$$c_{\text{ers}} = c_l + c_r = c \left(\frac{1}{j} + \frac{1}{k} \right) = c \, \frac{j + k}{j\,k} = c \, \frac{n}{j\,(n - j)} . \tag{c}$$

Aufgabe 5.4. Für die skizzierte Parallelschaltung ermittle man die Ersatzfeder.

Gegeben: $c_1 = c_2 = c$, $c_3 = 3\,c$.

Wir berechnen Ersatzfederzahl und Federmittelpunkt nach (10) mit dem gemeinsamen Richtungsvektor e. Dabei ist es völlig gleichgültig, wie lang die Federn

Abb. 5.4 a, b.

im entspannten Zustand sind und von wo aus wir die Vektoren a_i zählen. Die Ersatzfeder mit der Federzahl $5c$ zeigt die Abb. a unten. Zur Probe lenken wir sowohl das gegebene System wie die Ersatzfeder um dieselbe Länge a nach rechts aus und berechnen die Summe der Federkräfte. Beidemal hat die Kräftesumme den Betrag $5ca$ und ist nach links gerichtet, siehe Abb. b.

$$c_{\text{ers}} = \sum c_i = c + c + 3c = 5c; \qquad a = \frac{\sum c_i a_i}{\sum c_i} = \frac{(1 \cdot 3 + 1 \cdot 4 + 3 \cdot 1)\,ca}{(1 + 1 + 3)\,c}\,e = 2a\,e$$

Aufgabe 6.1. Ein Fahrzeug werde mit konstanter Leistung L seines Motors gefahren. Wie groß ist die maximal erreichbare Geschwindigkeit bei gegebener Reibkraft $R = R(v)$, die alle Bewegungswiderstände, wie Reibung zwischen Rad und Straße, innere Reibung, Luftwiderstand usw. zusammenfaßt?

Bei fehlender Reibung folgt aus der konstanten Motorleistung, daß die kinetische Energie und damit das Quadrat der Geschwindigkeit linear mit der Zeit nach (a) anwächst. Die Geschwindigkeit müßte somit unbegrenzt größer werden, wobei die Kraft immer kleiner wird, denn $K_T = L/v$ stellt die Gleichung einer Hyperbel dar (s. Abb. b). Nun wirkt aber auf das Fahrzeug außer der Motorkraft L/v nach Abb. a noch eine entgegengesetzte Reibkraft vom Betrage R.

Abb. 6.1 a.   Abb. 6.1 b.

Diese wird mit wachsender Geschwindigkeit immer größer, bis schließlich bei einer gewissen Grenzgeschwindigkeit $\hat{v}$ sich die beiden Kurven der Abb. b im Punkte A schneiden. Fährt das Auto mit dieser Grenzgeschwindigkeit, so halten sich Motorkraft und Reibkraft das Gleichgewicht, die Bahnbeschleunigung ist somit Null, und jetzt liegt eine geradlinig-gleichförmige Bewegung vor. Der wenigste Treibstoff wird somit zum Beschleunigen des Fahrzeuges verbraucht; das meiste dient dazu, dem Luftwiderstand und anderen Reibkräften das Gleichgewicht zu halten.

$$L = \dot{E} = \text{const}; \qquad E = L\,t; \qquad v^2 = \frac{2L}{m}\,t. \tag{a}$$

$$L = K_T v \rightarrow K_T = \frac{L}{v}, \tag{b}$$

$$m\,\ddot{s} = K_T = \frac{L}{v} - R. \tag{c}$$

Aufgabe 6.2. Wann gilt der landläufige Satz „Arbeit gleich Kraft mal Weg"? Nach (24) ist die Arbeit

$$A_0^1 = \int_0^1 \mathfrak{K}\,d\mathfrak{x} = \int_0^1 K_T\,ds. \tag{a}$$

Doch nur, wenn die Tangentialkomponente K_T konstant ist, wird daraus

$$A_0^1 = K_T \int_0^1 ds = K_T(s_1 - s_0) = K_T \cdot \text{Weg}. \tag{b}$$

10*

Hier steht die Weglänge $s_1 - s_0$ tatsächlich als Faktor, allerdings mit der Tangentialkraft allein. Der Satz ist daher nur richtig, wenn die Tangentialkomponente der Kraft bzw. der Kräftesumme einen konstanten Betrag hat, wobei die Normalkomponente ganz beliebig ist.

Aufgabe 6.3. Man untersuche, ob das gegebene Kraftfeld ein Potential hat. Wie groß ist die Arbeit, die auf dem Halbkreis PP' geleistet wird?

Daß das Kraftfeld kein Potential besitzt, sieht man am einfachsten ein, wenn man die Arbeit, etwa von A nach C, auf zwei verschiedenen Wegen berechnet. Wählen wir den Weg AOC, so ist die Arbeit gleich Null, weil auf dem Wege AO der Vektor $d\mathfrak{x}$ auf dem Kraftvektor $\mathfrak{K}$ senkrecht steht und auf dem Weg OC

Abb. 6.3a.

der Kraftvektor $\mathfrak{K}$ selbst verschwindet. Auf dem Weg ABC dagegen wird positive Arbeit geleistet; zwar verschwindet auch jetzt auf dem Wege BC der Integrand $\mathfrak{K}\,d\mathfrak{x}$, weil $\mathfrak{K}$ auf $d\mathfrak{x}$ senkrecht steht, im Bereich AB dagegen gilt einfach „Arbeit gleich Kraft mal Weg" also $A = \beta\,y\,\overline{AB}$. Beide Arbeiten sind verschieden, somit besitzt das Kraftfeld kein Potential.

Jetzt berechnen wir die Arbeit auf dem Halbkreis PP'. Zunächst schreiben wir den Integranden $\mathfrak{K}\,d\mathfrak{x}$ in (a) ganz allgemein hin; er wird Null, wenn $dx = 0$, somit $x = $ const ist, also auf geraden Linien parallel der y-Achse, was wir auch ohne jede Rechnung der Abb. a entnehmen, denn auf Parallelen zur y-Achse verschwindet die Leistung und damit auch die Arbeit. Da nun der Integrationsweg ein Kreis ist, empfehlen sich Polarkoordinaten nach (b), womit sich das Integral in (c) leicht berechnen läßt. Anstatt den doppelten Winkel 2φ einzuführen, kann man auch die Produktintegration anwenden, was wegen $\sin 2\alpha = 2\cos\alpha \sin\alpha$ zum selben Ergebnis führt. Da nun der Ausdruck $\sin 2\alpha$ für $\varphi + \pi$ denselben Wert annimmt wie für φ, verbleibt als geleistete Arbeit $A = -\beta\,r^2\,\pi/2$, und dies ist unabhängig von der Lage des Punktes P auf dem Kreise. Daß bei der getroffenen Laufrichtung im Gegenuhrzeigersinn die Arbeit negativ ausfallen muß, zeigt schon die Anschauung, da auf dem ganzen Wege durchweg „Gegenwind" herrscht.

$$\mathfrak{K}\,d\mathfrak{x} = \beta\,y\,\mathfrak{e}_1(dx\,\mathfrak{e}_1 + dy\,\mathfrak{e}_2) = \beta\,y(dx\cdot 1 + dy\cdot 0) = \beta\,y\,dx, \qquad \text{(a)}$$

$$y = r\sin\varphi, \quad x = r\cos\varphi, \quad dx = -r\sin\varphi\,d\varphi, \qquad \text{(b)}$$

$$A = \int \mathfrak{K}\,d\mathfrak{x} = \beta \int y\,dx = -\beta \int r\sin\varphi\, r\sin\varphi\,d\varphi = -\frac{\beta\,r^2}{2} \int (1 - \cos 2\varphi)\,d\varphi \qquad \text{(c)}$$

$$A = -\frac{\beta\,r^2}{2}\left[\varphi - \frac{1}{2}\sin 2\varphi\right]_\varphi^{\varphi+\pi} = -\frac{\beta\,r^2}{2}(\varphi + \pi - \varphi) = -\frac{\beta\,r^2}{2}\,\pi. \qquad \text{(d)}$$

Aufgabe 7.1. Ein Gegenstand wird mit der Anfangsgeschwindigkeit $\mathfrak{v}_0$ aus der Höhe z_0 schräg nach unten fortgeworfen, siehe Abb. a.

An welchem Ort und nach welcher Zeit trifft er am Boden auf?

Gegeben: $\dot{x}_0 = v_0 \cos\alpha = 3 \text{ m/sec}$, $\quad \dot{z}_0 = v_0 \sin\alpha = -7 \text{ m/sec}$, $\quad z_0 = 10 \text{ m}$; $g = 9{,}81 \text{ m/sec}^2$.

Wir kümmern uns zunächst nur um die Bewegung in z-Richtung. In (10) setzen wir die zusammengehörigen Werte z_1 und t_1 ein und bekommen die quadratische Gl. (a) mit der Lösung (b). Mit den gegebenen Größen gibt dies zwei Werte für die gesuchte Zeit t_1, von denen uns aber nur der positive interessiert; der negative Wert gehört zum Punkt A.

$$(10) \to z_1 = z_0 + \dot{z}_0\, t_1 - \frac{g}{2}\, t_1^2, \qquad \text{(a)}$$

$$\frac{g\, t_1}{\dot{z}_0} = 1 \pm \sqrt{1 + \frac{2g}{\dot{z}_0^2}\,(z_0 - z_1)}, \qquad \text{(b)}$$

Abb. 7.1a.

$$\frac{g\, t_1}{\dot{z}_0} = 1 \pm \sqrt{1 + \frac{2 \cdot 9{,}81}{(-7)^2}\,(10 - 0)} = 1 \pm \sqrt{1 + 4{,}005} = 1 \pm 2{,}237 \qquad \text{(c)}$$

$$t_1 = \frac{\dot{z}_0}{g} \left\{ \begin{array}{c} 3{,}237 \\ -1{,}237 \end{array} \right\} = \left\{ \begin{array}{c} -2{,}31 \\ 0{,}883 \end{array} \right\} \text{sec.} \qquad \text{(d)}$$

$$\overline{OB} = \dot{x}_0\, t_1 = 3\, \frac{\text{m}}{\text{sec}} \cdot 0{,}883 \text{ sec} = 2{,}65 \text{ m}. \qquad \text{(e)}$$

Aufgabe 7.2. Unter welchem Winkel α muß eine Kugel gestoßen werden damit bei gegebenem Betrag v_0 der Anfangsgeschwindigkeit eine maximale Stoßweite erreicht wird?

Gegeben: $z_0 = h = 2\,m$, $v_0 = 10 \text{ m/sec}$, $g = 9{,}81 \text{ m/sec}^2$.

Wir bringen die Hüllparabel (18) zum Schnitt mit der horizontalen x-Achse,

Abb. 7.2a.

setzen also $z = 0$, das gibt die Gl. (a), in die wir die gegebenen Werte für v_0, h und g einsetzen. Auch der zugehörige Winkel α ist nun in (c) leicht zu berechnen.

$$(18) \to x^2 = \frac{v_0^2}{g}\left[\frac{v_0^2}{g} - 2(0 - h)\right] = \frac{v_0^2}{g}\left[\frac{v_0^2}{g} + 2h\right] \qquad \text{(a)}$$

$$x = x_{\max} = \frac{v_0^2}{g}\sqrt{1 + \frac{2g\,h}{v_0^2}} = \frac{10^2}{9{,}81}\,\text{m}\,\sqrt{1 + \frac{2 \cdot 9{,}81 \cdot 2}{10^2}} = 12{,}03 \text{ m}. \qquad \text{(b)}$$

$$(18) \to \tan\alpha = \frac{v_0^2}{g\,x} = \frac{10^2}{9{,}81 \cdot 12{,}03} = 0{,}847; \quad \alpha = 40{,}3^\circ. \qquad \text{(c)}$$

Man berechne die Stoßweite x als Funktion von $\tan\alpha$. Wieviel Zentimeter werden verschenkt, wenn die Kugel unter dem Winkel $\alpha = 45°$ abgestoßen wird?

*** Aufgabe 7.3.** Ein Rasensprenger steht auf einer geneigten Ebene. Man berechne die benetzte Fläche.

Die benetzte Fläche ist gleich dem Flächeninhalt der Schnittkurve, die entsteht, wenn wir das Hüllparaboloid (19) mit der schiefen Ebene schneiden. Diese Schnittfläche ist zweiten Grades, somit ein Kegelschnitt, und zwar muß es eine

Abb. 7.3a.

Ellipse sein, da die Schnittkurve ganz im Endlichen verläuft. Der Flächeninhalt einer Ellipse aber ist $F = \pi\,a\,b$; die Aufgabe besteht somit in der Berechnung der beiden Halbachsen a und b in Richtung MB und senkrecht dazu. Um die Rechnung zu vereinfachen, führen wir die dimensionslosen Größen (a) ein.

Als erstes bringen wir das Paraboloid mit der Fallinie AB zum Schnitt, setzen also $y = 0$ und $z = \tan\beta\, x = \varepsilon\, x$ in (b) ein, bekommen die quadratische Gl. (c) mit den Lösungen (d), deren arithmetisches Mittel die Abszisse des Mittelpunktes M und damit auch die Ordinate in (e) ergibt. Damit läßt sich die große Halbachse $a = \overline{MB}$ bzw. $\tilde{a}$ in (f) berechnen.

Nun schneiden wir das Paraboloid mit der zur Zeichenebene senkrechten Geraden durch den Punkt M, indem wir in (b) die Werte $\tilde{x} = \tilde{x}_M$ und $\tilde{z} = \tilde{z}_M$ einsetzen, was uns in (h) die zweite Halbachse $\tilde{b}$ liefert, womit die dimensionslose Fläche $\tilde{F}$ gefunden ist. Nun setzt man die wahren Längen nach (a) ein und hat das gesuchte Ergebnis in (j). Der Flächeninhalt wächst mit den Werten h und $\varepsilon = \tan\beta$ an und wird unendlich groß für $\beta = 90°$. Die Sprühdichte wird dabei allerdings immer kleiner.

$$\frac{g\,x}{v_0^2} = \tilde{x}, \qquad \frac{g\,y}{v_0^2} = \tilde{y}, \qquad \frac{g\,z}{v_0^2} = \tilde{z} \tag{a}$$

$$(19) \to 2\big(\tilde{z} - \tilde{h}\big) = 1 - \tilde{x}^2 - \tilde{y}^2, \tag{b}$$

$$\tilde{x}^2 + 2\varepsilon\,\tilde{x} - \big(1 + 2\tilde{h}\big) = 0 \tag{c}$$

$$\tilde{x}_A = -\varepsilon - \sqrt{\varepsilon^2 + (1 + 2\tilde{h})}\,; \qquad \tilde{x}_B = -\varepsilon + \sqrt{\varepsilon^2 + (1 + 2\tilde{h})} \tag{d}$$

$$\tilde{x}_M = \tfrac{1}{2}\big(\tilde{x}_A + \tilde{x}_B\big) = -\varepsilon; \quad \tilde{z}_M = \varepsilon\,\tilde{x}_M = -\varepsilon^2 \tag{e}$$

$$\tilde{a} = \frac{1}{\cos\beta}\,\big(\tilde{x}_B - \tilde{x}_M\big) = \sqrt{1 + \varepsilon^2}\,\sqrt{\varepsilon^2 + (1 + 2\tilde{h})} \tag{f}$$

$$(b) \to 2\big(\tilde{z}_M - \tilde{h}\big) = 1 - \tilde{x}_M^2 - \tilde{y}^2 \to \tilde{y}^2 = 1 - \tilde{x}_M^2 - 2\big(\tilde{z}_M - \tilde{h}\big) \tag{g}$$

$$(e) \to \tilde{b}^2 = \tilde{y}^2 = 1 - \varepsilon^2 - 2\big(-\varepsilon^2 - \tilde{h}\big) = 1 + \varepsilon^2 + 2\tilde{h} \tag{h}$$

$$\tilde{F} = \tilde{a}\,\tilde{b}\,\pi = \sqrt{1 + \varepsilon^2}\,\big(1 + \varepsilon^2 + 2\tilde{h}\big)\,\pi \tag{i}$$

$$F = \pi\left(\frac{v_0^2}{g}\right)^2 \sqrt{1 + \varepsilon^2}\,\left(1 + \varepsilon^2 + \frac{2\,g}{v_0^2}\,h\right). \tag{j}$$

* **Aufgabe 7.4.** Ein Fallschirm fällt aus der Höhe h senkrecht zu Boden. Man diskutiere die Funktion $v^2 = v^2(s)$. Ist es gleichgültig, ob der Schirm früh oder spät geöffnet wird?

Die gesuchte Funktion haben wir bereits in (30) berechnet. Es ist zweckmäßig, für die stationäre Geschwindigkeit $\hat{v}^2 = 2g\,\hat{h}$ zu setzen; $\hat{h}$ ist dann diejenige Höhe,

Abb. 7.4a.

Abs.7.4b.

Abb.7.4c.

aus der man ohne Fallschirm springen muß, um mit der stationären Geschwindigkeit $\hat{v}$ auf dem Boden aufzutreffen. Für einen menschlichen Springer darf daher $\hat{h}$ nicht größer als 3 oder 4 m sein, während man beim Abwurf von Lasten mit $\hat{h}$ herauf-, also mit α heruntergehen kann; es genügen dann kleinere Fallschirme. Nun setzen wir $2\alpha/m = 1/\hat{h}$ nach (a) in (30) ein und bekommen die Funktion (b). Bevor sich der Schirm öffnet, wächst das Geschwindigkeitsquadrat linear nach Abb. a an. Beim Öffnen sind die Werte s_0 und v_0 erreicht, und nun geht die gerade Linie in die e-Funktion (b) über. Um deren Verhalten zu studieren, berechnen wir nach Abb. b den Quotienten aus den beiden Strecken AB und $A'B'$ in (c), woraus sich die Beziehung (d) ergibt. $\delta = 0{,}5$ heißt z. B., daß nach dem Durchfallen der Strecke $-\hat{h}\ln\delta = 0{,}69\,\hat{h}$ die Geschwindigkeitsdifferenz $v^2 - \hat{v}^2$ nach (c) auf die Hälfte zurückgegangen ist (sog. Halbwertstrecke), dies ist in Abb. a für den Punkt B_3 eingezeichnet. Nach (b) ist die Differenz $v^2 - \hat{v}^2$ nach $2{,}3\,\hat{h}$ bereits auf den zehnten Teil abgesunken; man erkennt daraus, daß es ziemlich gleichgültig ist, in welcher Höhe der Schirm geöffnet wird. Beim Öffnen im Punkte P halten sich Gewicht und Luftwiderstand gerade das Gleichgewicht, so daß der Fallschirm unbeschleunigt, somit geradlinig-gleichförmig zu Boden sinkt. Der Springer trifft dann so auf, als wäre er aus der Höhe $\hat{h}$ ohne Schirm abgesprungen.

Die Abb. a stellt aber nur eine Idealisierung dar, denn auch der Springer ohne Schirm wird durch den Luftwiderstand gebremst; seine stationäre Fallhöhe sei $\hat{H}$ nach Abb. c. Vor dem Öffnen des Schirmes nähert sich die Kurve von links dem stationären Wert $2g\,\hat{H}$, nach dem Öffnen im Punkte C von rechts dem stationären Wert $\hat{v}^2$ (s. Abb. c). Der Knick in C bedeutet einen scharfen Ruck, der jedoch durch das allmähliche Öffnen gemildert wird; die Knicke sind daher in Abb. a und c durch kleine Bögen ausgerundet. Wird der Schirm spät geöffnet, so verkürzt sich die Fallzeit erheblich, ohne daß die Auftreffgeschwindigkeit am Boden wesentlich größer wird. Nach (3.17) hängt der Beiwert α von der sog. Anstellfläche F des Schirmes, einem Formbeiwert c_w und der Dichte ϱ der Luft ab. Der Formbeiwert c_w ist für alle geometrisch ähnlichen Fallschirme der gleiche. Bei vorgeschriebener Höhe $\hat{h}$ muß nach (g) der Wert α und damit im wesentlichen die Fläche F dem Gewicht G proportional sein. Schwere Lasten erfordern daher größere Fallschirme als leichte.

Da die Dichte ϱ der Luft von der Höhe abhängt, ist der Beiwert α keine Konstante; unsere Untersuchung stellt somit nur eine — allerdings recht gute — Näherung dar.

Frage: Muß man auch die Abhängigkeit der Erdbeschleunigung g von der Höhe berücksichtigen?

$$(28) \rightarrow \hat{v}^2 = 2g\,\hat{h} = \frac{m\,g}{\alpha} \rightarrow \frac{2\,\alpha}{m} = \frac{1}{\hat{h}} \tag{a}$$

$$(30) \rightarrow v^2 = \hat{v}^2 + (v_0^2 - \hat{v}^2)\, e^{-(s-s_0)/\hat{h}} \tag{b}$$

$$\frac{A'B'}{AB} = \frac{v^2 - \hat{v}^2}{v_0^2 - \hat{v}^2} = e^{-(s-s_0)/\hat{h}} = \delta \tag{c}$$

$$s - s_0 = -\hat{h}\ln\delta \tag{d}$$

$$\ln 0{,}5 = -0{,}69; \tag{e}$$

$$\ln 0{,}1 = -2{,}30 \tag{f}$$

$$(3.17) \rightarrow \frac{\varrho}{2}\,F\,c_w = \alpha = \frac{m}{2\,\hat{h}} = \frac{G}{2\,\hat{h}\,g}. \tag{g}$$

Aufgabe 7.5. Eine Kugel der Masse m ist nach Abb. a mit drei Federn verbunden. Die Endlagen der entspannten Feder nsind die Punkte A_i. Die Masse soll in einem Punkte E aus der Ruhe losgelassen werden, so daß sie einen Gegenstand im Punkte B trifft und umwirft. Man berechne den geometrischen Ort für den Punkt E.

Gegeben: $c_1 = c$, $c_2 = c_3 = 2c$; $m\,g = 4c\,l$.

Auf die Kugel wirken das Gewicht und drei Federkräfte, die sich nach (5.11) durch eine einzige Federkraft ersetzen lassen; damit haben wir die Bewegungsglei-

Abb. 7.5 a.

chung (a). Die Ersatzfeder $c_{\text{ers}} = \tilde{c}$ und den Federmittelpunkt A berechnen wir in (b) und (c). Nun dividieren wir die Gl. (a) durch m und schreiben sie in der Form (d), aus der man ohne weiteres erkennt, daß $\tilde{\mathfrak{x}}$ der Vektor vom Koordinatenursprung O zum Gleichgewichtspunkt Z ist, um den die Masse ihre elliptische Bahn mit der Umlaufdauer $T = 2\pi/\nu$ beschreibt.

Wird der Punkt aus der Ruhe losgelassen, so entartet diese Ellipse in eine Doppelgerade; die Masse schwingt harmonisch um den Punkt Z. Damit der Gegenstand in B getroffen wird, muß man die Kugel irgendwo auf der Geraden BZ loslassen, doch darf dies nicht im schwach gezeichneten Bereich BD geschehen, da sonst die Amplitude nicht groß genug wäre.

$$m\,\ddot{\mathfrak{x}} = \sum \mathfrak{R}_i = \mathfrak{G} + \mathfrak{F}_1 + \mathfrak{F}_2 + \mathfrak{F}_3 = -m\,g\,\mathfrak{z} - \tilde{c}(\mathfrak{x} - \mathfrak{a}) \tag{a}$$

$$(5.10) \to c_{\text{ers}} = \tilde{c} = \sum c_i = 5c; \tag{b}$$

$$\mathfrak{a} = \overrightarrow{OA} = \frac{\sum c_i\,\mathfrak{a}_i}{\sum c_i} = \frac{1}{5c}\left\{ c\begin{bmatrix}0\\0\\2l\end{bmatrix} + 2c\begin{bmatrix}0\\3l\\l\end{bmatrix} + 2c\begin{bmatrix}2l\\2l\\0\end{bmatrix} \right\} = \begin{bmatrix}0{,}8\\2{,}0\\0{,}8\end{bmatrix} l \tag{c}$$

$$(\text{a}) \to \ddot{\mathfrak{x}} = -\frac{\tilde{c}}{m}\left(\mathfrak{x} - \left[\mathfrak{a} - \frac{m\,g}{\tilde{c}}\,\mathfrak{z}\right]\right) = -\nu^2(\mathfrak{x} - \tilde{\mathfrak{x}}) \tag{d}$$

$$\nu^2 = \frac{\tilde{c}}{m} = \frac{5c}{m}; \qquad \tilde{\mathfrak{x}} = \overrightarrow{OZ} = \mathfrak{a} - \frac{m\,g}{\tilde{c}}\,\mathfrak{z} = \begin{bmatrix}0{,}8\\2{,}0\\0{,}0\end{bmatrix} l. \tag{e}$$

Aufgabe 7.6. Ein künstlicher Satellit soll zum Zwecke von Fernsehübertragungen senkrecht über einem irdischen Ort P stehenbleiben. In welcher Höhe h muß dieser Satellit kreisen?

Die Umlaufdauer des Satelliten muß gleich der der Erde, also $T = 24$ Std. $= 24 \cdot 60$ min sein. Dies setzen wir in (56) ein und berechnen den Abstand r in (b) und die Entfernung h in (c). Da der Satellit einen Kreis um den Erdmittelpunkt Z beschreibt, muß auch der Standort P um Z kreisen, somit auf dem Äquator liegen.

$$(56) \to T = 84{,}49 \left(\frac{r}{R}\right)^{3/2} \text{min} = 24 \cdot 60 \text{ min} \tag{a}$$

$$\frac{r}{R} = \left[\frac{24 \cdot 60}{84{,}49}\right]^{2/3} = (17{,}04)^{2/3} = 6{,}63, \quad r = 6{,}63\,R. \tag{b}$$

$$h = r - R = 5{,}63\,R = 5{,}63 \cdot 6371 \text{ km} = 35\,869 \text{ km}. \tag{c}$$

Aufgabe 7.7. Geschwindigkeit und Umlaufdauer eines künstlichen Satelliten auf einer Kreisbahn um den Erdmittelpunkt sind als Potenzreihe der Größe $\xi = h/R$ darzustellen. Für die Höhe $h = R/20 = 319$ km berechne man v und T.

Nach Abb. 7.8a ist $r = R + h$, somit $r/R = 1 + \xi$. In die allgemein gültige binomische Reihe (b) setzen wir $n = -1/2$ und $n = 3/2$ ein und bekommen damit die gesuchten Reihenentwicklungen für die Geschwindigkeit v in (c) und die Umlaufdauer T in (d). Für den gegebenen Wert $h = R/20$ genügen die ersten beiden Glieder dieser Reihen.

$$r = R + h; \quad \frac{r}{R} = \frac{R + h}{R} = 1 + \xi; \quad \xi = \frac{h}{R} \tag{a}$$

$$(1 + \xi)^n = 1 + n\,\xi + \frac{n(n-1)}{1 \cdot 2}\,\xi^2 + \frac{n(n-1)(n-2)}{1 \cdot 2 \cdot 3}\,\xi^3 + \cdots \tag{b}$$

$$(56) \to v = v_R \left(\frac{r}{R}\right)^{-1/2} = v_R(1 + \xi)^{-1/2} = v_R \left(1 - \frac{1}{2}\,\xi + \frac{3}{8}\,\xi^2 - \cdots\right)$$

$$= 7{,}905 \left(1 - \frac{1}{2}\,\frac{1}{20} + \cdots\right) = 7{,}905\,\frac{39}{40} = 7{,}71\,\frac{\text{km}}{\text{sec}}. \tag{c}$$

$$(56) \to T = T_R \left(\frac{r}{R}\right)^{3/2} = T_R(1 + \xi)^{3/2} = T_R \left(1 + \frac{3}{2}\,\xi + \frac{3}{8}\,\xi^2 + \cdots\right)$$

$$= 84{,}49 \left(1 + \frac{3}{2}\,\frac{1}{20} + \cdots\right) = 84{,}49\,\frac{43}{40} = 90{,}83 \text{ min}. \tag{d}$$

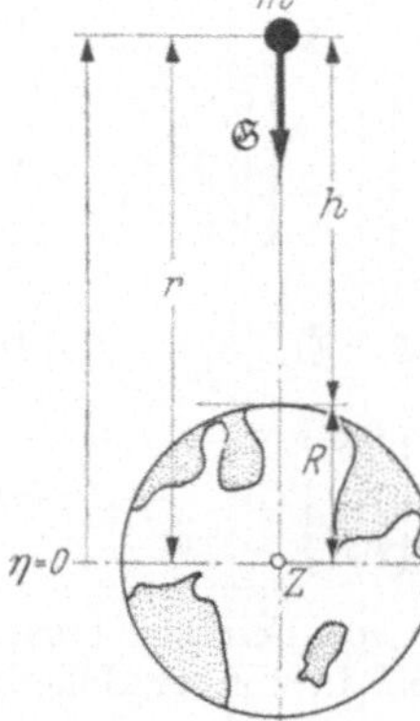

Abb. 7.8a.

* **Aufgabe 7.8.** Ein Gegenstand fällt aus großer Höhe senkrecht auf die Erde hinab. Man berechne die Fallzeit.

Wir setzen in (53) $\dot{r}_0^2 = 0$, da der Gegenstand aus der Ruhe losgelassen wird, und führen zur Vereinfachung der Rechnung die dimensionslose Koordinate $\eta = r/r_0$, ferner die Größe δ in Formel (b) ein, wo wir noch $\gamma^e = g\,R^2$ aus (3.4) benutzt haben. Mit Hilfe der Substitution $\eta = \cos^2\alpha$ läßt sich die Gl. (e) in (f) leicht integrieren, wobei man zum Schluß α durch η ersetzen kann, was aber für die Rechnung nicht nötig ist. Für $h = 1000$ km finden wir die Fallzeit 8,52 min, doch ist dies ein rein theoretischer Wert, weil beim

Eintauchen in die Atmosphäre der Gegenstand stark gebremst wird. Zum Vergleich wurde in (1) die Fallzeit nach (15) gerechnet; der Fehler beträgt etwa 8,5%.

$$(53) \rightarrow \dot{r}^2 = 2\gamma^e \left(\frac{1}{r} - \frac{1}{r_0} \right); \qquad \eta = \frac{r}{r_0} \tag{a}$$

$$\frac{1-\eta}{\eta} = \dot{\eta}^2\, \delta^2, \qquad \delta^2 = \frac{r_0^3}{2\gamma^e} = \frac{r_0^3}{2g\,R^2} \tag{b}$$

$$\text{Substitution:} \quad \eta = \cos^2\alpha, \qquad \dot{\eta} = -2\dot\alpha\,\cos\alpha\,\sin\alpha \tag{c}$$

$$(b) \rightarrow \frac{1-\cos^2\alpha}{\cos^2\alpha} = \frac{\sin^2\alpha}{\cos^2\alpha} = 4\delta^2\,\dot\alpha^2\,\cos^2\alpha\,\sin^2\alpha \rightarrow 2\delta\dot\alpha\,\cos^2\alpha = 1 \tag{d}$$

$$dt = 2\delta\,\cos^2\alpha\,d\alpha = \delta(1 + \cos2\alpha)\,d\alpha \tag{e}$$

$$t = \delta(\alpha + \tfrac{1}{2}\sin2\alpha) = \delta(\alpha + \cos\alpha\,\sin\alpha) \tag{f}$$

$$(c) \rightarrow t = \delta\left(\text{arc}\cos\sqrt{\eta} + \sqrt{\eta(1-\eta)}\right) \tag{g}$$

$$r_0 = R + h = (6371 + 1000)\,\text{km} = 7371\,\text{km};$$

$$\delta^2 = \frac{r_0^3}{2g\,R^2} = \frac{7371^3}{2 \cdot 0{,}00981 \cdot 6371^2} = 502\,900\,\text{sec}^2, \qquad \delta = 709{,}15\,\text{sec} \tag{h}$$

$$\eta = \frac{r}{r_0}, \; \eta_R = \frac{R}{r_0} = \frac{6371}{7371} = 0{,}864 = \cos^2\alpha, \tag{i}$$

$$\cos\alpha = 0{,}9295, \qquad \sin\alpha = 0{,}3691, \qquad \alpha = 0{,}378 \tag{j}$$

$$(f) \rightarrow t = 709{,}15\,\text{sec}\,(0{,}378 + 0{,}3691 \cdot 0{,}9295) = 709{,}15\,\text{sec} \cdot 0{,}721$$

$$= 511{,}30\,\text{sec} = 8{,}52\,\text{min} \tag{k}$$

$$(15) \rightarrow T = \sqrt{\frac{2h}{g}} = \sqrt{\frac{2 \cdot 1000}{0{,}00981}} = 451{,}5\,\text{sec} = 7{,}53\,\text{min}. \tag{l}$$

Aufgabe 7.9. Ein Massenkörper soll von der Erdoberfläche abgeschossen werden, so daß er das unendlich Ferne noch so eben erreicht. Wie groß ist diese sogenannte Fluchtgeschwindigkeit v_0?

Wir setzen die Geschwindigkeit $V = v_\infty$ nach (6.40) gleich Null und berechnen daraus die Fluchtgeschwindigkeit v_0. Die Werte für γ^e und den mittleren Erdradius R findet man in (3.3) und (3.5).

$$(6.40) \rightarrow V^2 = v_\infty^2 = v_0^2 - \frac{2\gamma^e}{r_0} = 0 \tag{a}$$

$$v_0^2 = \frac{2\gamma^e}{r_0} = \frac{2\gamma^e}{R} = \frac{2 \cdot 398{,}6 \cdot 10^3}{6371}\,\frac{\text{km}^3}{\text{km sec}^2} = \frac{2 \cdot 398{,}6}{6{,}371}\,\frac{\text{km}^2}{\text{sec}^2}, \tag{b}$$

$$v_0 = 11{,}18\,\frac{\text{km}}{\text{sec}}. \tag{c}$$

*** Aufgabe 7.10.** Die Wurfparabel ist genaugenommen nur eine Näherung für das Stück einer elliptischen Bahn im Gravitationsfeld. Der Fehler der Näherung ist zu berechnen. Lohnt es sich, für größere Geschoßweiten die Näherungslösung zu verbessern oder nicht?

Beispiel: $v_0 = 650$ m/sec, $\alpha_0 = 45°$.

Die Abb. a zeigt die KEPLER-Ellipse und ein Stück der Erdoberfläche. Das Kreisbogenstück BD hat die Länge $\hat{e} = 2R\,\psi_0$, wo ψ_0 sich mit φ_0 zu 180° ergänzt. In (a) berechnen wir nun $\cos\varphi_0$ und daraus in (b) $\sin^2\varphi_0$. Mit der Flächenkonstanten c und der Gravitationskonstanten $\gamma^e = M\,\Gamma = g\,R^2$ (c) ermitteln wir nun zunächst den in (b) vorkommenden Wert p/R in (d) und anschließend den Wert ε^2 in (f), wobei die Abkürzungen u und w in (e) zweckmäßig sind. Damit läßt sich $\sin^2\varphi_0$ durch u und w allein in (g) ausdrücken. Da der Zähler Z in (g) klein ist, entwickeln wir $\arc\sin(Z/N)$ in die Reihe (h).

Nun berechnen wir die Wurfweite e in (i) und stellen fest, daß $e = 2\,R\,Z$ ist. Damit läßt sich die Reihe (j) hinschreiben, die wir mit Hilfe von (k) in (l) so umformen, daß sie lauter Potenzen der kleinen Größen ξ und Z enthält. Die Ausdrücke $(1 - \xi)^n$ werden in (m) entwickelt, anschließend wird nach Potenzen von u in (n) geordnet.

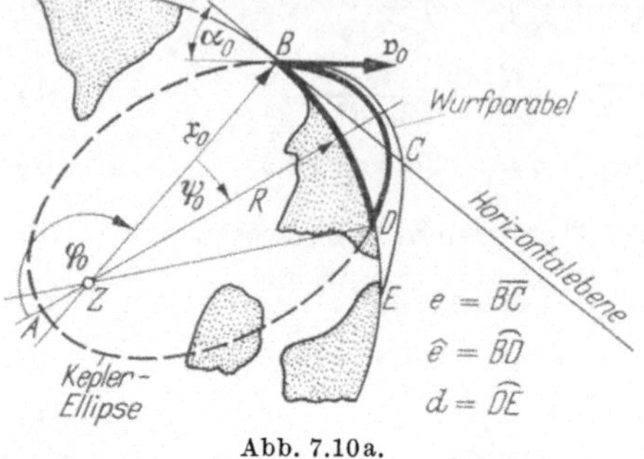

Abb. 7.10a.

Für die gegebenen Werte berechnen wir nun u, w und $u\,w$ in (o), ferner e und $\hat{e}$ in (p) und (q). Die Differenz von 146 m auf etwa 43 km ist geringfügig. Man berechne den Schnitpunktt E und überzeuge sich, daß die Differenz d noch kleiner ist (etwa 18 m). Infolge des Luftwiderstandes ist die Schußweite bei den gegebenen Werten in Wirklichkeit nur etwa 20 km, so daß eine Korrektur der Wurfparabel mit Hilfe der genauen Lösung ganz und gar sinnlos ist.

$$(62) \rightarrow r = \frac{p}{1 + \varepsilon\cos\varphi} \rightarrow \cos\varphi_0 = \frac{1}{\varepsilon}\left(\frac{p}{r_0} - 1\right), \quad r_0 = R, \qquad \text{(a)}$$

$$\sin^2\varphi_0 = 1 - \cos^2\varphi_0 = \frac{1}{\varepsilon^2}\left[(\varepsilon^2 - 1) + \frac{p}{R}\left(2 - \frac{p}{R}\right)\right] \qquad \text{(b)}$$

$$(58) \rightarrow c = r_0\,v_{\varphi_0} = R\,v_0\cos\alpha_0, \quad (3.4) \rightarrow \gamma^e = g\,R^2 \qquad \text{(c)}$$

$$(62) \rightarrow \frac{p}{R} = \frac{c^2}{\gamma^e\,R} = \frac{(R\,v_0\cos\alpha_0)^2}{g\,R^2\,R} = \frac{v_0^2}{R\,g}\cos^2\alpha_0 = u\,w. \qquad \text{(d)}$$

$$u = \frac{v_0^2}{R\,g} < 1; \quad w = \cos^2\alpha_0. \qquad \text{(e)}$$

$$(64) \rightarrow \varepsilon^2 = 1 + \frac{c^2}{\gamma^{e2}}\left(v_0^2 - \frac{2\gamma^e}{R}\right)$$

$$= 1 + \left(\frac{c^2}{\gamma^e\,R}\right)\left(\frac{v_0^2}{R\,g} - 2\right) = 1 + u\,w(u - 2) \qquad \text{(f)}$$

$$(b) \rightarrow \sin^2\varphi_0 = \frac{-u\,w(2 - u) + u\,w(2 - u\,w)}{1 - u\,w(2 - u)}$$

$$= \frac{u^2\,w(1 - w)}{1 - u\,w(2 - u)} = \frac{Z^2}{N^2} = \sin^2\psi_0 \qquad \text{(g)}$$

$$\hat{e} = 2\,R\,\psi_0 = 2\,R\,\arc\sin\frac{Z}{N} = 2\,R\,\frac{Z}{N}\left(1 + \frac{1}{6}\frac{Z^2}{N^2} + \frac{3}{40}\frac{Z^4}{N^4} + \cdots\right) \qquad \text{(h)}$$

$$(16) \rightarrow e = \overline{BC} = \frac{2\,v_0^2}{g}\cos\alpha_0\sin\alpha_0 = 2\,R\,\frac{v_0^2}{R\,g}\sqrt{w(1 - w)}$$

$$= 2\,R\,u\,\sqrt{w(1 - w)} = 2\,R\,Z \qquad \text{(i)}$$

$$(h) \to \hat{e} = e \left(\frac{1}{N} + \frac{1}{6} \frac{Z^2}{N^3} + \frac{3}{40} \frac{Z^4}{N^5} + \cdots \right) \qquad (j)$$

$$(g) \to N^2 = 1 - u\,w(2 - u) = (1 - \xi); \qquad \xi = u\,w(2 - u) \qquad (k)$$

$$(j) \to \frac{\hat{e}}{e} = (1 - \xi)^{-1/2} + \frac{1}{6} Z^2 (1 - \xi)^{-3/2} + \frac{3}{40} Z^4 (1 - \xi)^{-5/2} + \qquad (l)$$

$$\frac{\hat{e}}{e} = \left[1 + \frac{u\,w}{2}(2 - u) + \frac{3}{8} u^2 w^2 (2 - u)^2 + \cdots \right] +$$

$$+ \frac{1}{6} u^2 w (1 - w) \left[1 + \frac{3}{2} u\,w(2 - u) + \cdots \right] + \cdots \qquad (m)$$

$$\frac{\hat{e}}{e} = 1 + u\,w + \frac{u^2 w}{3}(4w - 1) - \frac{u^3 w^2}{2}(2 + w) \pm \cdots \qquad (n)$$

$$u = \frac{v_0^2}{R\,g} = \frac{650 \cdot 650}{6371\,000 \cdot 9{,}81} = 0{,}00676; \qquad w = \cos^2 45^0 = \frac{1}{2};$$

$$u\,w = 0{,}00338 \qquad (o)$$

$$\overline{BC} = e = \frac{2\,v_0^2}{g} \cos\alpha_0 \sin\alpha_0 = \frac{2 \cdot 650 \cdot 650}{9{,}81} \frac{1}{2} = 43\,068 \text{ m} \qquad (p)$$

$$(n) \to \widehat{BD} = \hat{e} = 43\,068(1 + 0{,}00338 + \cdots) \approx 43\,068 + 146 \text{ m}. \qquad (q)$$

Aufgabe 7.11. Ein Feder-Masse-System führt gedämpfte Schwingungen aus. Gegeben: $m\,g = G = 6$ kp, $T = 2$ sec, $x(t) = 2\,x(t + T)$. Gesucht: Federzahl c und Dämpfungszahl d.

Die beiden gesuchten Größen erhalten wir nach (73) in (a), wenn wir δ nach (87) und v^2 nach (73) aus den gegebenen Werten berechnen.

$$(73) \to d = m \cdot 2\,\delta, \qquad c = m\,v^2 \qquad (a)$$

$$(87) \to \ln 2 = \delta \cdot 2 \text{ sec} \to \delta = \frac{\ln 2}{2} = \frac{0{,}69315}{2} = 0{,}3466\,\frac{1}{\text{sec}} \qquad (b)$$

$$(73) \to v^2 = \delta^2 + \varrho^2 = \delta^2 + \left(\frac{2\pi}{T}\right)^2 = 0{,}3466^2 + \left(\frac{2\pi}{2}\right)^2 = 9{,}990\,\frac{1}{\text{sec}^2}. \qquad (c)$$

$$(a) \to \begin{cases} d = \dfrac{G}{g} \cdot 2\,\delta = \dfrac{6}{981} \cdot 2 \cdot 0{,}3466 = 0{,}00424\,\dfrac{\text{kp sec}}{\text{cm}} & (d) \\[3ex] c = \dfrac{G}{g}\,v^2 = \dfrac{6}{981} \cdot 9{,}990 = 0{,}061\,\dfrac{\text{kp}}{\text{cm}}. & (e) \end{cases}$$

Aufgabe 7.12. Die Funktion $x(t)$ eines freien linearen Schwingers ist zu zeichnen. Gegeben: $m\,g = 120$ kp, $d = 1$ kp sec/cm, $c = 1{,}8$ kp/cm; $\dot{x}_0 = 0$, x_0 beliebig. Wir berechnen als erstes die drei kennzeichnenden Größen δ, v^2 und ϱ^2 nach (73) in (a) bis (c) und stellen fest, daß ϱ^2 negativ ist; somit ist nach (78) die Schwingung stark gedämpft. Mit den gegebenen Anfangsbedingungen bekommen wir die gesuchte Funktion $x(t)$ in (e). Die Funktion hat keine reelle Nullstelle, denn die

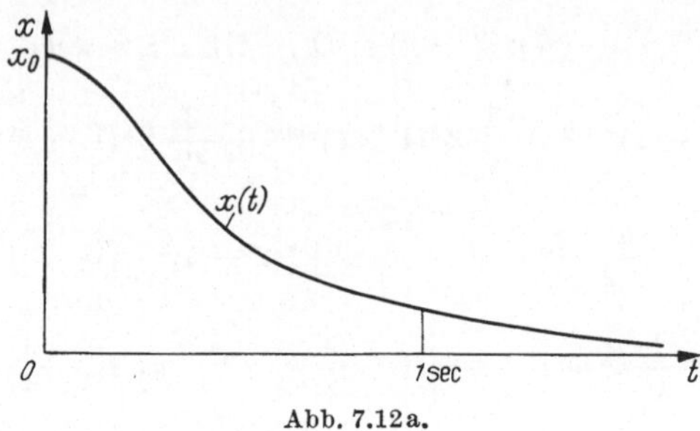

Abb. 7.12a.

Forderung $x = 0$ führt auf die Bedingung $\tanh \gamma\, t = -\gamma/\delta$, die für positive Werte von t nicht erfüllbar ist. Man vergleiche auch Abb. a.

$$(73) \rightarrow \begin{cases} \delta = \dfrac{dg}{2\,m\,g} = \dfrac{1 \cdot 981}{2 \cdot 120}\ \dfrac{1}{\sec} = 4{,}088\ \dfrac{1}{\sec}. & \text{(a)} \\[2mm] v^2 = \dfrac{c\,g}{m\,g} = \dfrac{1{,}8 \cdot 981}{120}\ \dfrac{1}{\sec^2} = 14{,}72\ \dfrac{1}{\sec^2}. & \text{(b)} \\[2mm] \varrho^2 = v^2 - \delta^2 = 14{,}72 - 4{,}088^2 = 14{,}72 - 16{,}72 = -2{,}00\ \dfrac{1}{\sec^2}. & \text{(c)} \end{cases}$$

$$\gamma^2 = -\varrho^2 = +2{,}00\ \frac{1}{\sec^2}; \qquad \gamma = 1{,}414\ \frac{1}{\sec}; \qquad \frac{\delta}{\gamma} = \frac{4{,}088}{1{,}414} = 2{,}89 \qquad \text{(d)}$$

$$(78) \rightarrow x(t) = e^{-\delta t}\, x_0 \left[\cosh \gamma\, t + \frac{\delta}{\gamma} \sinh \gamma\, t \right]. \qquad \text{(e)}$$

Aufgabe 7.13. Man ermittle die Zwangsschwingung $x(t)$ des skizzierten gedämpften erzwungenen Systems a) rechnerisch, b) zeichnerisch.

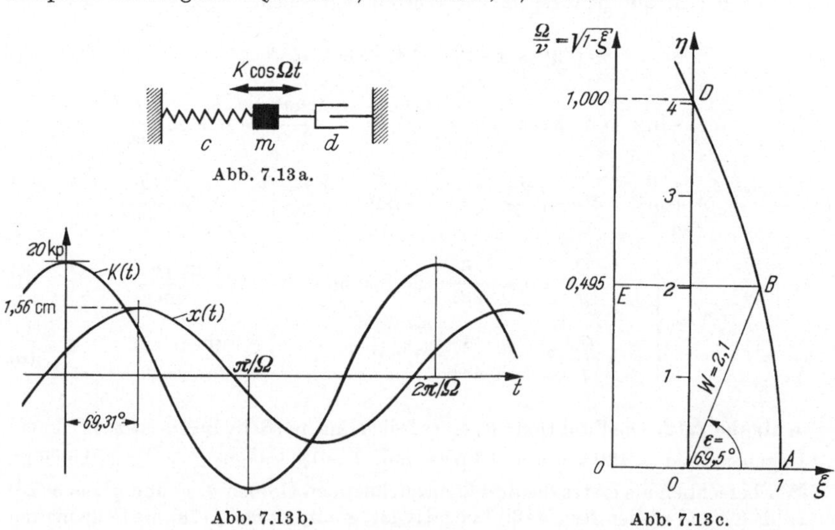

Abb. 7.13a.

Abb. 7.13b.   Abb. 7.13c.

Gegeben: $m\,g = 10$ kp, $c = 6$ kp/cm, $d = 1$ kp sec/cm; $\Omega = 12$ Rad/sec, $K = 20$ kp.

a) Wir berechnen die Größen ξ und η nach (95) in (a) und (b), sodann nach (96) den Phasenwinkel ε in (c), weiter nach (97) die Größe $1/V = W$ in (d) und daraus nach (98) die Amplitude der Zwangsschwingung in (e). Die Funktion $x(t)$ hat somit nach (100) die Form (f), siehe auch Abb. b.

b) Wir zeichnen die Parabel der Abb. 7.22. Zu diesem Zweck berechnen wir die Ordinate $\overline{OD} = d/\sqrt{m\,c}$ in (g) und den Parameterwert $\Omega/v = \sqrt{1-\xi}$ in (h). Durch die Ordinate $\overline{OD} = 4{,}0435$ ist die Parabel im ξ-η-System festgelegt. Durch den Punkt E, der zum Wert $\Omega/v = 0{,}495$ gehört, zieht man eine Horizontale, welche die Parabel im Punkte B schneidet, und nun liest man aus der Zeichnung die Werte $W = 2{,}1$ und $\varepsilon = 69{,}5°$ ab, was genügend genau mit (d) und (c) übereinstimmt.

$$(95) \rightarrow \begin{cases} \xi = 1 - \dfrac{m\,\Omega^2}{c} = 1 - \dfrac{(m\,g)\,\Omega^2}{c\,g} = 1 - \dfrac{10 \cdot 12^2}{6 \cdot 981} = 0{,}755\,. & \text{(a)} \\[2em] \eta = \dfrac{d\,\Omega}{c} = \dfrac{1 \cdot 12}{6} = 2\,. & \text{(b)} \end{cases}$$

$$(96) \rightarrow \tan\varepsilon = \frac{\eta}{\xi} = \frac{2}{0{,}755} = 2{,}648\,, \quad \varepsilon = 69{,}31°\,. \tag{c}$$

$$(97) \rightarrow W^2 = \xi^2 + \eta^2 = 0{,}755^2 + 2^2 = 4{,}571; \quad \frac{1}{V} = W = 2{,}138\,. \tag{d}$$

$$(98) \rightarrow \quad r = \frac{1}{W}\,\frac{K}{c} = \frac{1}{2{,}138}\,\frac{20}{6}\ \text{cm} = 1{,}56\ \text{cm}\,. \tag{e}$$

$$(100) \rightarrow x(t) = \frac{K}{c\,W}\cos(\Omega\,t - \varepsilon) = 1{,}56\cos(\Omega\,t - 69{,}31°) \tag{f}$$

$$\overline{OD} = \frac{d}{\sqrt{m\,c}} = \frac{1}{\sqrt{\dfrac{10 \cdot 6}{981}}} = 4{,}0435\,. \tag{g}$$

$$(a) \rightarrow \frac{\Omega}{v} = \sqrt{1-\xi} = \sqrt{1 - 0{,}755} = \sqrt{0{,}245} = 0{,}495\,. \tag{h}$$

Aufgabe 7.14. Eine Masse m wird zwischen zwei Federn c_1 und c_2 auf horizontaler Geraden nach Abb. a hin- und hergeworfen. Man berechne die Schwingungsdauer T.

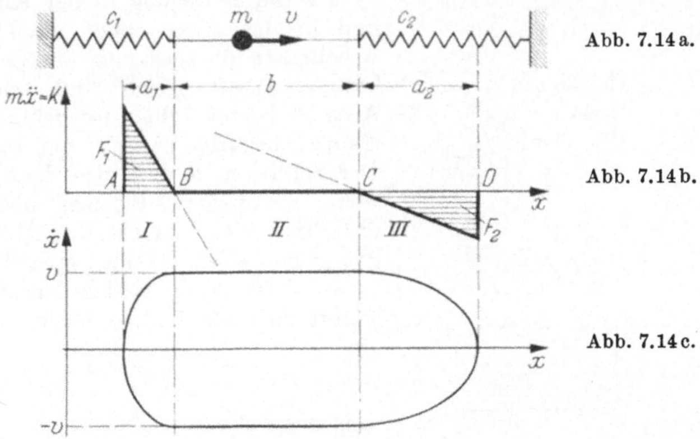

Abb. 7.14a.

Abb. 7.14b.

Abb. 7.14c.

Die Kraft $K = m\,\ddot{x}$ ist eine stückweise lineare Funktion nach Abb. b. Auf dem Hinweg von A nach D macht die Masse in den Bereichen AB und CD je eine harmonische Viertelschwingung, woraus sich die Beziehung (a) ergibt. Im Mittelfeld BC ist die Bewegung gleichförmig. Wir berechnen in (b) zunächst die halbe, und dann in (c) die volle Schwingungsdauer. Diese hängt von der Geschwindigkeit v und damit nach (a) letztlich von den Anfangsbedingungen ab.

Man erschließe die Beziehung (a) auch aus dem Arbeitssatz durch Gleichsetzen der beiden Flächen F_1 und F_2 der Abb. b.

$$v = a_1\,v_1 = a_2\,v_2, \tag{a}$$

$$\frac{T}{2} = T_1 + T_2 + T_3 = \frac{\pi}{2\,v_1} + \frac{b}{v} + \frac{\pi}{2\,v_2}, \tag{b}$$

$$T = \pi\left(\frac{1}{v_1} + \frac{1}{v_2}\right) + \frac{2b}{v} = \pi\left(\sqrt{\frac{m}{c_1}} + \sqrt{\frac{m}{c_2}}\right) + \frac{2b}{v}. \tag{c}$$

Man zeichne auch die sechs kinematischen Diagramme.

Aufgabe 8.1. Ein Schlitten beginnt seine Fahrt im Punkte A aus der Ruhelage, fährt bis B auf ideal glatter Strecke und gerät dann in ein Gemisch aus Schnee

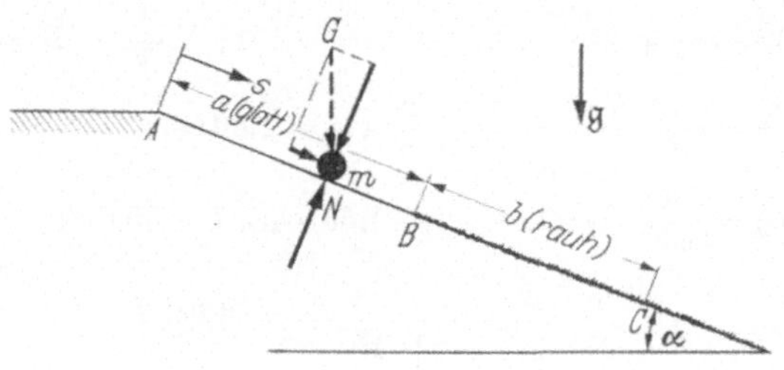

Abb. 8.1 a.

und Sand, so daß er schließlich in C stehenbleibt. Es werde im Bereich BC trockene Gleitreibung $R = f\,N$ vorausgesetzt. Man berechne die Bremsstrecke b als Funktion von a, f und $\tan\alpha$.

Da die Bewegung in der Ruhe beginnt und in der Ruhe endet, muß nach dem Arbeitssatz die gesamte am Schlitten geleistete Arbeit gleich Null sein. Positive Arbeit leistet die Gewichtskomponente $G\sin\alpha$, negative Arbeit die Reibkraft R. Der Schlitten kommt also dann zur Ruhe, wenn die beiden Flächen oberhalb und unterhalb der s-Achse in Abb. b gleich geworden sind. Wenn speziell $R = f\,N$ = const ist, sind beides Rechteckflächen, womit sich die Gl. (a) leicht hinschreiben

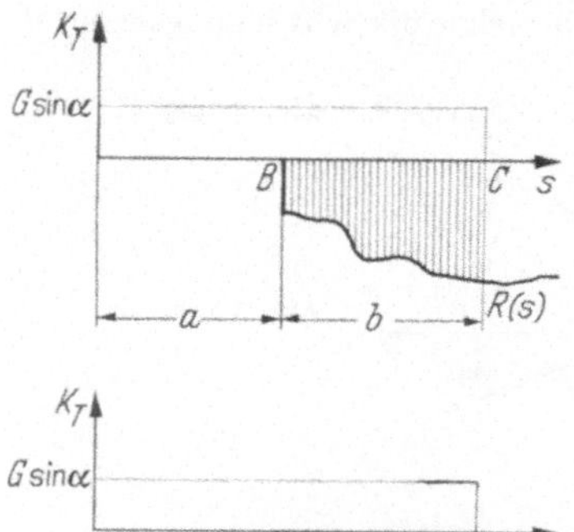

Abb. 8.1 b.

läßt. Da senkrecht zur Bahn Gleichgewicht herrscht, ist $N = G \cos \alpha$. Aus (a) folgt nun leicht die gewünschte Beziehung (b).

$$G \sin \alpha \, (a + b) = R\,b = f\,N\,b = f\,G \cos \alpha\,b, \qquad (a)$$

$$b = a\,\frac{\tan \alpha}{f - \tan \alpha}. \qquad (b)$$

Frage: Was geschieht, wenn $\tan \alpha = f$ ist?

Aufgabe 8.2. Ein Klotz wird auf rauher Unterlage mit konstanter Geschwindigkeit $\mathfrak{v}$ gezogen, wobei sich die Feder um w Zentimeter auslenkt. Wie läßt sich mit dieser einfachen Versuchsanlage die Reibkraft ermitteln?

Da die Bewegung geradlinig-gleichförmig ist, liegt ein rein statischer Fall vor. Aus den Gleichgewichtsbedingungen (a) berechnen wir die Reaktionskraft N

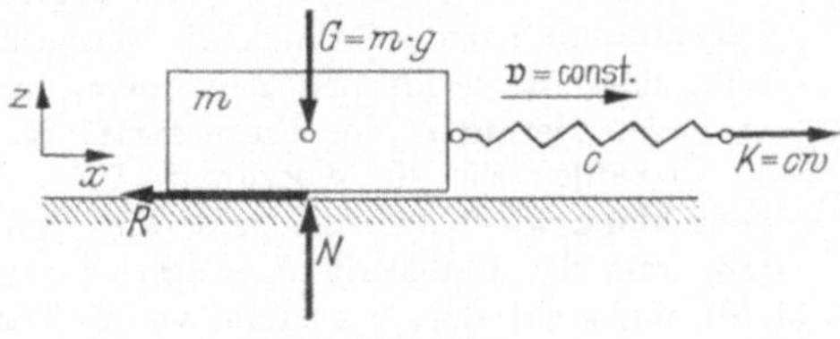

Abb. 8.2a.

und die eingeprägte Reibkraft R in (b). Um nun den Typus der Reibkraft fest zustellen, führt man eine Reihe von Versuchen durch mit verschiedenen Geschwindigkeiten v und verschiedenen Gewichten $m\,g$. Bleibt z. B. $R = c\,w$ unabhängig von v, so liegt das COULOMBsche Reibkraftgesetz (3.14) vor, und der Reibwert f ist durch den Quotienten (c) leicht meßbar.

$$\sum X_i = 0 = K - R = c\,w - R; \qquad \sum Z_i = 0 = N - m\,g \qquad (a)$$

$$N = m\,g; \quad R = c\,w \qquad (b)$$

$$f = \frac{R}{N} = \frac{c\,w}{m\,g}. \qquad (c)$$

Aufgabe 8.3. Ein Massenpunkt wird auf der Geraden $F\,G$ geführt. Als eingeprägte Kräfte wirken auf ihn sein Gewicht, drei Federkräfte und eine geschwindigkeits-

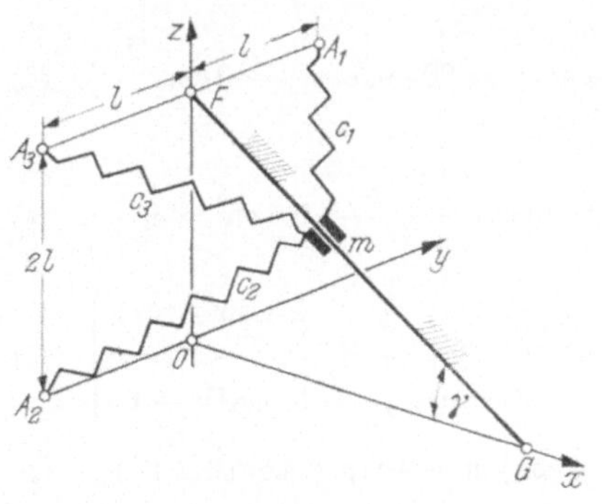
Abb. 8.3a.

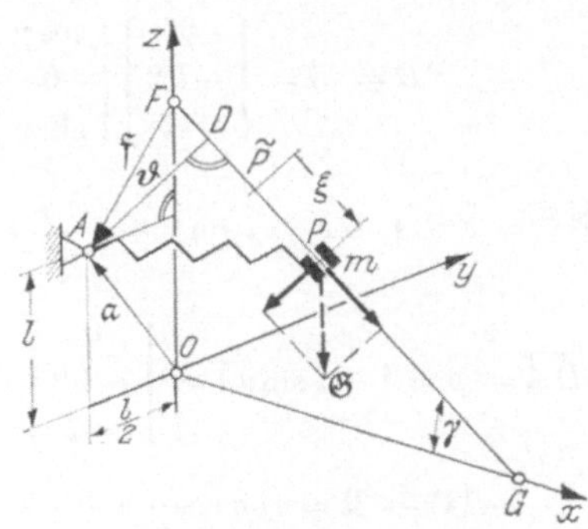
Abb. 8.3b.

proportionale Reibkraft. Es sind zu ermitteln:
  a) Die statische Ruhelage,
  b) die Normalkraft und
  c) die Dämpfungsziffer d so, daß das logarithmische Dekrement 0,5 wird.

Gegeben: $c_1 = c_3 = c$, $c_2 = 2c$; $c = 0,1\,\text{kp/cm}$, $mg = 4\,\text{kp}$, $l = 80\,\text{cm}$, $\sin\gamma = 0,5$.

a) Zunächst ersetzen wir nach (5.10) die drei gegebenen Federn durch eine einzige in (a) und (b), wie in Abb. b eingezeichnet. Nun berechnen wir die beiden Einheitsvektoren $\mathfrak{t}$ und $\mathfrak{n}$ der Abb. c und den von F nach A weisenden Vektor $\mathfrak{f}$ in (c). Projizieren wir diesen in die Gerade FG, so bekommen wir den Fußpunkt D des Lotes, das von A auf die Gerade gefällt wird, in (d). Von diesem Fußpunkt hat nach (17) der Gleichgewichtspunkt $\tilde{P}$ den Abstand $\tilde{s} = (m\,g\,\sin\gamma)/\tilde{c}$, womit wir in (e) seine Lage berechnen können.

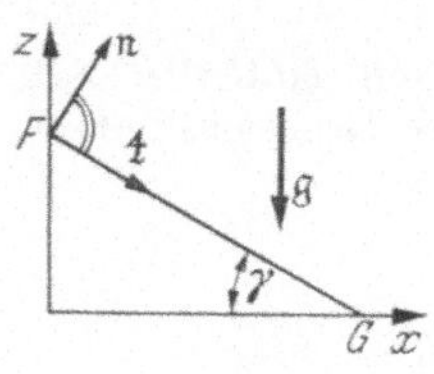

Abb. 8.3 c.

b) Den Vektor $\overrightarrow{DA} = \mathfrak{b}$ berechnen wir in (f) und haben damit nach (14) auch die Normalkraft in (g). Man setze dort die gegebenen Zahlenwerte ein und berechne auch den Betrag N der Normalkraft $\mathfrak{N}$.

c) Zählen wir die Koordinate $\xi = s - \tilde{s}$ vom Gleichgewichtspunkt $\tilde{P}$ aus, so geht die Bewegungsgleichung (18) mit der Reibkraft $R = d\dot{x} = d\dot{s}$ in (h) über, und das ist genau die Gl. (7.36), nur steht dort η anstelle von ξ. Das logarithmische Dekrement (7.50) setzen wir nun gleich 0,5 und berechnen daraus in (i) bis (k) die erforderliche Dämpfungsziffer d. Die Werte ξ, $\dot{\xi}$ und $\ddot{\xi}$ gehen damit nach jeder vollen Schwingung auf die Hälfte ihres Betrages zurück, nach zehn Schwingungen beispielsweise auf $0,5^{10} = 1/1024$ ihres Anfangswertes.

$$\tilde{c} = \sum c_i = c_1 + c_2 + c_3 = 4c \tag{a}$$

$$\overrightarrow{OA} = \mathfrak{a} = \frac{\sum c_i \mathfrak{a}_i}{\sum c_i} = \frac{1}{4c}\left\{ c \begin{bmatrix} 0 \\ l \\ 2l \end{bmatrix} + 2c \begin{bmatrix} 0 \\ -l \\ 0 \end{bmatrix} + c \begin{bmatrix} 0 \\ -l \\ 2l \end{bmatrix} \right\} = \begin{bmatrix} 0 \\ -l/2 \\ l \end{bmatrix} \tag{b}$$

$$\mathfrak{t} = \begin{bmatrix} \cos\gamma \\ 0 \\ -\sin\gamma \end{bmatrix}, \qquad \mathfrak{n} = \begin{bmatrix} \sin\gamma \\ 0 \\ \cos\gamma \end{bmatrix}, \qquad \overrightarrow{FA} = \mathfrak{f} = \begin{bmatrix} 0 \\ -l/2 \\ -l \end{bmatrix}. \tag{c}$$

$$\overrightarrow{FD} = \mathfrak{f}\,\mathfrak{t} = \begin{bmatrix} 0 \\ -l/2 \\ -l \end{bmatrix}\begin{bmatrix} \cos\gamma \\ 0 \\ \sin\gamma \end{bmatrix} = l\sin\gamma = 80 \cdot 0,5\ \text{cm} = 40\ \text{cm}. \tag{d}$$

$$\overrightarrow{F\tilde{P}} = \overrightarrow{FD} + \overrightarrow{D\tilde{P}} = l\sin\gamma + \frac{m\,g}{4c}\sin\gamma = 40\ \text{cm} + \frac{4}{4\cdot 0,1}\,0,5\ \text{cm} = 45\ \text{cm} \tag{e}$$

$$\overrightarrow{DA} = \mathfrak{b} = \mathfrak{f} - l\sin\gamma\,\mathfrak{t} = \begin{bmatrix} 0 \\ -l/2 \\ -l \end{bmatrix} - l\sin\gamma \begin{bmatrix} \cos\gamma \\ 0 \\ -\sin\gamma \end{bmatrix} = l\begin{bmatrix} -\sin\gamma\cos\gamma \\ -1/2 \\ \sin^2\gamma - 1 \end{bmatrix} \tag{f}$$

$$(14) \to \mathfrak{N} = m\,g\cos\gamma\,\mathfrak{n} - \tilde{c}\,\mathfrak{b} = m\,g\cos\gamma\,\mathfrak{n} - 4c\,(\mathfrak{f} - 4c\,l\sin\gamma\,\mathfrak{t}) \tag{g}$$

$$(18) \to m\,\ddot{\xi} = -c\,\xi - d\dot{\xi}, \qquad \xi = s - \tilde{s} \tag{h}$$

$$(7.50) \rightarrow D = \delta T = \frac{d}{2\,m}\,T = \frac{2\,\pi}{\sqrt{4\,\dfrac{m\,c}{d^2} - 1}} = 0{,}5. \tag{i}$$

$$16\,\pi^2 = 4\,\frac{m\,\tilde{c}}{d^2} - 1, \quad d^2 = \frac{4\,m\,\tilde{c}}{16\,\pi^2 + 1} = \frac{4}{16\,\pi^2 + 1}\,\frac{m\,g}{g}\,4c$$

$$= \frac{4}{16\,\pi^2 + 1}\,\frac{4\,\mathrm{kp} \cdot 0{,}4\,\mathrm{kp/cm}}{9{,}81\,\mathrm{cm/sec^2}} \tag{j}$$

$$d^2 = 0{,}000\,041\,1\,\frac{\mathrm{kp^2\,sec^2}}{\mathrm{cm^2}}, \quad d = 0{,}0064\,\frac{\mathrm{kp\,sec}}{\mathrm{cm}}. \tag{k}$$

Aufgabe 8.4. Eine Masse m ist an die schiefe Ebene E gebunden. Die Masse rollt zunächst auf einer horizontalen Führungsschiene AB mit konstanter Bahngeschwindigkeit v_0 und fällt von B ab auf einer Parabel bis zu einem Punkt D der x-Achse.

a) Wie groß ist die Fallzeit von B bis D?

b) Wie groß ist die Entfernung CD?

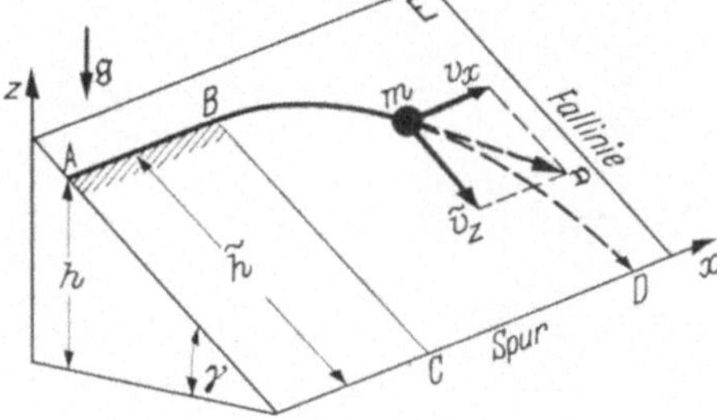

Abb. 8.4 a.

a) Der Punkt B ist der Scheitel der Wurfparabel, somit können wir die Fallzeit T direkt aus (7.15) übernehmen, wenn wir h und g durch $\tilde{h}$ und $g \sin\gamma$ ersetzen. Da andererseits nach Abb. a $\sin\gamma = h/\tilde{h}$ ist, erkennt man in (a), daß die Fallzeit auf der schiefen Ebene um den Faktor $1/\sin\gamma$ größer ist als beim freien Fall.

b) Da die Komponente der Bahngeschwindigkeit in x-Richtung konstant ist, gilt einfach „Weg gleich Zeit mal Geschwindigkeit" nach (b).

$$(7.15) \rightarrow \text{Fallzeit } \tilde{T} = \sqrt{\frac{2\,\tilde{h}}{g \sin\gamma}} = \sqrt{\frac{2\,h}{g}}\,\frac{1}{\sin\gamma} = \frac{T}{\sin\gamma} \tag{a}$$

$$\text{Wurfweite } \overline{CD} = \tilde{T}\,v_0 = \frac{T\,v_0}{\sin\gamma}. \tag{b}$$

Aufgabe 8.5. Ein Massenpunkt (Fahrzeug) bewegt sich in horizontaler Ebene auf der in Abb. a skizzierten Bahn. Man ermittle die Normalkräfte in Abhängigkeit vom Wege für die beiden folgenden Fälle:

a) Die Bewegung ist gleichförmig,

b) der Punkt kommt infolge einer konstanten Reibkraft R (Bremskraft) in F zur Ruhe.

Auf die Masse wirken ihr Gewicht $\mathfrak{G}$ und die Reibkraft $\mathfrak{R}$ als eingeprägte und $\mathfrak{N} = N\,\mathfrak{n}$ und $\mathfrak{B} = B\,\mathfrak{b}$ als Reaktionskräfte. Das Gewicht wirkt in Richtung der Binormalen, die Reibkraft in Richtung der Tangente. Die Gln. (26) bis (28) lassen sich somit in (a) bis (c) leicht hinschreiben. Die Reaktionskraft $\mathfrak{B}$ ist konstant, die Reaktionskraft $\mathfrak{N}$ (Führungskraft einer Schiene z. B.) ist abhängig von der Krümmung der Kurve und vom Verlauf der Funktion v^2. Trägt man in Abb. c die dimensionslose Funktion $v^2/g\,r$ über s auf, so ist diese lediglich mit dem Faktor r/ϱ nach (b) zu multiplizieren. In den geradlinigen Bereichen AB, CD und EF ist $\varrho = \infty$, somit $r/\varrho = 0$, im Bereich BC ist $r/\varrho = r/2r = 1/2$, im Bereich DE

dagegen $r/\varrho = r/r = 1$; man hat also im Bereich BC die Ordinaten durch zwei, im Bereich BE durch Eins zu dividieren. Auf diese Weise entsteht die schraffierte Funktion N/G der Abb. c.

Nun zu den beiden gegebenen Beispielen. Im ersten Fall ist $v = v_0 = $ const, das gibt die Kräftefunktion der Abb. d, im zweiten Fall nimmt v^2 linear ab, da die Bremskraft konstant ist, siehe Abb. c.

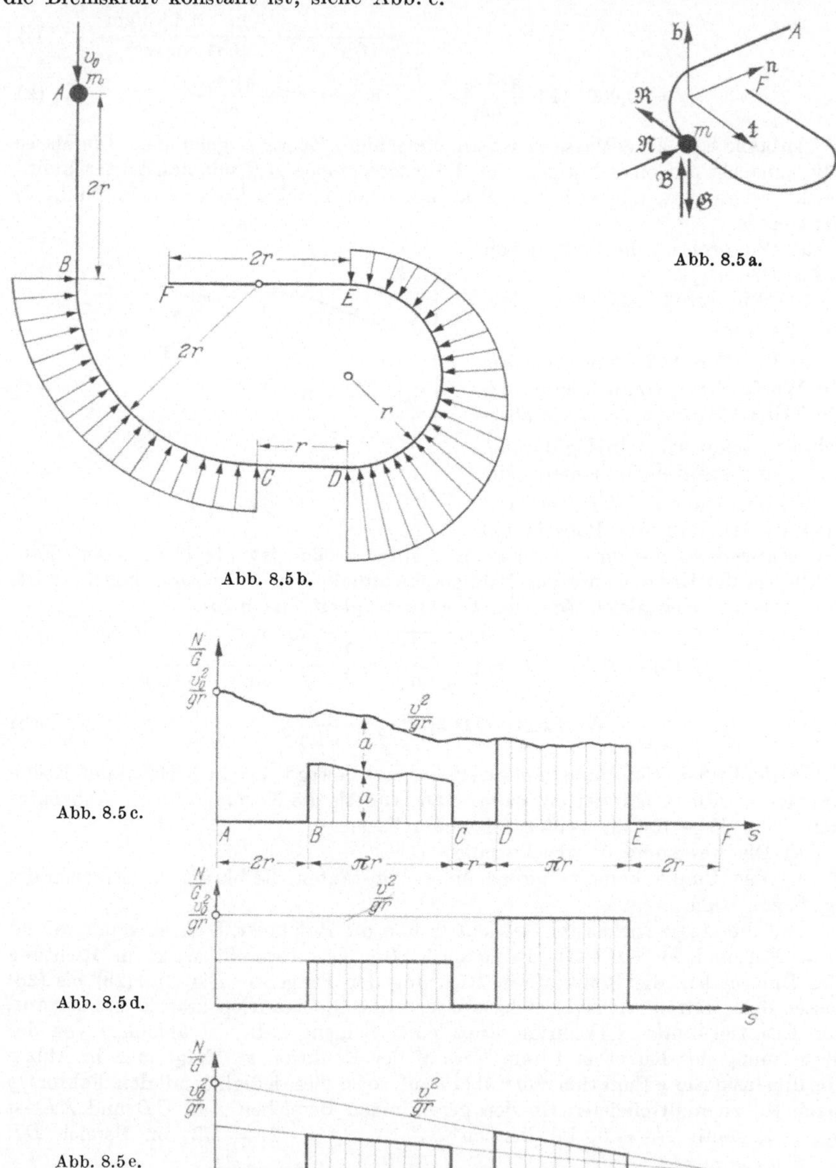

Abb. 8.5 a.

Abb. 8.5 b.

Abb. 8.5 c.

Abb. 8.5 d.

Abb. 8.5 e.

Durch die Sprünge im Normalkraftverlauf wird die Schiene ruckartig belastet. Dies wird in der Abb. b für den Fall b) nochmals besonders deutlich. Man benutzt deshalb im Straßen- und Eisenbahnwesen niemals Übergänge von der Geraden zum Kreis, sondern baut sog. Übergangsbögen (z. B. Stücke von kubischen Parabeln), bei welchen die Krümmung nicht sprungartig, sondern allmählich von Null auf den gewünschten Wert anwächst.

$$(26) \rightarrow -R = m\,\ddot{s}: \tag{a}$$

$$(27) \rightarrow 0 + N = m\,\frac{v^2}{\varrho} = \frac{m\,g\,r}{\varrho\,g\,r}\,v^2 = G\,\frac{v^2}{g\,r}\,\frac{r}{\varrho} \tag{b}$$

$$(28) \rightarrow -G + B = 0 \tag{c}$$

Frage zum Fall b): Die Länge des Bremsweges sei $\widehat{AF} = l$. Wie groß ist die erforderliche Reibkraft R? Antwort: $R = m\,v_0^2/2\,l$.

Aufgabe 8.6. Ein Lastwagen vom Gewicht G fährt von P_0 nach P_1 in hügligem Gelände mit konstanter Bahngeschwindigkeit v. Die Reibkraft (Rad-Straße, innere Verluste, Luftwiderstand), habe den konstanten Betrag R.

a) Wie groß ist die vom Motor auf der Strecke P_0P_1 geleistete Arbeit?

b) Man berechne die durchschnittliche Leistung.

Gegeben: $v = 36$ km/h $= 10$ m/sec, Weglänge $\widehat{P_0P_1} = l = 2500$ m, Höhendifferenz $h = 70$ m. $G = 2000$ kp, $R = 100$ kp.

a) Da die Bewegung gleichförmig ist, muß die Arbeit verschwinden. Am Lastwagen greifen vier Kräfte an: die Schwerkraft, die Reibung, die Kraft des Motors und die Reaktionskraft N. Diese leistet keine Arbeit, da sie senkrecht zur Bewegungsrichtung steht. Damit haben wir die Bilanz (a), woraus sich die Arbeit des Motors in (c) berechnen läßt.

b) Die Leistung $L = d\,A/dt = \mathfrak{K}\,\mathfrak{v}$ ist ein von Punkt zu Punkt veränderlicher Wert, den wir ohne Kenntnis der Bahnkurve gar nicht berechnen können. Die durchschnittliche Leistung aber läßt sich mit der in (d) berechneten Zeit t in (e) leicht ermitteln.

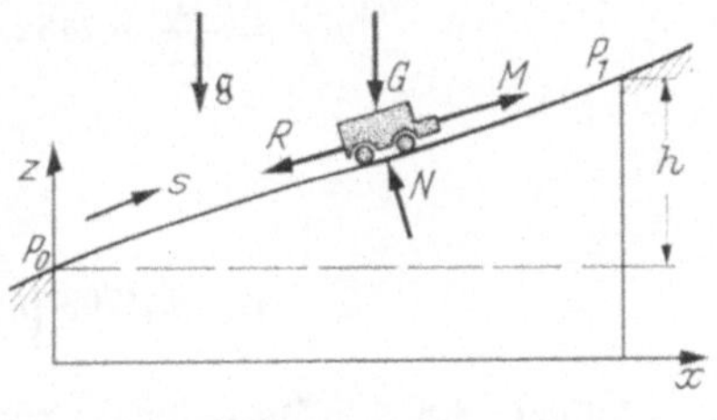

Abb. 8.6 a.

Frage: Wie ändern sich die Ergebnisse, wenn die Geschwindigkeit in A und B zwar gleich $v_A = v_B = v$ bleibt, indessen auf der Wegstrecke AB beliebig variiert?

$$
\begin{aligned}
&\text{Arbeit der Schwerkraft} && A_0^1 = -G\,h \\
&\text{Arbeit der Reibkraft} && A_0^1 = -\int R\,ds = -R\int ds = -R\,l \\
&\text{Arbeit des Motors} && A_0^1 = A_M \\
&\text{Arbeit der Reaktionskraft} && A_0^1 = 0
\end{aligned}
\tag{a}
$$

$$\text{Gesamtarbeit} \qquad \sum A_0^1 = A_M - G\,h - R\,l \tag{b}$$

$$A_M = G\,h + R\,l = (2000 \cdot 70 + 100 \cdot 2500)\,\text{m kp} = 390\,000\,\text{m kp} \tag{c}$$

$$t = \frac{l}{v} = \frac{2500}{10} = 250\,\text{sec.} \tag{d}$$

$$(6.25) \rightarrow L_{\text{mitt.}} = \frac{\text{Arbeit}}{\text{Zeit}} = \frac{390\,000}{250}\,\frac{\text{m kp}}{\text{sec}} = \frac{390\,000}{250 \cdot 75}\,\text{PS} = 20{,}8\,\text{PS} \tag{e}$$

Aufgabe 8.7. Ein abgeknicktes Fadenpendel der Länge $2l$ wird im Punkte A nach Abb. a aus der Ruhe losgelassen. Man berechne die Schwingungsdauer.

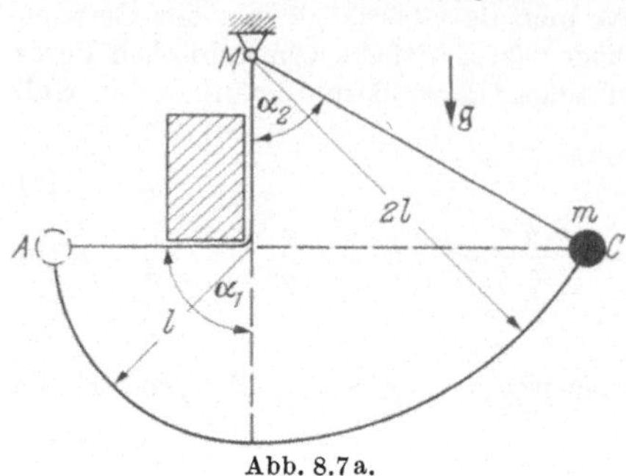

Abb. 8.7 a.

Gegeben:

$l = 80$ cm, $g = 981$ cm/sec², $\alpha_1 = 90°$.

Das Pendel macht zwei Halbschwingungen mit den Schwingweiten α_1 und α_2. Nach dem Arbeitssatz kehrt das Pendel im Punkte C auf der gleichen Höhe von A um, woraus sich in (a) der Winkel α_2 berechnen läßt. Mit den beiden Werten (b) berechnen wir nun die beiden halben Schwingungsdauern nach (39), addieren sie und setzen schließlich in (f) die gegebenen Werte für l und g ein.

$$\cos\alpha_2 = \frac{l}{2l} = 0{,}5 \ \rightarrow \ \alpha_2 = 60°, \tag{a}$$

$$v_1^2 = \frac{g}{l}, \qquad v_2^2 = \frac{g}{2l} \tag{b}$$

$$(39) \rightarrow \begin{cases} \dfrac{T_1}{2} = \dfrac{1}{2\,v_1}\,7{,}4164 = \dfrac{1}{2}\sqrt{\dfrac{l}{g}}\,7{,}4164 = 3{,}7082\,\sqrt{\dfrac{l}{g}} & \text{(c)} \\[3ex] \dfrac{T_2}{2} = \dfrac{1}{2\,v_2}\,6{,}7432 = \dfrac{1}{2}\sqrt{\dfrac{2l}{g}}\,6{,}7432 = 4{,}7681\,\sqrt{\dfrac{l}{g}} & \text{(d)} \end{cases}$$

$$T = 8{,}4763\,\sqrt{\frac{l}{g}} \tag{e}$$

$$T = 8{,}4763\,\sqrt{\frac{80}{981}}\ \text{sec} = 2{,}42\ \text{sec}. \tag{f}$$

Aufgabe 8.8. Ein Massenpunkt wird in der Höhe $6l$ aus der Ruhe losgelassen, durchfällt die skizzierte Kurve bis zum Punkte C und fällt von da ab frei durch den Raum, bis er in D auf dem Boden auftrifft. Die gesamte Bewegung sei reibungsfrei.

a) Für die Scheitelpunkte A, B und C der skizzierten Halbellipse berechne man die Reaktionskraft N.

b) Wie groß ist die Strecke $\overline{DF} = d$?

a) Nach Abb. 8.6 nimmt die Funktion $v^2 = 2g\,h$ nach unten linear zu, womit für jeden Punkt der Bahn die Bahngeschwindigkeit v gegeben ist. Wir schreiben in (a) die Normalkomponente des NEWTONschen Grundgesetzes (27) hin und berechnen daraus in (b) die Normalkraft N, die sowohl von der Höhenlage des Massenpunktes, wie vom Krümmungsradius ϱ und der Neigung α der Bahnkurve abhängt. Die Krümmungsradien in den Scheitelpunkten einer Ellipse mit den Halbachsen a und b sind a^2/b und b^2/a, hier also $l/2$ und $4l$ nach (c), womit die Werte der kleinen Tabelle (d) ohne weiteres verständlich sind. In den Punkten A und C wird die Normalbeschleunigung von Gewicht und Reaktionskraft gemeinsam aufgebracht, wobei in C die beiden Kräfte in gleicher, in A in entgegengesetzter Richtung wirken. In B dagegen beschleunigt die Reaktionskraft N vom Betrage $1{,}5\,G$ die Masse normal und das Gewicht die Masse tangential.

b) Der Scheitel der Wurfparabel liegt im Punkte C. Die während des freien Falles konstante waagerechte Geschwindigkeitskomponente $v_x = \dot{x}_0$ lesen wir aus Abb. b ab, siehe (e). Der zurückgelegte Weg ist somit $d = v_x T$ mit der Fallzeit $T = \sqrt{2h/g}$ nach (7.15).

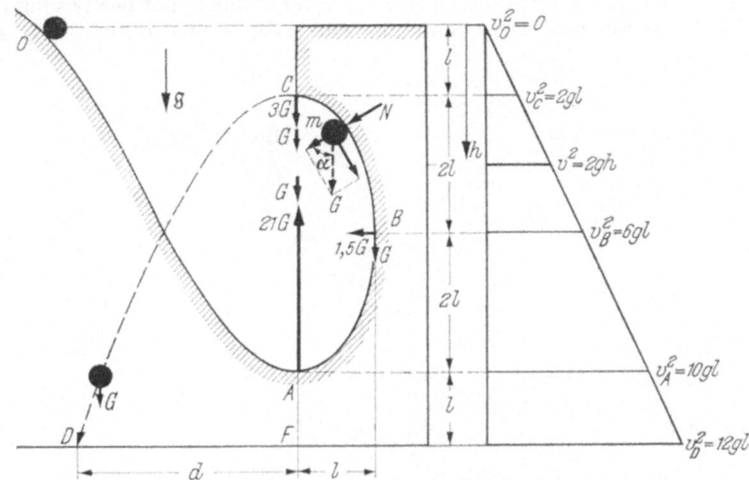

Abb. 8.8a, b.

$$N + G \cos \alpha = \frac{m}{\varrho} v^2 = \frac{m}{\varrho} 2gh = \frac{2Gh}{\varrho} \tag{a}$$

$$N = \frac{2Gh}{\varrho} - G \cos \alpha = G\left(\frac{2h}{\varrho} - \cos \alpha\right) \tag{b}$$

$$\varrho_A = \varrho_C = \frac{l^2}{2l} = \frac{l}{2}; \quad \varrho_B = \frac{(2l)^2}{l} = 4l. \tag{c}$$

Punkt	ϱ/l	h/l	$2h/\varrho$	$\cos \alpha$	$N = G(2h/\varrho - \cos\alpha)$	
A	0,5	5	20	-1	21 G	(d)
B	4,0	3	1,5	0	1,5 G	
C	0,5	1	4	$+1$	3 G	

$$v_x^2 = v_0^2 = 2gl; \quad v_x = \sqrt{2gl} \tag{e}$$

$$d = v_x T = \sqrt{2gl}\,\sqrt{2h/g} = \sqrt{4hl} = \sqrt{20}\, l \tag{f}$$

Frage: Wie findet man die Geschwindigkeitskomponente v_z in D und damit auch die Neigung der Parabel in D?

∗ Aufgabe 8.9. Auf ein Kreispendel wirkt außer dem Gewicht als eingeprägte Kraft eine Reibkraft $R = f N + \alpha v^2$ (COULOMBsche Reibung und Luftwiderstand).

a) Man ermittle die Funktion $\dot{\varphi}^2 = \dot{\varphi}^2(\varphi)$.

b) Die Masse wird bei $\varphi_0 = 90°$ aus der Ruhe losgelassen. Wo bleibt sie liegen? Gegeben: Reibwert $f = 0,18$, Haftziffer $\mu = 0,20$.

Auf die Masse wirken die beiden eingeprägten Kräfte $\mathfrak{G}$ und $\mathfrak{R}$ sowie die Reaktionskraft $\mathfrak{N}$ nach Abb. a. Wir zählen φ und somit auch $\dot{\varphi}$ und $\ddot{\varphi}$ positiv im Gegenuhrzeigersinn, also wirkt beim Hinlauf die Reibkraft in Richtung von $-\dot{\varphi}$, beim Rücklauf dagegen in Richtung von $+\dot{\varphi}$. Die Bewegungsgleichungen für Hinlauf schreiben wir in (a) und (b) hin und berechnen daraus die Normalkraft N in (c). Es ist zweckmäßig, die kinetische Energie E nach (c) und (d) als Veränderliche einzuführen. Die Gl. (a) nimmt dann die Form (e) bzw. nach leichter Umformung (g) an. Dies ist eine lineare Differentialgleichung erster Ordnung mit der Lösung (h). Dabei ist A eine Integrationskonstante; die beiden Konstanten B und C dagegen

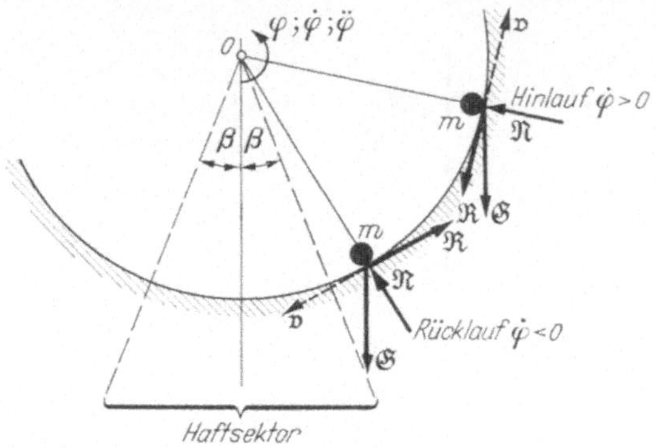

Abb. 8.9a.

werden durch die rechte Seite der Gl. (g) festgelegt und durch Koeffizientenvergleich in (j) ermittelt, wobei die beiden Gln. (k) mit den Lösungen (l) entstehen. Nun verlangen wir $E = 0$ für $\varphi = \varphi_0$ (Umkehrlage) und bestimmen aus dieser Be-

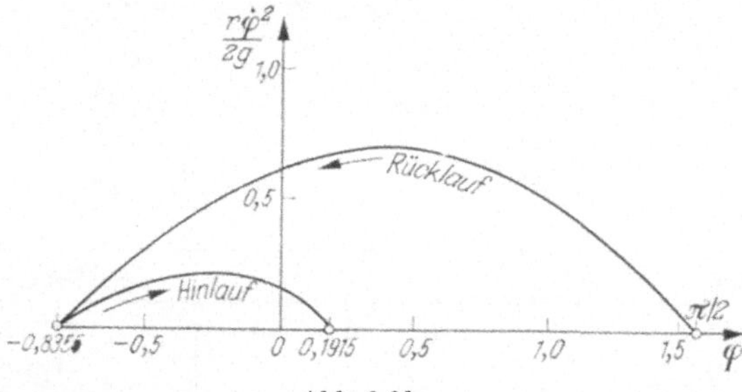

Abb. 8.9b.

dingung die Integrationskonstante A in (m), womit die Form (n) entsteht. Hier setzen wir nun die Werte B und C aus (l) ein, dividieren noch durch $m\,r^2/2$ und bekommen damit die gesuchte Funktion $\dot{\varphi}^2(\varphi)$ in (p).

Beim Rücklauf ist überall f und α durch $-f$ und $-\alpha$ und daher nach (g) auch δ durch $-\delta$ zu ersetzen, was wir bereits durch die doppelten Vorzeichen angedeutet haben; die oberen Vorzeichen gelten für Hinlauf und die unteren für Rücklauf.

Wir bemerken, daß die Luftwiderstandsziffer α in der Endgleichung (p) explizit gar nicht auftritt, sie ist lediglich in δ enthalten. Wir setzen nun die speziellen Werte (q) ein, und bekommen die Funktion (r), die nach Abb. b bei $\varphi = -0,8355$ Null wird; dort ist also die erste Umkehrlage. Für den anschließenden Hinlauf hat man in (p) $\varphi_0 = -0,8355$ einzusetzen und außerdem die oberen Vorzeichen zu verwenden. Die so entstehende Funktion hat ihre Nullstelle bei $\varphi = 0,1915$. Dies ist dann der Anfangswert für den anschließenden Rücklauf usw. Bei jeder Umkehrlage hat man nun nachzuprüfen, ob die Haftziffer $\mu = 0{,}2$ ausreicht, um Gleichgewicht zu ermöglichen, mit anderen Worten, ob die Umkehrlage innerhalb des Haftsektors mit dem Öffnungswinkel $\beta = \text{arc tan}\,0{,}20 = 0{,}1975$ liegt oder nicht. (Man vergleiche Aufgabe 4.4.) Dies ist bei den gewählten Werten bereits nach zwei Halbschwingungen der Fall, die Masse bleibt somit im Punkte $\varphi = 0{,}1915$ liegen, was die Abb. b veranschaulicht.

$$\text{Hinlauf}\left\{\begin{array}{ll} m\,\ddot{s} = m\,r\,\ddot{\varphi} = -R - m\,g\sin\varphi & \text{(a)} \\[2mm] m\,\dot{s}^2/r = m\,r\,\dot{\varphi}^2 = N - m\,g\cos\varphi, & \text{(b)} \end{array}\right.$$

$$N = m\,r\,\dot{\varphi}^2 + m\,g\cos\varphi = \frac{2}{r}\,E + m\,g\cos\varphi, \tag{c}$$

$$R = f\,N + \alpha\,v^2 = f\left(\frac{2}{r}\,E + m\,g\cos\varphi\right) + \frac{2\alpha}{m}\,E. \tag{d}$$

$$(6.16) \rightarrow \frac{dE}{ds} = \frac{dE}{r\,d\varphi} = m\,\ddot{s} = m\,r\,\ddot{\varphi} = -R - m\,g\sin\varphi. \tag{e}$$

$$E' + \left(2f + \frac{2r\alpha}{m}\right)E = -m\,g\,r(f\cos\varphi + \sin\varphi); \quad E' = \frac{dE}{d\varphi} \tag{f}$$

$$E' + \delta E = -m\,g\,r(f\cos\varphi + \sin\varphi); \quad \delta = 2f + 2\,\frac{r\alpha}{m} \tag{g}$$

$$\begin{array}{c|l} \delta & E = \qquad A\,e^{-\delta\varphi} + B\cos\varphi + C\sin\varphi \\[2mm] 1 & E' = -\delta A\,e^{-\delta\varphi} - B\sin\varphi + C\cos\varphi \end{array} \qquad \begin{array}{c} \text{(h)} \\[2mm] \text{(i)} \end{array}$$

$$-m\,g\,r(f\cos\varphi + \sin\varphi) = 0 + \cos\varphi(B\,\delta + C) + \sin\varphi(C\,\delta - B) \tag{j}$$

$$-m\,g\,r\,f = B\,\delta + C; \quad -m\,g\,r = -B + C\,\delta \tag{k}$$

$$B = \frac{-m\,g\,r(\delta f - 1)}{1 + \delta^2}; \quad C = \frac{\mp m\,g\,r(f + \delta)}{1 + \delta^2}; \quad \delta = 2f + \frac{2r\alpha}{m} \tag{l}$$

$$\left.\begin{array}{l} (h) \rightarrow E_0 = 0 = A\,e^{-\delta\varphi_0} + B\cos\varphi_0 + C\sin\varphi_0 \\[2mm] \rightarrow A = -e^{+\delta\varphi_0}(B\cos\varphi_0 + C\sin\varphi_0) \end{array}\right\} \tag{m}$$

$$\frac{m}{2}\,r^2\,\dot{\varphi}^2 = E(\varphi) = -e^{-\delta(\varphi-\varphi_0)}(B\cos\varphi_0 + C\sin\varphi_0) + (B\cos\varphi + C\sin\varphi) \tag{n}$$

$$\frac{m}{2}\,r^2\,\dot{\varphi}^2 = E = B[\cos\varphi - \cos\varphi_0\,e^{-\delta(\varphi-\varphi_0)}] + C[\sin\varphi - \sin\varphi_0\,e^{-\delta(\varphi-\varphi_0)}] \tag{o}$$

$$\left.\begin{array}{l} \dot{\varphi}^2 = \dfrac{2g}{r\,(1 + \delta^2)}\,\{(1 - \delta f)\,[\cos\varphi - \cos\varphi_0\,e^{\mp\delta(\varphi-\varphi_0)}] \mp \\[4mm] \mp\,(f + \delta)\,[\sin\varphi - \sin\varphi_0\,e^{\mp\delta(\varphi-\varphi_0)}]\} \end{array}\right\} \tag{p}$$

$$\delta = 2f, \quad \alpha = 0; \quad \varphi_0 = 90° = \frac{\pi}{2}; \quad \cos\varphi_0 = 0, \quad \sin\varphi_0 = 1 \quad \text{(Rücklauf)} \tag{q}$$

$$\frac{r\,\dot{\varphi}^2}{2\,g} = \frac{1}{(1 + 4f^2)}\,\{(1 - 2f^2)\,[\cos\varphi - 0] + 3f[\sin\varphi - e^{+f(2\varphi - \pi)}]\}. \tag{r}$$

Aufgabe 8.10. Ein Massenpunkt fällt im Schwerefeld auf einer Schraubenlinie nach unten.

a) Man ermittle die kinematischen Diagramme

b) und die Normalkräfte $\mathfrak{N}$ und $\mathfrak{B}$.

a) Wir gehen aus von einer geraden Linie mit dem Steigungswinkel γ und zerlegen das Gewicht in die beiden Komponenten $\mathfrak{G}_T$ und $\mathfrak{G}_B$. Die Bewegungsgleichung (a) ist dann trivial und führt auf die Diagramme der Abb. 1.4, wo $w =$

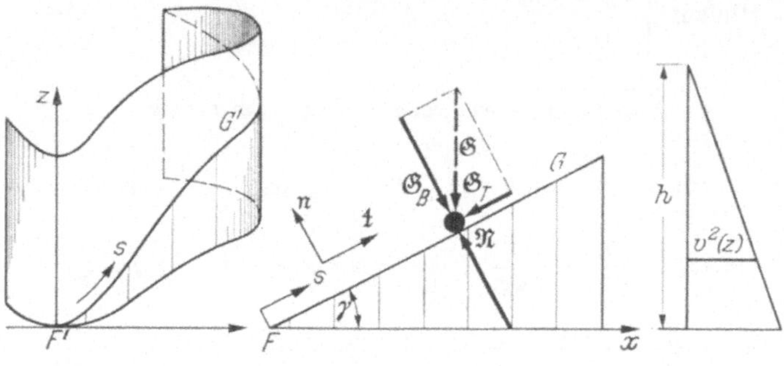

Abb. 8.10a.

$-g \sin\gamma$ zu setzen ist. Nun sei irgendeine Zylinderfläche gegeben, deren Mantellinien die z-Richtung haben. Wickelt man die gerade Linie auf der Fläche ab, so bleibt die Bewegungsgleichung (a) davon unberührt, weil der Winkel γ zwischen dem Gewicht $\mathfrak{G}$ und dem Tangentenvektor $\mathfrak{t}$ dabei konstant bleibt.

b) Der Grundkreisdurchmesser der Schraubenlinie sei r, dann besteht nach Abb. b zwischen ds und $d\varphi$ die Beziehung (d). Der Ortsvektor hat die beiden Komponenten $\tilde{\mathfrak{r}}$ und $u\,\varphi\,\mathfrak{z}$ und läßt sich damit in (e) leicht hinschreiben.

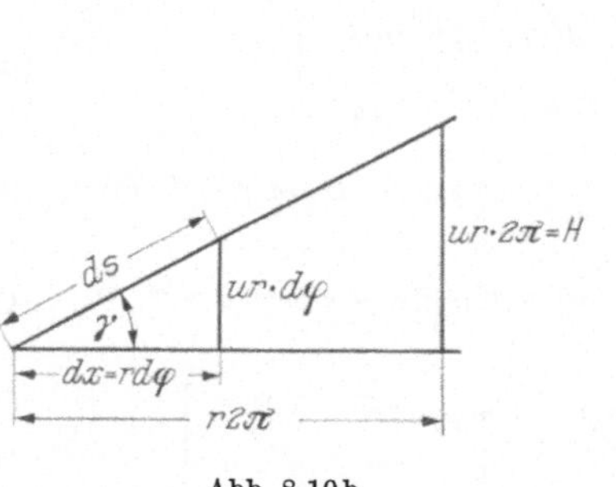

Abb. 8.10b.

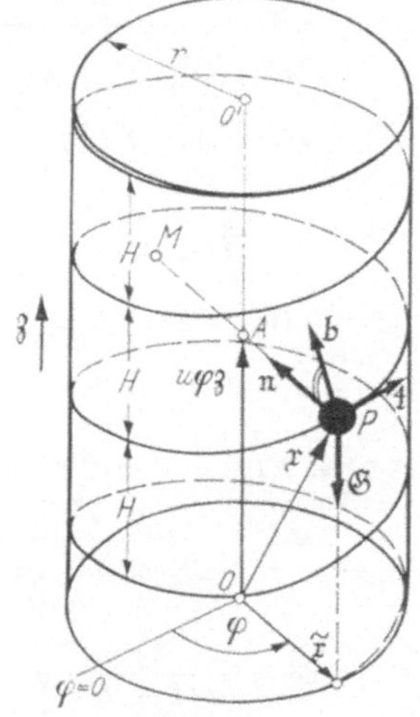

Abb. 8.10c.

Nun berechnen wir den Tangenteneinheitsvektor in (f) und daraus die Ableitung $d\mathfrak{t}/ds$ in (g). Da in der letzten Vektorklammer rechts ein Einheitsvektor steht, ist der Faktor vor der Klammer gleich $1/\varrho$. Der Krümmungsradius wird nach (h) mit wachsendem Steigungswinkel γ größer; er wird unendlich für $\gamma = 90°$, weil dann die Bahnkurve die gerade Mantellinie in z-Richtung ist. Nun berechnen wir in (i) den Binormalenvektor und stellen das begleitende Dreibein in (j) nochmals übersichtlich zusammen. Man überzeuge sich, daß $\mathfrak{t}\,\mathfrak{n} = \mathfrak{t}\,\mathfrak{b} = \mathfrak{n}\,\mathfrak{b} = 0$ und $\mathfrak{t}^2 = \mathfrak{n}^2 = \mathfrak{b}^2 = 1$ ist, wie es sein muß. Da die z-Komponente des Hauptnormalvektors $\mathfrak{n}$ verschwindet, liegt $\mathfrak{n}$ in der Horizontalebene, und zwar ist nach (e) $\mathfrak{n} = -\tilde{\mathfrak{x}}/r$; der Hauptnormalvektor schneidet somit die Zylinderachse $O\,O'$. Auf der Verlängerung von PA liegt in der Entfernung ϱ von P der Krümmungsmittelpunkt M, siehe Abb. c.

Nun zerlegen wir das Gewicht durch skalare Multiplikation mit $\mathfrak{t}$, $\mathfrak{n}$ und $\mathfrak{b}$ in (k) in seine Komponenten und finden bestätigt, was in Abb. a ohne jede Rechnung abzulesen war. Aus dem Newtonschen Grundgesetz in natürlichen Koordinaten erkennen wir: die Gewichtskomponente $\mathfrak{G}_T$ beschleunigt den Massenpunkt tangential (ändert den Betrag des Geschwindigkeitsvektors), die Reaktionskraft $\mathfrak{N}$ beschleunigt ihn normal (ändert die Richtung des Geschwindigkeitsvektors). Die Reaktionskraft $\mathfrak{B}$ dient lediglich zur Kompensation der Gewichtskomponente $\mathfrak{G}_B$. Die Kraft $\mathfrak{N}$ ist eine lineare Funktion von z, da v^2 auf Grund des Arbeitssatzes linear von z abhängt und ϱ nach (h) konstant ist.

$$\ddot{s} = -g \sin\gamma = \text{const} \tag{a}$$

$$\dot{s} = v_0 - g\,t\,\sin\gamma \tag{b}$$

$$s = s_0 + v_0\,t - g\,\frac{t^2}{2}\,\sin\gamma \tag{c}$$

$$u = \tan\gamma = \text{const}; \qquad ds = r\,d\varphi\,\sqrt{1+u^2} = \frac{r\,d\varphi}{\cos\gamma}, \tag{d}$$

$$\mathfrak{x} = \tilde{\mathfrak{x}} + r\,u\,\varphi\,\mathfrak{z} = \begin{bmatrix} r\cos\varphi \\ r\sin\varphi \\ 0 \end{bmatrix} + \begin{bmatrix} 0 \\ 0 \\ r\,u\,\varphi \end{bmatrix} = r\begin{bmatrix} \cos\varphi \\ \sin\varphi \\ u\,\varphi \end{bmatrix}. \tag{e}$$

$$(\text{A }33) \rightarrow \mathfrak{t} = \frac{d\mathfrak{x}}{ds} = \frac{d\mathfrak{x}}{d\varphi}\frac{d\varphi}{ds} = r\begin{bmatrix} -\sin\varphi \\ \cos\varphi \\ u \end{bmatrix}\frac{1}{r\sqrt{1+u^2}} \tag{f}$$

$$(\text{A }34) \rightarrow \frac{\mathfrak{n}}{\varrho} = \frac{d\mathfrak{t}}{ds} = \frac{d\mathfrak{t}}{d\varphi}\frac{d\varphi}{ds}$$

$$= \frac{1}{r\sqrt{1+u^2}}\begin{bmatrix} -\cos\varphi \\ -\sin\varphi \\ 0 \end{bmatrix}\frac{1}{\sqrt{1+u^2}} = \frac{1}{r(1+u^2)}\begin{bmatrix} -\cos\varphi \\ -\sin\varphi \\ 0 \end{bmatrix} \tag{g}$$

$$\varrho = r(1+u^2) = \frac{r}{\cos^2\gamma} = \text{const}. \tag{h}$$

$$(\text{A }35) \rightarrow \mathfrak{b} = \mathfrak{t} \times \mathfrak{n}$$

$$= \frac{1}{\sqrt{1+u^2}}\begin{bmatrix} -\sin\varphi \\ \cos\varphi \\ u \end{bmatrix} \times \begin{bmatrix} -\cos\varphi \\ -\sin\varphi \\ 0 \end{bmatrix} = \frac{1}{\sqrt{1+u^2}}\begin{bmatrix} u\sin\varphi \\ -u\cos\varphi \\ 1 \end{bmatrix} \tag{i}$$

$$\mathfrak{t} = \begin{bmatrix} -\sin\varphi \\ \cos\varphi \\ u \end{bmatrix}\frac{1}{\sqrt{1+u^2}}; \qquad \mathfrak{n} = \begin{bmatrix} -\cos\varphi \\ -\sin\varphi \\ 0 \end{bmatrix}; \qquad \mathfrak{b} = \begin{bmatrix} u\sin\varphi \\ -u\cos\varphi \\ 1 \end{bmatrix}\frac{1}{\sqrt{1+u^2}} \tag{j}$$

$$\mathfrak{G} = \begin{bmatrix} 0 \\ 0 \\ -mg \end{bmatrix}; \quad \mathfrak{G}\,\mathfrak{t} = \frac{-mgu}{\sqrt{1+u^2}} = -mg\sin\gamma;$$

$$\mathfrak{G}\,\mathfrak{n} = 0, \quad \mathfrak{G}\,\mathfrak{b} = \frac{-mg}{\sqrt{1+u^2}} = -mg\cos\gamma \tag{k}$$

$$\sum \mathfrak{K}_i = m\,\ddot{\mathfrak{x}} \rightarrow \begin{cases} \mathfrak{G}_T = -mg\sin\gamma\,\mathfrak{t} = m\,\ddot{s}\,\mathfrak{t} & \text{(l)} \\[2mm] \mathfrak{N} = m\,\dfrac{\dot{s}^2}{\varrho}\,\mathfrak{n} = m\,\dfrac{2g(h-z)}{r}\cos^2\gamma\,\mathfrak{n} & \text{(m)} \\[2mm] \mathfrak{B} + \mathfrak{G}_B = \mathfrak{B} - mg\cos\gamma\,\mathfrak{b} = 0 & \text{(n)} \end{cases}$$

*** Aufgabe 8.11.** Ein Massenpunkt ist an einem Faden im Punkte O' fest aufgehängt und pendelt auf einer schiefen Ebene. Man berechne:

a) die Schwingungsdauer,

b) die Flächennormalkraft,

c) die Kräfte in den drei Stützstäben als Funktion des Winkels α.

Gegeben: $\alpha_{\mathrm{max}} = 90°$, $\tan\delta = 0{,}75$, $\sin\gamma = 0{,}5$, $mg = 1\,\mathrm{kp}$.

Auf den Massenpunkt wirken die Reaktionskräfte $\mathfrak{F}$ im Faden und $\mathfrak{M}$ als Flächennormalkraft, ferner das Gewicht $\mathfrak{G}$. Gewicht und Fadenkraft zerlegen wir in ihre Komponenten in Richtung der Binormalen $\mathfrak{m}$ der Ebene und senkrecht dazu in (d). Damit zerfällt die Bewegungsgleichung (a) in eine statische Gl. (c) und eine kinetische (d). Ein Vergleich mit der Bewegungsgleichung des Kreis-

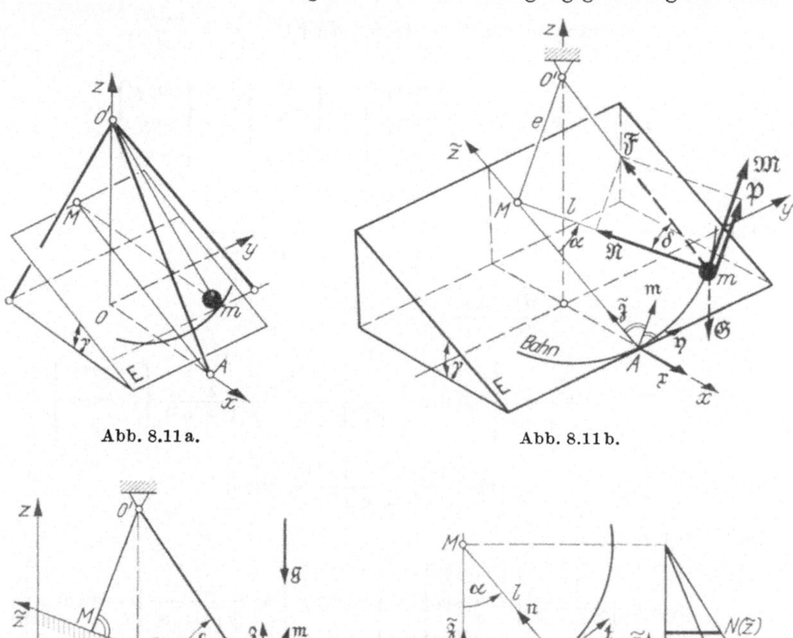

Abb. 8.11 a.   Abb. 8.11 b.

Abb. 8.11 c.   Abb. 8.11 d.

pendels in vertikaler Ebene zeigt, daß beide Gleichungen identisch sind, wenn man g und $\mathfrak{z}$ durch $\tilde{g} = g \sin\gamma$ und $\tilde{\mathfrak{z}}$ ersetzt. Man kann daher die Gln. (32) und (35) für $\ddot\alpha$ und N direkt übernehmen.

a) Die Schwingungsdauer T entnehmen wir der Tab. (39), siehe (f).

b) Die Fadenkraft $\mathfrak{F}$ wächst nach Abb. 8.9 linear an; hier hat sie speziell wegen $\tilde h = l$ im tiefsten Punkt den Betrag $3\,m\,g$, im Umkehrpunkt ist sie Null [s. Abb. c und Gl. (g)]. Damit können wir nun in (i) die Komponente P der Fadenkraft und weiter aus (c) die gesuchte Flächennormalkraft $\mathfrak{B}$ mit dem Betrage B in (j) berechnen.

c) Am Dreibein greift die negative Fadenkraft $-\mathfrak{F} = \mathfrak{R}$ an, die in die Richtung der drei Stäbe zerlegt werden muß. Dies haben wir ganz allgemein in Aufgabe 4.3, Formel (p) durchgeführt. Mit den Vektoren $\tilde{\mathfrak{z}}$ und $\mathfrak{m}$ berechnen wir nun den Haupt-

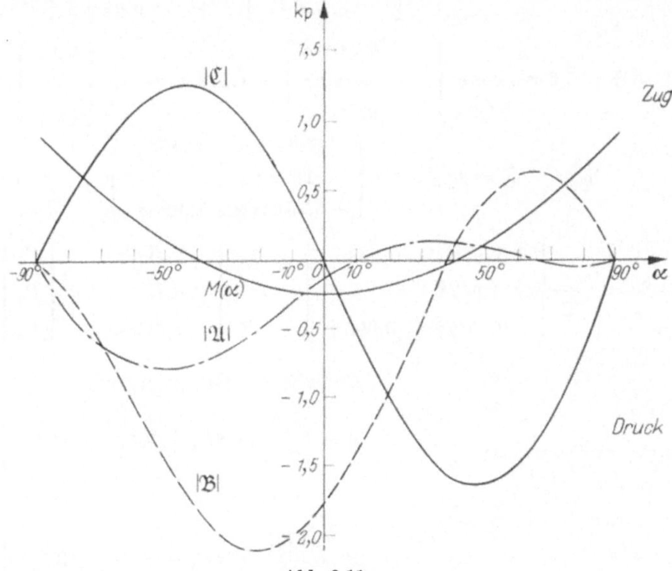

Abb. 8.11 e.

normalvektor $\mathfrak{n}$ in (l) und daraus die Fadenkraft $\mathfrak{F}$ in (m) bzw. (n) für $\sin\gamma = 0{,}5$. Für $\alpha = 45°$ z. B. berechnen wir den Vektor $\mathfrak{R}$ mit den Komponenten P_1, P_2 und P_3 in (o) und setzen dies in das Gleichungssystem (p) der Aufgabe 4.3 ein. Führt man dies für verschiedene Winkel α durch, so bekommt man die Werte der Abb. e, die auch die Flächennormalkraft M zeigt.

$$m\,\ddot{\mathfrak{x}} = \mathfrak{F} + \mathfrak{M} + \mathfrak{G} \tag{a}$$

$$\mathfrak{F} = N\,\mathfrak{n} + P\,\mathfrak{m}, \qquad \mathfrak{M} = M\,\mathfrak{m}, \qquad \mathfrak{G} = -m\,g\cos\gamma\,\mathfrak{m} - m\,g\sin\gamma\,\tilde{\mathfrak{z}} \tag{b}$$

$$0 = P\,\mathfrak{m} + \mathfrak{M}\,\mathfrak{m} - m\,g\cos\gamma\,\mathfrak{m} \qquad \text{(Statik)} \tag{c}$$

$$m\,\ddot{\mathfrak{x}} = N\,\mathfrak{n} - m\,g\sin\gamma\,\tilde{\mathfrak{z}} = N\,\mathfrak{n} - m\,\tilde g\,\tilde{\mathfrak{z}} \tag{d}$$

$$(32) \to \ddot\alpha = -v^2 \sin\alpha; \qquad v^2 = \frac{\tilde g}{l} = \frac{g\sin\gamma}{l} = \frac{g}{l}\,\frac{1}{2} \tag{e}$$

$$(39) \to T = \frac{7{,}4164}{v} = 7{,}4164\,\sqrt{\frac{2l}{g}} = 10{,}49\,\sqrt{\frac{l}{g}}\;\text{sec} \tag{f}$$

$$N = 3\,m\,\tilde{g}\left(1 - \frac{\tilde{z}}{l}\right) = 3\,m\,\tilde{g}\cos\alpha = 1{,}5\,m\,g\cos\alpha, \tag{g}$$

$$P = N\tan\delta = 0{,}75\,N = 1{,}125\,m\,g\cos\alpha. \tag{i}$$

$$(c) \rightarrow M = m\,g\cos\gamma - P = m\,g\,\tfrac{1}{2}\sqrt{3} - P = m\,g(0{,}886 - 1{,}125\cos\alpha). \tag{j}$$

$$\tilde{\mathfrak{z}} = \begin{bmatrix} -\cos\gamma \\ 0 \\ \sin\gamma \end{bmatrix}, \quad \mathfrak{m} = \begin{bmatrix} \sin\gamma \\ 0 \\ \cos\gamma \end{bmatrix}. \tag{k}$$

$$\mathfrak{n} = -\mathfrak{y}\sin\alpha + \tilde{\mathfrak{z}}\cos\alpha = \begin{bmatrix} -\cos\gamma\cos\alpha \\ -\sin\alpha \\ \sin\gamma\cos\alpha \end{bmatrix} = \begin{bmatrix} -0{,}886\cos\alpha \\ -\sin\alpha \\ 0{,}5\cos\alpha \end{bmatrix}, \tag{l}$$

$$(b) \rightarrow \mathfrak{F} = 1{,}5\,m\,g\cos\alpha \begin{bmatrix} -0{,}886\cos\alpha \\ -\sin\alpha \\ 0{,}5\cos\alpha \end{bmatrix} + 1{,}125\ m\,g\cos\alpha \begin{bmatrix} \sin\gamma \\ 0 \\ \cos\gamma \end{bmatrix}, \quad \textbf{(m)}$$

$$\mathfrak{R} = -\mathfrak{F} = m\,g\cos\alpha \begin{bmatrix} 1{,}329\cos\alpha - 0{,}5625 \\ 1{,}5\sin\alpha \\ -0{,}75\cos\alpha - 0{,}9968 \end{bmatrix}, \tag{n}$$

$$\alpha = 45° \rightarrow \mathfrak{R} = \frac{m\,g}{\sqrt{2}}\begin{bmatrix} 1{,}329/\sqrt{2} - 0{,}5625 \\ 1{,}5/\sqrt{2} \\ -0{,}75/\sqrt{2} - 0{,}9968 \end{bmatrix} = m\,g \begin{bmatrix} 0{,}2668 \\ 0{,}75 \\ -1{,}0798 \end{bmatrix} = \begin{bmatrix} P_1 \\ P_2 \\ P_3 \end{bmatrix} \tag{o}$$

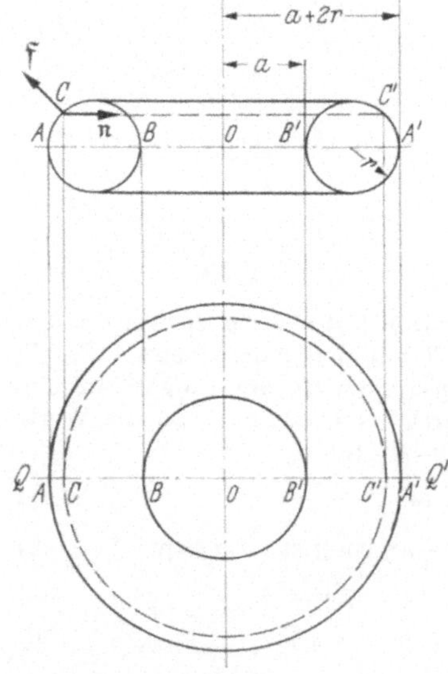

Abb. 8.12a, b.

Aufgabe 4.3, Gl. (p) ergibt:

$$A = \frac{\sqrt{18}}{28}(-8P_1 - 4P_2 - 4P_3)$$
$$= -0{,}1235\,m\,g$$

$$B = \frac{\sqrt{20}}{28}(12P_1 - 8P_2 - 3P_3)$$
$$= +0{,}0703\,m\,g$$

$$C = \frac{\sqrt{21}}{28}(-4P_1 + 12P_2 - 2P_3)$$
$$= +1{,}6518\,m\,g$$

$$\left. \right\} \tag{p}$$

Aufgabe 8.12. Gibt es auf einem Torus (Autoreifen, Abb. a) Kreise als geodätische Linien?

Flächennormale $\mathfrak{f}$ und Hauptnormale $\mathfrak{n}$ des Kreises müssen zusammenfallen. Das trifft zu für jeden Radialschnitt QOQ', der die erzeugenden Kreise vom Radius r aus dem Torus herausschneidet, aber auch für den inneren Kreis vom Radius a und den äußeren Kreis vom Radius $a + 2r$ in der Ebene AOA'. Auf allen diesen Kreisen kann sich ein Massenpunkt gleichförmig ohne Einwirkung eingeprägter Kräfte bewegen. Das ist z. B. nicht möglich auf dem gestrichelt eingetragenen Kreis der Abb. b, weil die Vektoren $\mathfrak{f}$ und $\mathfrak{n}$ nicht zusammenfallen.

Aufgabe 8.13. Eine Masse im Schwerefeld ist nach Abb. a an einen vertikalen Kreis gebunden und an einer Feder befestigt. Man ermittle die Gleichgewichtslage.

Wir zerlegen die Federkraft $\mathfrak{F} = c\,\overrightarrow{PA}$ in ihre beiden Komponenten $\mathfrak{F}_l = c\,\overrightarrow{PM}$ und $\mathfrak{F}_e = c\,\overrightarrow{MA}$ nach Abb. a. Die Normalkraft $\mathfrak{N}$ und die Komponente $\mathfrak{F}_l$ der Federkraft leisten keine Arbeit, da sie auf dem Geschwindigkeitsvektor $\mathfrak{v}$ senkrecht stehen. Schwerkraft $\mathfrak{G}$ und Federkraftkomponente $\mathfrak{F}_e$ sind beide nach

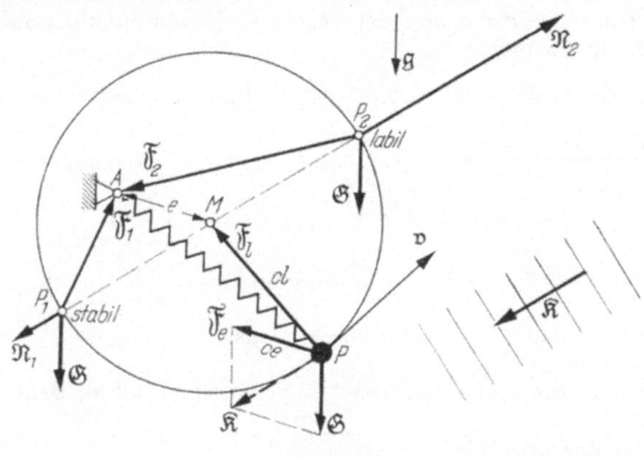

Abb. 8.13 a.

Größe und Richtung konstant, somit ist auch deren Summe $\mathfrak{K}$ konstant. Die Masse bewegt sich daher genau wie im Schwerefeld; der tiefste Punkt P_1 ist somit ein stabiler, der höchste Punkt P_2 ein labiler Gleichgewichtspunkt, siehe Abb. a. In beiden Punkten steht $\mathfrak{K}$ auf $\mathfrak{v}$ senkrecht, also verschwindet die Leistung $L = \mathfrak{K}\,\mathfrak{v}$, wie es sein muß.

Aufgabe 9.1. Wie bewegt sich der Schwerpunkt S des skizzierten Feder-Masse-Systems?

Am System greifen sieben äußere Kräfte an: Vier Reaktionskräfte und drei Gewichte, womit sich der Schwerpunktsatz in (a) leicht hinschreiben läßt. Die Koordinaten des Schwerpunktes S berechnen wir nach (4) komponentenweise

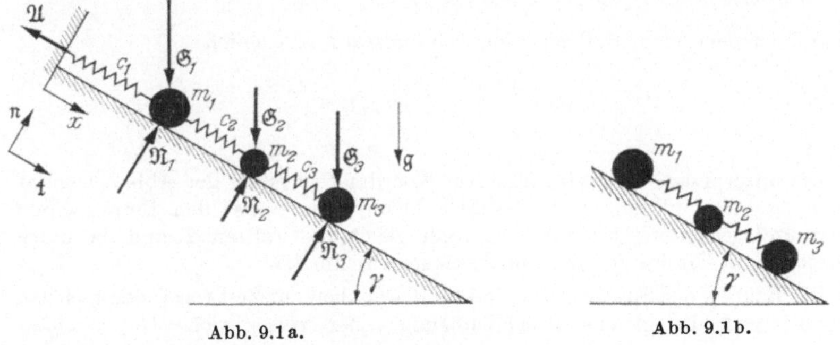

Abb. 9.1 a.   Abb. 9.1 b.

in (b), doch nützt uns dies wenig, weil wir die Werte von x_1, x_2, x_3 nicht kennen; die Gl. (b) sagt lediglich aus, daß der Massenmittelpunkt S irgendwo auf der x-Achse zwischen den Massen m_1 und m_3 liegt.

Skalare Multiplikation der Gl. (a) mit dem Tangentenvektor t gibt die Bewegungsgleichung (c) in Richtung der x-Achse, woraus sich die Bahnbeschleunigung (d) berechnen läßt. Schneiden wir den festen Punkt A aus dem Verband heraus, so verlangt das Gleichgewicht $A = c_1 w_1$, womit sich die Bahnbeschleunigung auch durch die Auslenkung w_1 der ersten Feder ausdrücken läßt, doch ist diese Aussage ziemlich wertlos, da wir w_1 nicht kennen. Wenn wir dagegen die Feder c_1 nach Abb. b entfernen, wird die Beschleunigung (e) konstant; der Schwerpunkt bewegt sich dann genauso wie ein einzelner Massenpunkt, der die schiefe Ebene hinunterrollt. Über die Bewegung der einzelnen Massenpunkte erfährt man auf diese Weise allerdings nichts.

$$\Re^a = \mathfrak{G}_1 + \mathfrak{G}_2 + \mathfrak{G}_3 + \mathfrak{N}_1 + \mathfrak{N}_2 + \mathfrak{N}_3 + \mathfrak{A} = m\,\ddot{\mathfrak{x}} = m\,\ddot{x}\,t, \tag{a}$$

$$x_S = \frac{m_1 x_1 + m_2 x_2 + m_3 x_3}{m_1 + m_2 + m_3}, \quad y_S = z_S = 0, \quad m = m_1 + m_2 + m_3 \tag{b}$$

$$R_x^a = (m_1 g + m_2 g + m_3 g)\sin\gamma - A = m\,\ddot{x}_S \tag{c}$$

$$\ddot{x}_S = g\sin\gamma - \frac{A}{m} = g\sin\gamma - \frac{c_1 w_1}{m} \tag{d}$$

$$\ddot{x}_S = g\sin\gamma = \text{const.} \tag{e}$$

*** Aufgabe 9.2.** Eine Granate zerplatzt im Scheitelpunkt ihrer Bahn in drei Teile. Man berechne:

a) Die Bahn der unzerplatzten Granate.
b) Die drei Bahnen der einzelnen Splitter.
c) Die Bahn des Schwerpunktes der zerplatzten Granate.

Gegebene Werte: $h = 500$ m, $v = 40$ m/sec.

Die Zerlegung der Impulse zeigt die folgende Tabelle:

Gesamt	1	2	3	
m	$m/4$	$m/4$	$m/2$	Masse
v	$4v$	v	$3/2\,v$	Bahngeschwindigkeit
$\begin{bmatrix} 1 \\ 0 \end{bmatrix}$	$\begin{bmatrix} 0{,}8 \\ -0{,}6 \end{bmatrix}$	$\begin{bmatrix} -1 \\ 0 \end{bmatrix}$	$\begin{bmatrix} 0{,}6 \\ 0{,}8 \end{bmatrix}$	Richtungsvektor t

Man überzeuge sich, daß nach dem Impulssatz tatsächlich

$$m\,v \begin{bmatrix} 1 \\ 0 \end{bmatrix} = \sum m_i v_i\, t_i$$

erfüllt ist.

a) Die unzerplatzte Granate: Mit dem Koordinatensystem der Abb. a beginnt die Bewegung im Nullpunkt; die Geschwindigkeit $\dot{\mathfrak{x}}_0 = \mathfrak{v}_0$ hat den Betrag v und ist horizontal gerichtet. Damit werden Bahngleichung, Fallzeit T und die halbe Wurfweite X in (b) bis (d) berechnet, siehe Abschn. 7.3.

b) Die Bahnen der Splitter. Alle drei Splitter haben zur Zeit $t = 0$ den gleichen Anfangsort und die gleiche Beschleunigung, aber verschiedene Geschwindigkeiten $\dot{\mathfrak{x}}_{0i}$. Es ist zweckmäßig, alles durch die Größen T und X der unzerplatzten Granate auszudrücken, siehe (g) bis (i). Die Fallzeiten T_i und die Abszissen der Auftreffpunkte X_i sind daraus leicht zu berechnen, ebenso die Lage des Massenmittelpunktes X_S in (k).

c) Bahn von S. Die Bewegung ist in den drei Zeitbereichen getrennt zu untersuchen. Im ersten Bereich wirken auf das Massenpunktsystem die drei Gewichte allein, woraus sich die Beschleunigung $\ddot{\mathfrak{x}} = \mathfrak{g}$ in (m) berechnet. Mit den Anfangsbedingungen (l) ergibt sich die Bahngleichung (n). Zur Zeit $T_1 = \tau_1$ trifft der erste

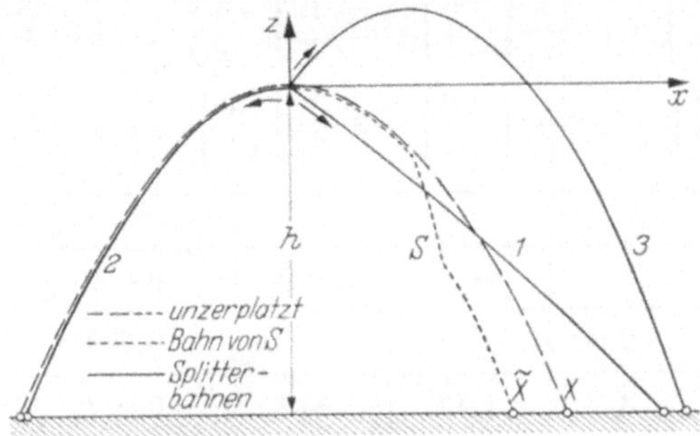

Abb. 9.2 a.

Splitter auf, der Schwerpunkt befindet sich dann am Ort $\mathfrak{x}_1$, der gleichzeitig der Anfangsort für den zweiten Bereich der Bewegung ist. Im zweiten Bereich wirken auf das Massenpunktsystem außer den drei Gewichten die Reaktionskraft auf den Splitter 1, die das Gewicht $m_1\mathfrak{g}$ kompensiert; die Beschleunigung ist daher nur noch $0{,}75\mathfrak{g}$ nach (q). Die Anfangsgeschwindigkeit des Massenmittelpunktes S berechnen wir aus dem Impulssatz in (r) und (s), womit sich die Bahngleichung (t) und der Ort von S am Ende des zweiten Bereiches in (u) ergibt. Dies ist gleichzeitig der Anfangsort für den dritten Bereich. Ab jetzt wirken außer den drei Gewichten die Reaktionskräfte am Boden auf die beiden jetzt liegenden Splitter 1 und 2; die Beschleunigung ist daher nur noch $0{,}5\mathfrak{g}$, siehe (w). Im übrigen verläuft die weitere Rechnung analog zum Bereich II. Zur Zeit τ_3 trifft auch der letzte Splitter auf. Der Ort des Massenmittelpunktes S stimmt dann mit dem in (a) berechneten überein, was zur Kontrolle dient.

Die unzerplatzte Granate landet sehr viel weiter rechts als der Massenmittelpunkt S der einzelnen Splitter.

a) *Granate als Ganzes:*

$$\dot{\mathfrak{x}}_0 = \begin{bmatrix} 1 \\ 0 \end{bmatrix} v, \qquad \mathfrak{x}_0 = \begin{bmatrix} 0 \\ 0 \end{bmatrix}. \tag{a}$$

$$(7.8) \to \mathfrak{x} = \frac{\mathfrak{g}}{2}\, t^2 \begin{bmatrix} 0 \\ -1 \end{bmatrix} + v\, t \begin{bmatrix} 1 \\ 0 \end{bmatrix}, \tag{b}$$

$$(7.15) \to T = \sqrt{\frac{2\,h}{g}} = \sqrt{\frac{2 \cdot 500}{9{,}81}}\ \text{sec} = 10{,}10\ \text{sec}. \tag{c}$$

$$(7.16) \to X = v\,T = 404\ \text{m}. \tag{d}$$

b) *Splitterbahnen:*

$$t = 0; \quad \mathfrak{x}_{0i} = \begin{bmatrix} 0 \\ 0 \end{bmatrix}; \quad \dot{\mathfrak{x}}_{0i} = v_i\, t_i; \quad \ddot{\mathfrak{x}} = g \begin{bmatrix} 0 \\ -1 \end{bmatrix}. \tag{e}$$

$$(7.8) \rightarrow \mathfrak{x}_i = \mathfrak{x}_{0i} + \dot{\mathfrak{x}}_{0i}\, t + g\,\frac{t^2}{2} = \dot{\mathfrak{x}}_{0i}\, t + g\,\frac{t^2}{2} \tag{f}$$

$$\mathfrak{x}_1 = v\,t \begin{bmatrix} 3{,}2 \\ -2{,}4 \end{bmatrix} + \frac{g\,t^2}{2} \begin{bmatrix} 0 \\ -1 \end{bmatrix} = X\,\frac{t}{T} \begin{bmatrix} 3{,}2 \\ -2{,}4 \end{bmatrix} + 1{,}24\,X\,\frac{t^2}{T^2} \begin{bmatrix} 0 \\ -1 \end{bmatrix}, \tag{g}$$

$$\mathfrak{x}_2 = v\,t \begin{bmatrix} -1 \\ 0 \end{bmatrix} + \frac{g\,t^2}{2} \begin{bmatrix} 0 \\ -1 \end{bmatrix} = X\,\frac{t}{T} \begin{bmatrix} -1 \\ 0 \end{bmatrix} + 1{,}24\,X\,\frac{t^2}{T^2} \begin{bmatrix} 0 \\ -1 \end{bmatrix}, \tag{h}$$

$$\mathfrak{x}_3 = v\,t \begin{bmatrix} 0{,}9 \\ 1{,}2 \end{bmatrix} + \frac{g\,t^2}{2} \begin{bmatrix} 0 \\ -1 \end{bmatrix} = X\,\frac{t}{T} \begin{bmatrix} 0{,}9 \\ 1{,}2 \end{bmatrix} + 1{,}24\,X\,\frac{t^2}{T^2} \begin{bmatrix} 0 \\ -1 \end{bmatrix}. \tag{i}$$

Masse i	T_i	X_i	$\tau_i = T_i - T_{i-1}$
1	$0{,}42\,T$	$1{,}36\,X$	$0{,}42\,T$
2	T	$-X$	$0{,}58\,T$
3	$1{,}6\,T$	$1{,}44\,X$	$0{,}60\,T$

(j)

$$\left. \begin{aligned} x_s &= \frac{\sum m_i x_i}{m} = \frac{1}{m}\left[\frac{m}{4}\,1{,}36\,X - \frac{m}{4}\,X + \frac{m}{2}\,1{,}44\,X \right] = 0{,}81\,X = \tilde{X}. \\ z_s &= -h \end{aligned} \right\} \tag{k}$$

c) *Bahn von S:*

Bereich I $(0 \leq t = \tau_1)$

$$\mathfrak{x}_0 = \begin{bmatrix} 0 \\ 0 \end{bmatrix}, \quad \dot{\mathfrak{x}}_0 = \begin{bmatrix} 1 \\ 0 \end{bmatrix} \frac{X}{T}, \tag{l}$$

$$m\,\ddot{\mathfrak{x}} = (m_1 + m_2 + m_3)\,g \rightarrow \ddot{\mathfrak{x}} = g, \tag{m}$$

$$\mathfrak{x}_I = 1{,}24\,X\,\frac{t^2}{T^2} \begin{bmatrix} 0 \\ -1 \end{bmatrix} + X\,\frac{t}{T} \begin{bmatrix} 0 \\ 1 \end{bmatrix}, \tag{n}$$

$$\mathfrak{x}_I = (\tau_1) = \begin{bmatrix} 0{,}43 \\ -0{,}22 \end{bmatrix} X. \tag{o}$$

Bereich II $(\tau_1 \leq t = \tau_2)$

$$\mathfrak{x}_0 = \mathfrak{x}_I(\tau_1) = \begin{bmatrix} 0{,}43 \\ -0{,}22 \end{bmatrix} X, \tag{p}$$

$$m\,\ddot{\mathfrak{x}} = (m_1\,g - m_1\,g) + m_2\,g + m_3\,g \rightarrow \ddot{\mathfrak{x}} = \frac{3}{4}\,g, \tag{q}$$

$$m\,\dot{\mathfrak{x}} = m_2\,\dot{\mathfrak{x}}_2(T_1) + m_3\,\dot{\mathfrak{x}}_3(T_1), \tag{r}$$

$$m\,\dot{\mathfrak{x}} = \frac{m}{4} \begin{bmatrix} -1{,}00 \\ -1{,}05 \end{bmatrix} \frac{X}{T} + \frac{m}{2} \begin{bmatrix} 0{,}90 \\ 0{,}15 \end{bmatrix} \frac{X}{T} \rightarrow \dot{\mathfrak{x}} = \begin{bmatrix} 0{,}20 \\ -0{,}19 \end{bmatrix} \frac{X}{T} \tag{s}$$

$$\mathfrak{x}_{II} = 1{,}24\,X\,\frac{t^2}{T^2} \begin{bmatrix} 0 \\ -3/4 \end{bmatrix} + X\,\frac{t}{T} \begin{bmatrix} 0{,}20 \\ -0{,}19 \end{bmatrix} + X \begin{bmatrix} 0{,}43 \\ -0{,}22 \end{bmatrix} \tag{t}$$

$$\mathfrak{x}_{II}\,(\tau_2) = \begin{bmatrix} 0{,}54 \\ -0{,}64 \end{bmatrix} X. \tag{u}$$

Bereich III $(\tau_2 \leqq t < \tau_3)$

$$\mathfrak{x} = \mathfrak{x}_{II}(\tau_2) = \begin{bmatrix} 0{,}54 \\ -0{,}64 \end{bmatrix} X, \tag{v}$$

$$m\,\ddot{\mathfrak{x}} = (m_1\,\mathfrak{g} - m_1\,\mathfrak{g}) + (m_2\,\mathfrak{g} - m_2\,\mathfrak{g}) + m_3\,\mathfrak{g} \rightarrow \ddot{\mathfrak{x}} = \frac{1}{2}\,\mathfrak{g}, \tag{w}$$

$$m\,\dot{\mathfrak{x}} = m_3\,\dot{\mathfrak{x}}_3(T_2), \tag{x}$$

$$m\,\dot{\mathfrak{x}} = \frac{m}{2}\begin{bmatrix} 0{,}9 \\ -1{,}28 \end{bmatrix}\frac{X}{T} \rightarrow \dot{\mathfrak{x}} = \begin{bmatrix} 0{,}45 \\ -0{,}64 \end{bmatrix}\frac{X}{T}. \tag{y}$$

$$\mathfrak{x}_{III} = 1{,}24\,X\,\frac{t^2}{T^2}\begin{bmatrix} 0 \\ -1/2 \end{bmatrix} + X\,\frac{t}{T}\begin{bmatrix} 0{,}45 \\ -0{,}64 \end{bmatrix} + X\begin{bmatrix} 0{,}54 \\ -0{,}64 \end{bmatrix}, \tag{z}$$

$$\mathfrak{x}_{III}(\tau_3) = \begin{bmatrix} 0{,}81 \\ -1{,}24 \end{bmatrix} X = \begin{bmatrix} \tilde{x} \\ -h \end{bmatrix}\,!! \tag{A}$$

*** Aufgabe 9.3.** Vollelastischer Stoß dreier Kugeln. Drei Kugeln bewegen sich auf der Geraden aa nach Abb. a. Man diskutiere die Bewegung. Nach welcher Zeit ist die Masse m_1 wiederum im Punkt A?

Gegeben: $m_1 = m$, $m_2 = 2m$, $m_3 = 4m$; $v_1 = 4v$, $v_2 = v$, $v_3 = 0$; $s_1 = 0$, $s_2 = 3l$, $s_3 = 7l$.

Da vollelastischer Stoß vorausgesetzt ist, kehren sich nach jedem Stoß zweier Massen m_i und m_k die Relativgeschwindigkeiten bezüglich ihres gemeinsamen

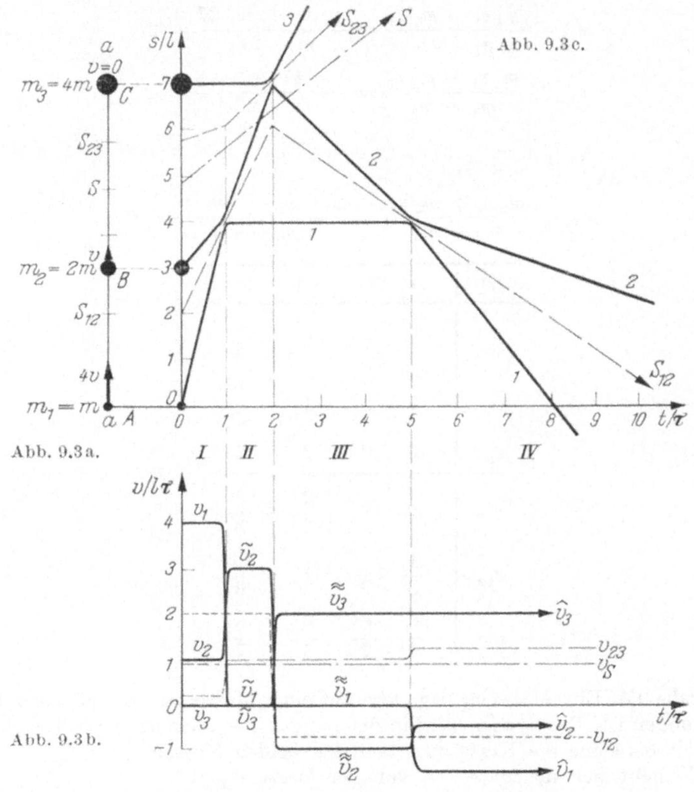

Abb. 9.3a. Abb. 9.3b. Abb. 9.3c.

Schwerpunktes S_{ik} um. Im v-t-Diagramm spiegelt man daher wie in Abb. 9.8 die Relativgeschwindigkeiten an der horizontalen Geraden $v_{ik} = $ const und im s-t-Diagramm der Abb. 9.8 an der Geraden ss. Wir berechnen nun in (a) und (b) Ort und Geschwindigkeit des Schwerpunktes S_{12} der beiden Massen m_1 und m_2 und daraus in (c) die Zeit t_1, zu der der Zusammenstoß der beiden Massen erfolgt. Nach dem Zusammenstoß spiegelt man im v-t-Diagramm v_1 und v_2 an der gestrichelten Linie v_{12}; es wird $\tilde{v}_1 = 0$, $\tilde{v}_2 = 3v$. Die Masse m_1 bleibt somit liegen — horizontale Gerade im s-t-Diagramm — die Masse m_2 setzt mit der Geschwindigkeit $3v$ ihren Weg fort und stößt daher bei $t = 2\tau$ auf die ruhende Masse m_3. Die Geschwindigkeit des Schwerpunktes S_{23} kurz vor dem Zusammenprall berechnen wir in (d). Bei der Spiegelung von v_2 und v_3 an der Geraden $v_{23} = v$ wird $\tilde{v}_3 = 2v$ und $\tilde{v}_2 = -v$. Die Masse m_3 läuft nun ungestört weiter.

Bei $t = 5\tau$ stößt die Masse m_2 auf die ruhende Masse m_1, die nun umkehrt und bei $t = 8\tau$ sec den Punkt A mit der Geschwindigkeit $-4v/3$ passiert. Alle übrigen interessanten Werte zeigt die Tabelle (e).

Die Geschwindigkeit v_S des Gesamtschwerpunktes S ist natürlich konstant; S bewegt sich gleichförmig, da äußere Kräfte fehlen. Dagegen trifft dies für die Teilschwerpunkte S_{12} und S_{23} keineswegs zu. Wenn z. B. bei $t = 2\tau$ die Masse m_2 auf die Masse m_3 trifft, so ruft dies für das aus den beiden Massen m_1 und m_2 bestehende System eine äußere Kraft hervor; daher kehrt auch der Schwerpunkt S_{12} seine Bewegung um, siehe Abb. c.

$$s_{12} = \frac{m_1 s_1 + m_2 s_2}{m_1 + m_2} = \frac{m \cdot 0 + 2m \cdot 3l}{m + 2m} = 2l, \tag{a}$$

$$v_{12} = \frac{m_1 v_1 + m_2 v_2}{m_1 + m_2} = \frac{m \cdot 4v + 2m\,v}{m + 2m} = 2v, \tag{b}$$

$$4v\,t_1 = vt_1 + 3l \rightarrow t_1 = \frac{l}{v} = \tau, \tag{c}$$

$$v_{23} = \frac{m_2 v_2 + m_3 v_3}{m_2 + m_3} = \frac{2m \cdot 3v + 4m \cdot 0}{2m + 4m} = v \tag{d}$$

$[v]$	I	II	III	IV
v_1	4	0	0	$-\dfrac{4}{3}$
v_2	1	3	-1	$-\dfrac{1}{3}$
v_3	0	0	2	2
v_{12}	2	2	$-\dfrac{2}{3}$	$-\dfrac{2}{3}$
v_{23}	$\dfrac{1}{3}$	1	1	$\dfrac{11}{9}$
v_S	$\dfrac{6}{7}$	$\dfrac{6}{7}$	$\dfrac{6}{7}$	$\dfrac{6}{7}$

(e)

Aufgabe 9.4. Eine Masse m_1 liegt lose auf einer Masse m_2, die mit einer Feder fest verbunden ist. Das System wird in der Lage $z = -l$ aus der Ruhe losgelassen.

a) Man berechne die Kraft zwischen den beiden Massen.

b) Wo hebt sich die Masse m_1 von der Masse m_2 ab?

a) Wir zerschneiden den Verband und führen dafür die beiden inneren Reaktionskräfte vom Betrage K ein. Die Bewegungsgleichungen (a) und (b) für beide Massen werden nun so kombiniert, daß die unbekannte Beschleunigung $\ddot{z}$ herausfällt; dann wird die Reaktionskraft K eine Funktion von z allein, siehe (c).

b) Da die beiden Massen lose aufeinander liegen, können nur Druckkräfte zwischen ihnen übertragen werden, wie in Abb. 9.4b angenommen. Nun ist aber nach (c) K nur positiv, solange z negativ ist, denn c, m_1, m_2 sind positive Zahlen.

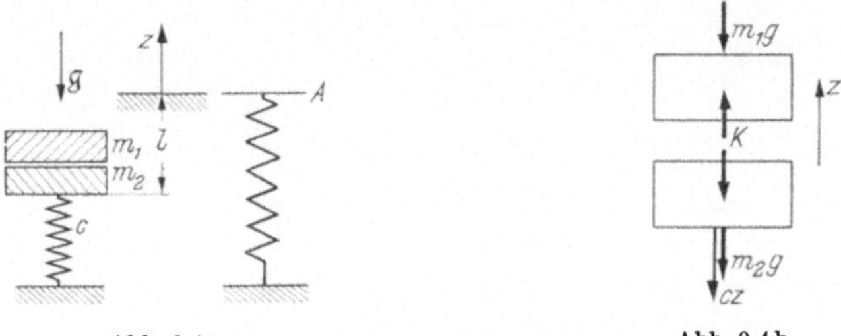

Abb. 9.4a.   Abb. 9.4b.

Für $z = 0$ ist auch $K = 0$. Das heißt, genau dann, wenn die Feder entspannt ist, macht sich die Masse m_1 selbständig, da Zugkräfte nicht übertragen werden können. (Dies könnte man z. B. durch Zusammenleimen der beiden Massen erreichen.)

Man berechne und zeichne auch die kinematischen Diagramme der Bewegung vor und nach dem Abheben der Masse m_1.

$$m_1\,\ddot{z} = K - m_1\,g \ \bigg|\ m_2 \tag{a}$$

$$m_2\,\ddot{z} = -K - m_2\,g - c\,z \ \bigg|\ -m_1 \tag{b}$$

$$0 = K(m_1 + m_2) + c\,z\,m_1 \ \rightarrow\ K = -c\,\frac{m_1}{m_1 + m_2}\,z. \tag{c}$$

Aufgabe 9.5. Die Abb. a zeigt das vereinfachte Modell eines Eisenbahnzuges mit n Wagen und einer Lokomotive. Die konstante Zugkraft der Lokomotive sei P. Man berechne:

a) Die Beschleunigung des Zuges und

b) die Kräfte zwischen den einzelnen Wagen.

a) Mit der Gesamtmasse (a) schreibt man den Schwerpunktsatz in x-Richtung hin und berechnet daraus die Beschleunigung $\ddot{x}_S$ des Massenmittelpunktes in (b). Da nun alle Massen im unveränderlichen Abstand voneinander sich auf der Geraden aa bewegen, ist auch der Schwerpunkt S ein fester Punkt innerhalb dieses Verbandes. Alle Geschwindigkeiten und Beschleunigungen der Wagen stimmen somit nach (c) überein, die Beschleunigung des Zuges ist gleich der Beschleunigung des Massenmittelpunktes.

b) Wir schneiden die letzten i Massen ab und machen dadurch die innere Reaktion K_i zwischen den Massen m_i und m_{i+1} frei. (Bei einem Eisenbahnzug ist das die Kraft, die von den Haken übertragen werden muß.) Für diesen Teilpunkthaufen der Abb. b gilt wieder der Schwerpunktsatz, jetzt in der Form (d), und da nun auch der Schwerpunkt S des abgeschnittenen Teiles dieselbe Beschleunigung wie alle übrigen Punkte des Verbandes hat, läßt sich die Kraft K_i nach (b) in (e) leicht berechnen. Für $n = 7$ und $\alpha = 2$ wird $K_i = P\,i/9$, und für diesen Fall sind die inneren Kräfte in Abb. c maßstäblich aufgetragen. Es sind sämtlich Zugkräfte, die vom letzten Wagen bis zur Lokomotive linear zunehmen.

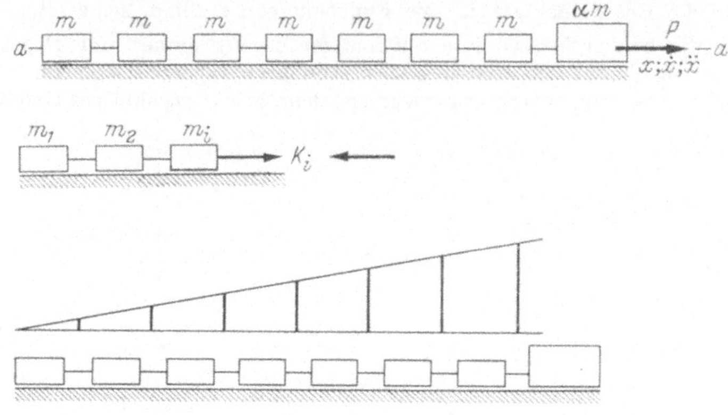

Abb. 9.5a—c.

Frage: Wie ändert sich dieses Bild, wenn die Lokomotive mit der Kraft P bremst, anstatt zu beschleunigen?

$$M = n\,m + \alpha\,m = (n + \alpha)\,m, \tag{a}$$

$$\sum K_x^a = P = M\,\ddot{x}_S \to \ddot{x}_S = \frac{P}{M} = \frac{P}{(n + \alpha)\,m}, \tag{b}$$

$$\dot{x}_1 = \dot{x}_2 = \dot{x}_3 = \cdots = \dot{x}_S = \dot{x}; \quad \ddot{x}_1 = \ddot{x}_2 = \cdots = \ddot{x}_S = \ddot{x} \tag{c}$$

$$\sum K_x^a = K_i = \tilde{M}\,\ddot{x}; \quad \tilde{M} = i\,m \tag{d}$$

$$K_i = \tilde{M}\,\ddot{x} = i\,m\,\frac{P}{(n + \alpha)\,m} = \frac{i}{n + \alpha}\,P. \tag{e}$$

Aufgabe 9.6. Zwei Massen m_1 und m_2 sind durch eine starre Stange miteinander verbunden und an beiden Seiten elastisch gelagert. Man berechne:

a) Die Bewegungsgleichung und b) die Kraft in der Stange.

a) Wir zerschneiden die Stange und führen dafür die inneren Reaktionen K und $-K$ ein. In der gezeichneten Lage der Abb. b ist die linke Feder gedehnt, die rechte gedrückt. Beide Federkräfte wirken somit nach links. Ihre Größe hängt noch von der Stangenlänge l und dem gegenseitigen Abstand a der Feder in der

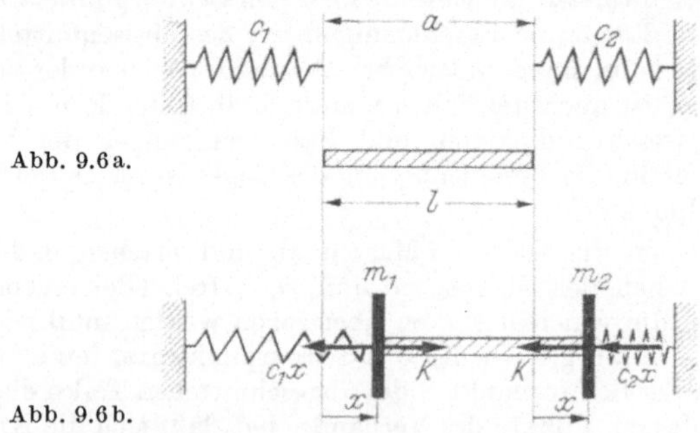

Abb. 9.6a.

Abb. 9.6b.

entspannten Lage ab. Wenn $a = l$ ist, was wir annehmen wollen, gilt für beide Federn $w = x$; die nach links gerichteten Federkräfte haben somit die Beträge $c_1 x$ und $c_2 x$. Für beide Massen schreiben wir nun getrennt die Bewegungsgleichungen in (a) und (b) hin; ihre Summe (c) ist der Schwerpunktsatz und gibt die Beschleunigung (d). Der Verband macht somit eine harmonische Schwingung mit der Kreisfrequenz v.

b) Die Stangenkraft K finden wir aus einer der ersten beiden Gleichungen, etwa aus (a), indem wir dort für $\ddot{x}$ den Wert (d) einsetzen. Die Kraft verschwindet, wenn die Bedingung (f) erfüllt ist, und das ist einleuchtend; denn wenn beide Feder-Masse-Systeme rechts und links im gleichen Takt $v_1 = v_2$ und im konstanten Abstand $a = l$ schwingen, so ist die starre Verbindung zwischen ihnen überflüssig, was das Verschwinden der inneren Reaktion ja gerade aussagt.

Frage: Wie ändern sich diese Verhältnisse, wenn $a \neq l$ ist?

$$
\left.
\begin{aligned}
m_1\, \ddot{x} &= K - c_1\, x \\
m_2\, \ddot{x} &= -K - c_2\, x
\end{aligned}
\right\} \;+
\tag{a, b}
$$

$$
(m_1 + m_2)\, \ddot{x} = -(c_1 + c_2)\, x \tag{c}
$$

$$
\ddot{x} = -\frac{c_1 + c_2}{m_1 + m_2}\, x = -v^2\, x; \qquad v^2 = \frac{c_1 + c_2}{m_1 + m_2} \tag{d}
$$

$$
K = m_1\, \ddot{x} + c_1\, x = -m_1 \frac{c_1 + c_2}{m_1 + m_2}\, x + c_1\, x = \frac{c_1\, m_2 - c_2\, m_1}{m_1 + m_2}\, x, \tag{e}
$$

$$
v_1^2 = \frac{c_1}{m_1} = \frac{c_2}{m_2} = v_2^2. \tag{f}
$$

Aufgabe 9.7. Auf einer unausdehnbaren Schnur sind n Massen aufgereiht, die in horizontaler Ebene mit der gemeinsamen konstanten Winkelgeschwindigkeit $\dot{\varphi} = \omega$ um den Punkt O rotieren. Man berechne die Reaktionen zwischen den einzelnen Massen.

Alle Massenpunkte m_i bewegen sich auf Kreisen um O mit der konstanten Winkelgeschwindigkeit ω. Die Winkelbeschleunigungen $\dot{\omega} = \varepsilon$ sind somit Null, es treten nur nach O hin gerichtete Normalbeschleunigungen auf. Wir zerschneiden

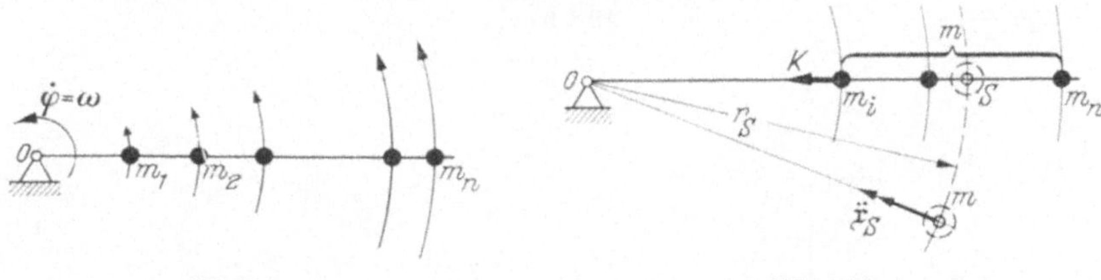

Abb. 9.7a.   Abb. 9.7b.

nun nach Abb. b den Verband, wodurch eins der inneren Nullpaare getrennt wird. Der Massenmittelpunkt S dieses Punkthaufens mit der Gesamtmasse m bewegt sich ebenfalls gleichförmig auf einem Kreise mit dem Radius r, den wir in (a) nach (5) berechnen, indem wir dort ξ durch r ersetzen. Der Massenmittelpunktsatz liefert dann die gesuchte Kraft K in (b). Zerschneidet man die Kette insbesondere zwischen O und der ersten Masse m_1, so ist damit auch die

Abb. 9.7c.

Reaktionskraft $K_1 = A$ in (c) bekannt. Ähnlich wie in Aufgabe 9.5 nehmen die Reaktionskräfte nach außen hin ab.

Der Massenmittelpunktsatz wird an diesem einfachen Beispiel sehr schön demonstriert. Der Massenmittelpunkt S bewegt sich so, als ob die Gesamtmasse $m_i + m_{i+1} + \cdots + m_n$ in ihm vereinigt wäre und die Summe aller äußeren Kräfte — das ist hier die mit Hilfe eines Schnittes zur äußeren Kraft gemachte, an sich innere Reaktion K allein — an ihm angriffe.

$$(5) \to m\, r_S = \sum_{j=i}^{n} m_j\, r_j \tag{a}$$

$$\mathfrak{K} = m\, \ddot{\mathfrak{x}}_S \to K = m\, r_S\, \omega^2 = \omega^2 \sum_{j=i}^{n} m_j\, r_j \tag{b}$$

$$K_1 = A = \omega^2 \sum_{j=1}^{n} m_j\, r_j \tag{c}$$

Aufgabe 9.8. Ein gedämpftes Feder-Masse-System wird durch eine periodische Zwangskraft $P(t)$ erregt. Man berechne und zeichne die Funktion $x = x(t)$.

Gegeben: $m = 16$ kp sec²/cm, $d = 4$ kp sec/cm, $c = 4$ kp/cm; $P(t) = K_1 \cos\Omega_1 t + {} + K_2 \cos\Omega_2 t$; $K_1 = 5$ kp, $K_2 = 2$ kp, $\Omega_1 = 0{,}2$ Rad/sec, $\Omega_2 = 0{,}4$ Rad/sec.

Die für die Ortskurve der Abb. 7.22 benötigten Werte $d/\sqrt{m\,c}$ und v berechnen wir in (a) und (b). Die zugehörige Parabel zeigt die Abb. a. Die Werte (c) auf der Ω/v-Achse schneiden auf der Parabel die Punkte B_1 und B_2 heraus, und man liest

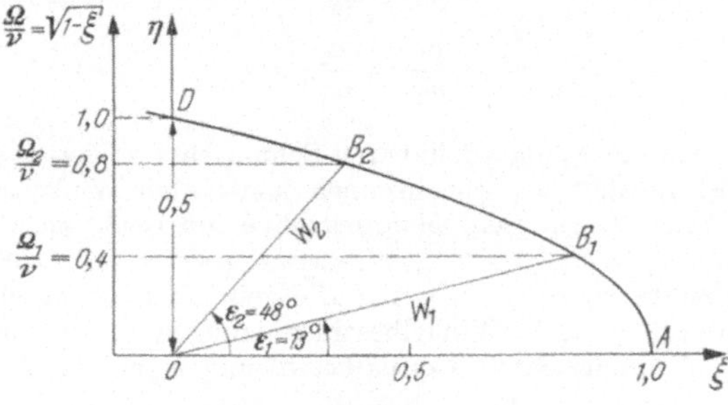

Abb. 9.8a.

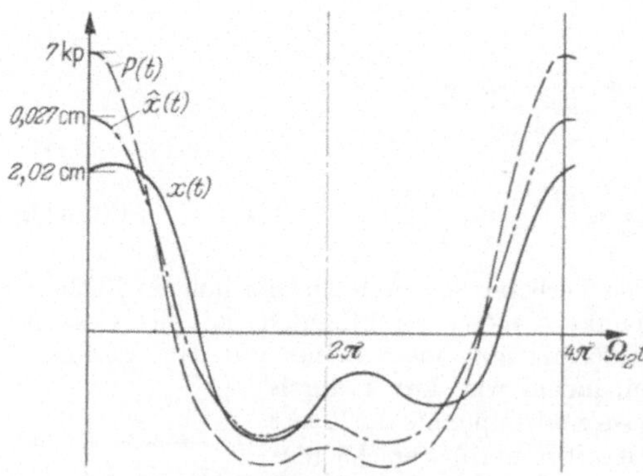

Abb. 9.8b.

ohne Mühe die kennzeichnenden Werte W_i in (d) und ε_i in (e) ab. Wenn nun der Anteil $K_1 \cos \Omega_1 t$ bzw. $K_2 \cos \Omega_2 t$ allein auf das System einwirkte, so wäre nach (7.100) die Weg-Zeit-Funktion durch (f) bzw. (g) gegeben. Hinzu käme noch die Eigenschwingung, die allerdings nach kurzer Zeit weggedämpft wird. Auf Grund des Überlagerungsprinzips lassen sich nun die beiden Funktionen (f) und (g) zur Dauerlösung (h) addieren, die zusammen mit der gegebenen Kraftfunktion (i) in Abb. b eingetragen ist. Man erkennt die relativ große Verzerrung zwischen der „Originalfunktion $P(t)$" und der „Bildfunktion $x(t)$", die eine Folge der schlechten Abstimmung ist.

Mit den neuen Werten (j), die die Abstimmvorschrift (50) erfüllen, ergibt sich dagegen bei der gleichen Zwangskraft die Funktion $\hat{x}(t)$ in (k), die nach Abb. b bis auf einen unwesentlichen konstanten Faktor fast genau mit der gegebenen Kraftfunktion $P(t)$ übereinstimmt.

$$\frac{d}{\sqrt{m\,c}} = \frac{4}{\sqrt{16 \cdot 4}} = 0{,}5. \tag{a}$$

$$\nu = \sqrt{\frac{c}{m}} = \sqrt{\frac{4}{16}} = 0{,}5 \text{ sec}^{-1}. \tag{b}$$

$$\frac{\Omega_1}{\nu} = \frac{0{,}2}{0{,}5} = 0{,}4; \qquad \frac{\Omega_2}{\nu} = \frac{0{,}4}{0{,}5} = 0{,}8. \tag{c}$$

$$W_1 = 0{,}87, \qquad W_2 = 0{,}54. \tag{d}$$

$$\varepsilon_1 = 13° = 0{,}227 \text{ Rad}, \qquad \varepsilon_2 = 48° = 0{,}838 \text{ Rad}. \tag{e}$$

$$x_1(t) = \frac{K_1}{c\,W_1} \cos(\Omega_1 t - \varepsilon_1) = \frac{5}{4 \cdot 0{,}87} \cos(\Omega_1 t - 0{,}227). \tag{f}$$

$$x_2(t) = \frac{K_2}{c\,W_2} \cos(\Omega_2 t - \varepsilon_2) = \frac{2}{4 \cdot 0{,}54} \cos(\Omega_2 t - 0{,}838). \tag{g}$$

$$x(t) = 1{,}44 \cos(\Omega_1 t - 0{,}227) + 0{,}926 \cos(\Omega_2 t - 0{,}838) \quad [\text{cm}]. \tag{h}$$

$$P(t) = 5 \cos \Omega_1 t + 2 \cos \Omega_2 t \quad [\text{kp}]. \tag{i}$$

$$m = 16 \frac{\text{kp sec}^2}{\text{cm}}, \qquad c = 256 \frac{\text{kp}}{\text{cm}}, \qquad d = 90{,}5 \frac{\text{kp sec}}{\text{cm}}; \qquad d^2 = 2\,m\,c. \tag{j}$$

$$\hat{x}(t) = 0{,}00195 \cos(\Omega_1 t - 0{,}07) + 0{,}00782 \cos(\Omega_2 t - 0{,}142) \quad [\text{cm}]. \tag{k}$$

Aufgabe 9.9. Aus dem in Abb. a skizzierten Gefäß strömt Wasser durch eine seitliche Öffnung aus. Man berechne die Auflagerkräfte.

Am Gesamtsystem greifen drei eingeprägte Kräfte an: das veränderliche Gewicht G_1 des Wassers, das unveränderliche Gewicht G_2 des Gefäßes und die Schubkraft S, über die wir allerdings mangels Kenntnis der Hydromechanik keine genauen Angaben machen können. Die Berechnung der Auflager aus den Gleichgewichtsbedingungen (a) ist danach trivial.

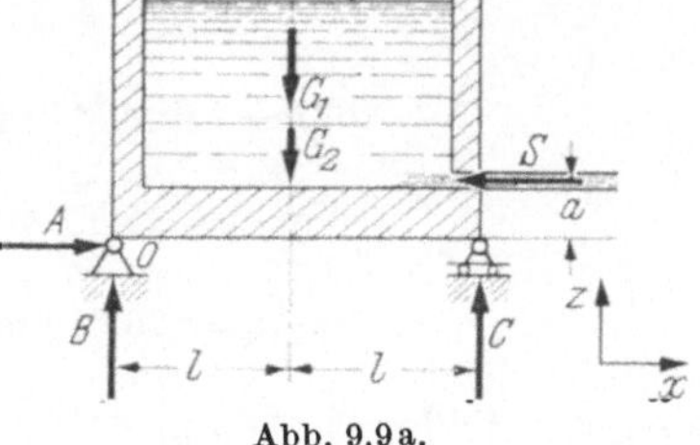

Abb. 9.9 a.

$$\left. \begin{aligned} \sum X_i &= A - S = 0, \\ \sum Z_i &= B + C - G_1 - G_2, \\ \sum \hat{M}_i(0) &= C\,2l + S\,a - G_1 l - G_2 l. \end{aligned} \right\} \tag{a}$$

Aufgabe 9.10. Auf eine Rakete wirke die Schubkraft allein (etwa im interstellaren Raum). Nach welchem Gesetz muß die Treibmasse abnehmen, wenn die Beschleunigung der Rakete bei konstanter Ausströmgeschwindigkeit c konstant sein soll?

Die Veränderlichen der Bewegungsgleichung (a) trennen wir in (b) und integrieren in (c). Die Masse muß somit exponentiell abnehmen.

$$(60) \to m\,\ddot{x} = S = -\dot{m}\,c \to \ddot{x} = -\frac{\dot{m}}{m}\,c = w = \text{const} \tag{a}$$

$$\int \frac{dm}{m} = -\frac{w}{c} \int dt. \tag{b}$$

$$\ln \frac{m}{m_0} = -\frac{w}{c}\,(t - t_0) \to m(t) = m_0 \exp\left[-\frac{w}{c}\,(t - t_0)\right]. \tag{c}$$

Aufgabe 9.11. Eine Rakete hat beim Start das Gesamtgewicht G_0. Der Treibstoff vom Gewicht G_f wird mit der konstanten Relativgeschwindigkeit c in der Zeit T ausgestoßen. Unter Vernachlässigung des Luftwiderstandes und der Veränderlichkeit der Erdbeschleunigung sind für eine senkrechte Auf- und Abwärtsbewegung der Rakete die drei Diagramme über der Zeit zu zeichnen.

Gegeben: $G_0 = 15\,000$ kp, $G_f = 9000$ kp, $c = 2000$ m/sec, $T = 60$ sec, $\dot{m} = $ const.

Auf die Rakete wirkt die Schukbraft S nach oben und das Gewicht $m\,g$ nach unten. Die Bewegungsgleichung (a) dividieren wir durch die Masse und bekommen damit die Funktion $\ddot{z}(t)$ mit (58) in (b), die wir nach (61) und (62) mit den

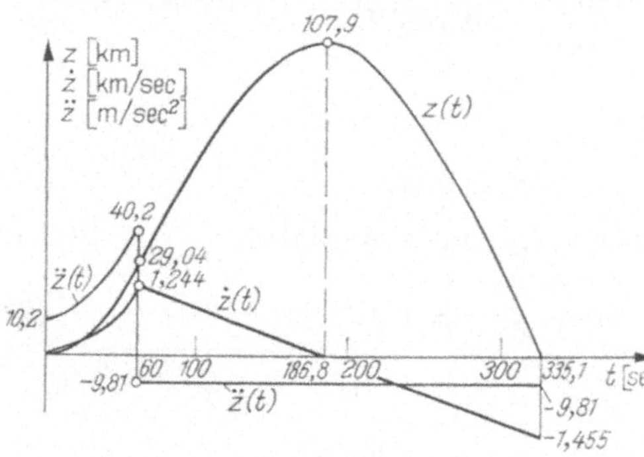

Abb. 9.11a.

Anfangsbedingungen $\dot{z}_0 = 0$ und $z_0 = 0$ in (c) und (d) integrieren. Den noch fehlenden Wert τ berechnen wir in (e) und können nun die drei Funktionen z, $\dot{z}$ und $\ddot{z}$ über einer t-Achse in Abb. a auftragen.

Im zweiten Bewegungsabschnitt fällt die Schubkraft aus; es folgt somit ein senkrechter Wurf nach oben mit den Anfangsbedingungen (f).

$$m\,\ddot{z} = S - m\,g = -\dot{m}\,c - m\,g. \tag{a}$$

$$(a),\ (58) \to \ddot{z} = -\frac{\dot{m}}{m}\,c - g = \frac{m_0/\tau}{m_0(1 - t/\tau)}\,c - g = \frac{c}{\tau - t} - g. \tag{b}$$

$$(61) \to \dot{z} = -c \ln\left(1 - \frac{t}{\tau}\right) - g\,t. \tag{c}$$

$$(62) \to z = c\left[t + (\tau - t)\ln\left(1 - \frac{t}{\tau}\right)\right] - g\,\frac{t^2}{2}. \tag{d}$$

$$(59) \to \tau = \frac{m_0}{m_f}\,T = \frac{15\,000}{9\,000}\,60 = 100\ \text{sec}. \tag{e}$$

$$z(T) = z_0 = 29{,}04\ \text{km}; \qquad \dot{z}(T) = v_0 = 1{,}244\ \text{km/sec}. \tag{f}$$

$$(60) \to S = m_f\,\frac{c}{T} = G_f\,\frac{c}{g\,T} = \frac{9000 \cdot 2000}{9{,}81 \cdot 60}\ \text{kp} = 30\,600\ \text{kp}. \tag{g}$$

Namen- und Sachverzeichnis